数学实验与数学建模基础
（MATLAB 实现）

张　勇　李厚彪　彭小帆　等编著

電子工業出版社
Publishing House of Electronics Industry
北京 • BEIJING

内 容 简 介

本书内容分为3部分：第1部分为MATLAB程序设计基础；第2部分为数学实验，主要包括微积分实验、线性代数实验、数值计算实验、最优化模型实验、随机模拟实验、数据建模实验等；第3部分为数学建模基础与案例，主要包括数学建模基础、应用实验与数学建模案例.

本书适合作为“数学实验”“数学建模”及相关课程的教学参考书，也适合作为高等学校各专业学生“数学实验”课程的教材和“数学建模”课程、数学建模竞赛培训的辅导材料，还可作为科技工作者的参考书.

图书在版编目（CIP）数据

数学实验与数学建模基础：MATLAB实现 / 张勇等编著. —北京：电子工业出版社，2022.9
ISBN 978-7-121-44125-7

Ⅰ. ①数… Ⅱ. ①张… Ⅲ. ①Matlab 软件－应用－高等数学－实验－高等学校－教材②Matlab 软件－应用－数学模型－高等学校－教材 Ⅳ. ①O13-33②O141.4

中国版本图书馆CIP数据核字（2022）第147527号

责任编辑：戴晨辰　　文字编辑：张　京
印　　刷：北京七彩京通数码快印有限公司
装　　订：北京七彩京通数码快印有限公司
出版发行：电子工业出版社
　　　　　北京市海淀区万寿路173信箱　　邮编：100036
开　　本：787×1 092　1/16　印张：18.25　字数：467千字
版　　次：2022年9月第1版
印　　次：2025年1月第6次印刷
定　　价：59.90元

凡所购买电子工业出版社图书有缺损问题，请向购买书店调换. 若书店售缺，请与本社发行部联系，联系及邮购电话：（010）88254888，88258888.

质量投诉请发邮件至zlts@phei.com.cn，盗版侵权举报请发邮件至dbqq@phei.com.cn.

本书咨询联系方式：dcc@phei.com.cn.

人们在学习数学课程、专业课程时，往往发现一些概念和结论比较抽象. 这时，如果能够使用某种工具对这些知识点做直观形象的分析，则会达到快速领会知识点的效果，打开思路，想得更透彻. 在学习数学知识、做科学研究或应用开发时，如果对于一个思路能够使用某种方式快速地进行探究、分析，那么会大大提高做事的效率. 本书介绍的数学实验知识及数学建模基础可以帮助读者更好地处理这些问题. 为了进行数学实验，首先要选择一个实验工具. 这样的工具称为数学软件，如 MATLAB、Octave、Mathematica、MAPLE 等.

本书选择 MATLAB 语言进行数学实验. 对应的软件可以选择 MATLAB、Octave. 这两个都是以 MATLAB 语言进行编程的数学软件. 我们希望读者通过本书的学习，培养出良好的数学实验思维，帮助读者用数学实验的思路、方法去探究数学知识及其应用，并掌握数学建模的基础知识.

本书主要内容

本书的内容包括 3 个方面：一是数学实验和数学建模均需要用到的 MATLAB 程序设计基础；二是数学实验，包括与数学基础有关的实验，如微积分实验、线性代数实验、数值计算实验，其中数值计算实验包含非线性方程求根、插值与拟合实验、微分方程模型实验、数值积分与数值微分实验等；另外还有偏重数学模型的应用实验，主要包含最优化模型实验、随机模拟实验、数据建模实验等；三是数学建模基础与案例.

第 1 章为绪论，主要介绍数学实验工具、数学实验引例、实验的准备知识、编写约定.

第 2～4 章为 MATLAB 程序设计基础及应用，内容分为三章. 第 2 章介绍了 MATLAB 语言的基本语法、常用函数、程序结构语句、函数编程等. 第 3 章介绍与绘图、字符串操作、文本文件操作有关的函数及其应用. 第 4 章介绍动画制作，动画制作是属于绘图的一种应用，可以用于计算机模拟的图形化动态展示. 动画制作在应用实验和开发中越来越普遍，故本书将其作为一个专题进行介绍.

第 5 章为微积分实验，主要讲解符号计算工具箱的常用函数及应用实例. 学习如何用这些函数计算极限、定积分、不定积分、泰勒多项式等，包括如何设计数学实验来说明定积分、二重积分的几何意义等. 通过这些实验案例，可以体会数学实验的应用思想，形成探究微积分的概念、结论的意识，并进行实践.

第 6 章为线性代数实验，主要介绍了一些与矩阵操作有关的函数及应用实验.

第 7～10 章为数值计算实验部分，主要围绕一些数值计算问题展开，讲解了一些基本数值计算问题及其方法，以及实现这些方法的 MATLAB 函数. 通过这些内容，我们可以了解具体的数值计算问题的含义，还能够了解一些数值计算方法的基本原理，并能够掌握相关函数的用法，以便在实践中更好地运用这些数值计算方法.

第 11 章为最优化实验部分，主要讲解了一元函数极值问题、线性规划模型、非线性规划模型及最优化工具箱函数等内容. 如果需要了解这些最优化模型的求解方法，可以参考“最优化方法”方面的书籍.

第 12 章为随机模拟实验部分，主要讲解了随机变量的模拟函数、随机模拟实验的应用实例. 如果想要深入了解随机系统模拟，可以参考“随机系统模拟”“计算机仿真”“离散随机系统模拟”方面的书籍.

第 13 章为数据建模实验部分，主要介绍了回归分析、聚类分析、分类及主成分分析方法. 每部分将简要介绍各类方法的思想、建模步骤及实例应用.

第 14 章为数学建模基础部分，主要讲解数学建模的基本思想、基本步骤，以及一些典型的数学建模案例.

第 15 章介绍应用实验与数学建模案例，以加深对数学实验思想的认识，加强对数学模型和数学建模方法的认识.

本书作者

本书由电子科技大学数学科学学院张勇负责统稿. 各章节的编写情况如下：第 1～5 章、第 10 章、第 14 章由张勇编写；第 6 章由李厚彪、黄捷编写；第 7 章、第 9 章由房秀芬编写；第 8 章由房秀芬、赵熙乐编写；第 11 章由张晓伟编写；第 12 章由彭小帆编写；第 13 章由秦旭编写；第 15 章由张勇、李厚彪编写；赵熙乐参与了第 10 章的前期编写工作.

本书是 2018 年国家级教学成果一等奖“改革工科数学教育模式，全过程培养学生实践与创新能力”的成果内容之一，并得到了电子科技大学教务处的资助. 本书的编写也得到了电子科技大学数学科学学院黄廷祝教授、徐全智教授的亲切关怀和指导. 在此还要感谢谢云荪教授对数学实验课程的长期关注和指导，也要感谢电子科技大学数学建模中心全体老师的大力支持. 我们还要感谢电子科技大学数学建模竞赛队员、参加“数学实验”课程学习的学生，为教材成形之前的讲义提出了不少修改建议和意见.

意见反馈

本书是在作者多年从事“数学实验”课程教学、数学建模竞赛培训的基础上编写的，限于水平有限，加之编写时间较为仓促，书中难免会有疏漏和不当之处. 敬请广大读者批评指正. 请通过 mathzy@163. com 及时反馈这些错误和意见.

本书的网络资源

作者开发了本书对应的“数学实验”慕课课程，该课程已经在中国大学 MOOC（爱课程）上线，并于 2019 年被评为国家精品在线开放课程. 读者可在中国大学 MOOC 平台搜索“数学实验”课程，并选择作者对应的课程进行学习.

本书包含的其他配套教学资源，读者可登录华信教育资源网（www.hxedu.com.cn）注册后免费下载.

编著者

第1部分　MATLAB 程序设计基础

第 2 部分 数学实验

第 3 部分 数学建模基础与案例

第 1 部分

MATLAB 程序设计基础

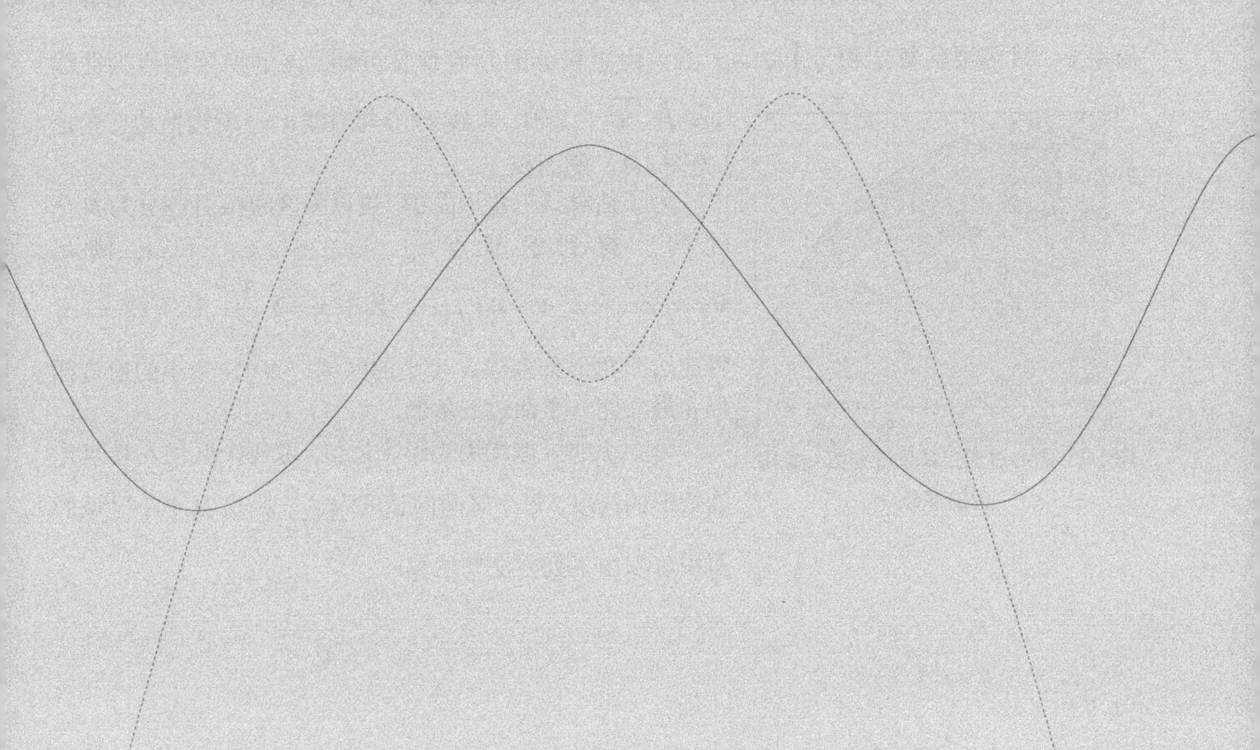

第1章 绪论

数学实验是与计算机技术、数学知识有关的实践性课程. 在数学实验过程中, 需要应用数学软件编写程序, 涉及一定的程序设计方面的知识, 包括算法设计. 数学实验课程还涉及数学基础知识、数学方法、数学模型及应用数学解决问题的思想等方面的内容. 本章主要包含数学实验工具简介、数学实验引例、数学实验的准备知识和本书的一些编写约定.

1.1 数学实验工具简介

数学实验一般以数学软件为工具. 常用的数学软件有 MATLAB、Octave、Mathematica 和 MAPLE. 数学软件 MATLAB 的编程语言为 MATLAB 语言. MATLAB 语言的语法非常简洁, 编程效率高. 因此, 本书选择 MATLAB 语言为编程语言, 用于完成实验的程序设计.

Octave 是一个开源的数学软件, 支持 MATLAB 程序设计. 只要在编程时完全遵循 MATLAB 语言的基本语法, 则程序不需要修改就可以在 Octave 和 MATLAB 这两个软件下运行. 我们建议初学者使用 Octave 进行编程基础训练.

下面通过两个基本实验例子来初步认识数学实验.

1.2 数学实验引例

例 1.1（利用定积分的几何意义估算圆周率） 已知定积分 $\int_0^1\sqrt{1-x^2}\mathrm{d}x=\frac{\pi}{4}$. 为了估算圆周率 π. 只需要估算定积分 $\int_0^1\sqrt{1-x^2}\mathrm{d}x$. 由定积分的几何意义可知, 该定积分的值为曲线 $y=\sqrt{1-x^2}$ 、x 轴、直线 $x=0$ 与直线 $x=1$ 所围曲边三角形（见图 1-1）的面积.

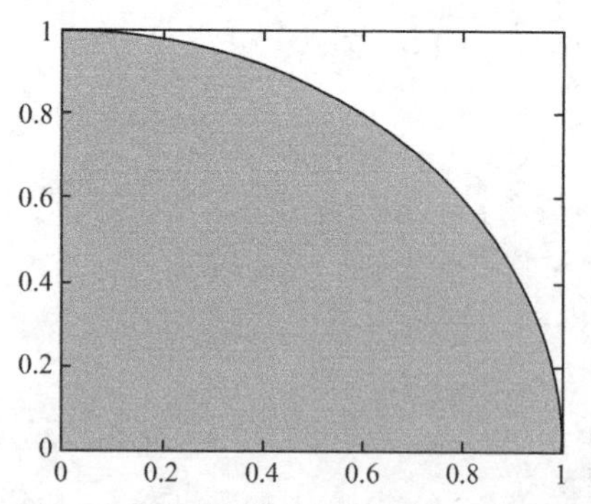

图 1-1 圆心过原点单位圆在第一象限内的部分

为了估算该三角形面积, 可以将区间 $[0,1]$ 等分为 N 个区间, 得到的节点 x_0, x_1, $\cdots$, x_{N-1} 和 x_N 满足 $0=x_0<x_1<x_2<\cdots<x_N=1$, 其中 $x_i=i\cdot\frac{1}{N}$. 作直线 $x=x_i$ 将曲边三角形分割成 N 个小的区域: $N-1$ 个小的曲边梯形和最右侧一个曲边三角形.

每个小的区域均用矩形来近似, 取每个区间左端点作为矩形的高度, 每个区间的长度为 $\frac{1}{N}$, 则这 N 个小区域的面积可以由下列方法来估算:

$$\int_0^1 \sqrt{1-x^2}\mathrm{d}x \approx f(x_0)\cdot\frac{1}{N}+f(x_1)\cdot\frac{1}{N}+\cdots+f(x_{N-1})\cdot\frac{1}{N}=\sum_{i=0}^{N-1} f(x_i)\cdot\frac{1}{N}.$$

这里绘制出 $N=5$ 和 $N=10$ 的分割示意图（见图 1-2）. 观察发现：N 越大，每个小矩形与曲边梯形或曲边三角形的近似程度越高. 因此，N 越大，用 $\sum_{i=0}^{N-1} f(x_i)\cdot\frac{1}{N}$ 估算定积分 $\int_0^1 \sqrt{1-x^2}\mathrm{d}x$ 的效果越好. 又由于 $\int_0^1 \sqrt{1-x^2}\mathrm{d}x=\frac{\pi}{4}$，则 $\pi = 4\int_0^1 \sqrt{1-x^2}\mathrm{d}x$. 因此可以推导出一个估算圆周率的近似方法：

$$\pi \approx 4\sum_{i=0}^{N-1} f(x_i)\cdot\frac{1}{N}=\frac{4}{N}\sum_{i=0}^{N-1} f(x_i).$$

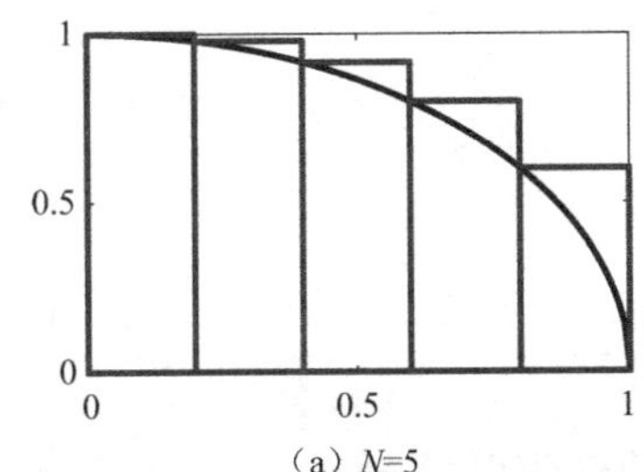

（a）N=5

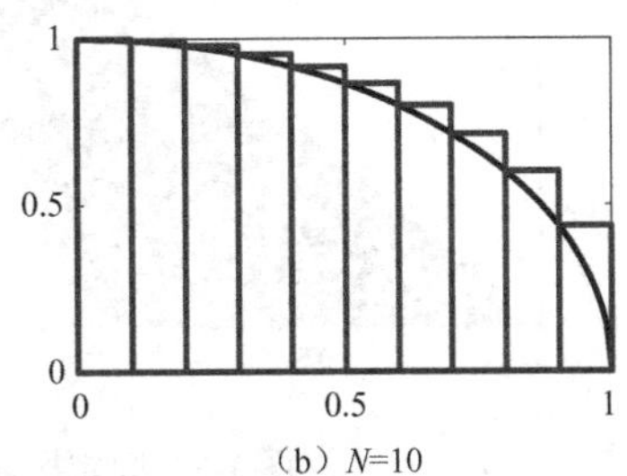

（b）N=10

图 1-2　曲边三角形面积估算方法示意图

取 N=10000，编写程序如下：

```
f = @(x)sqrt(1-x. ^2); %定义匿名函数 f，用于计算被积函数的函数值
N = 10000;
x2=linspace(0, 1, N+1);%将区间[0, 1] N 等分，产生 N+1 个节点
y2 =f(x2);     %计算函数值
s = 4*1/N*sum(y2(1:N)) %估算圆周率
```

运行结果得到圆周率的近似值 s 为 3.1418.

在一些实验问题中，需要随机产生满足一定条件的实验数据，然后用于实验的后续处理. 下面的一个实验问题是从一个随机模拟问题中提取的子问题：在限定区域内随机投点.

例 1.2（限定区域的随机投点实验）　请在矩形区域 $U=\{(x,y)\,|\,0\leqslant x\leqslant \mathrm{e}, 0\leqslant y\leqslant 1\}$ 中随机产生 10000 个点的坐标，仅绘制落在区域 D 内的点. 其中 D 为曲线 $y=x/\mathrm{e}$ 、$y=\ln x$ 和 $y=0$ 所围区域.

先分析问题中提到的区域 U 和 D . 区域 U 为矩形区域. 若要达到均匀投点效果，则随机投点的 x 坐标、y 坐标分别应在区间 $[0,\mathrm{e}]$ 和 $[0,1]$ 上均匀分布. 区域 D 则是由三条曲线围成的曲边三角形. 已知围成区域 D 的三条曲线的交点有 3 个：$(0,0)$，$(1,0)$，$(\mathrm{e},1)$.

因此要完成实验，需要产生某些区间上均匀分布的随机数（在区间上均匀投点），绘制函数的曲线，绘制“投点”（见图 1-3）.

本实验需要如下基础知识.

（1）产生均匀投点坐标：设 r 为 $[0,1]$ 区间上均匀分布随机数.

令 $x=ar$，则 ar 为 $[0,a]$ 区间上均匀分布随机数. MATLAB 软件提供了函数 rand 来产生 $[0,1]$ 区间均匀分布随机数. 表达式 rand(1, N)则产生 1 行 N 列的一个随机数向量. 程序表达式 exp(1)返回自然常数 e.

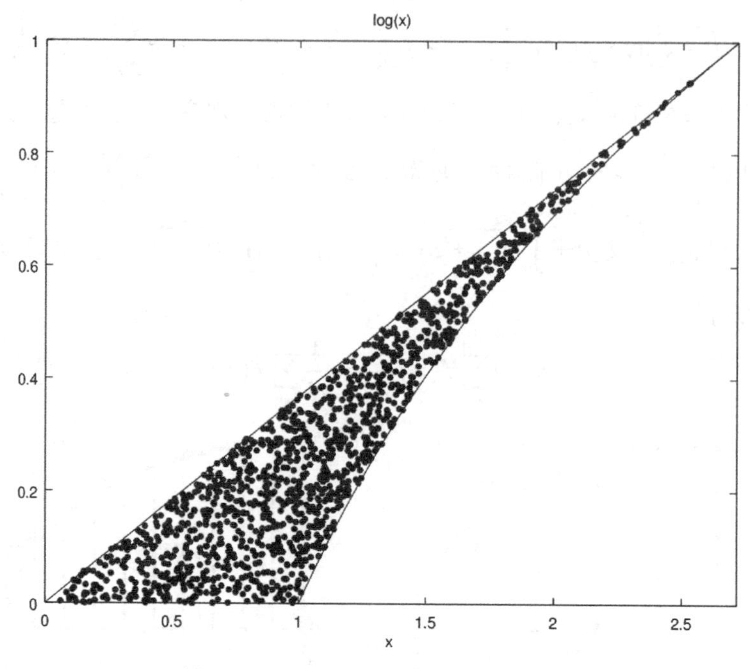

图 1-3　限定区域的随机投点实验效果

（2）可用符号绘图函数 ezplot 绘制曲线，调用格式：ezplot('fx', [xmin xmax ymin ymax]).

fx 为函数的表达式. [xmin xmax ymin ymax]为 4 个实数组成的向量，表示曲线绘制的坐标范围. 4 个数依次表示 x 坐标的最小值/最大值、 y 坐标的最小值/最大值.

（3）绘制投点可用 plot(x, y, '. ')实现. 其中 x 和 y 分别为投点的 x 坐标组成的向量、投点的 y 坐标组成的向量.

结合实验要求，整个实验主要包含以下 3 个步骤.

（1）绘制区域 D 的左、右边界曲线.

已知区域 D 左边界曲线 $y = x/\mathrm{e}$，右边界曲线 $y = \ln x$ (即 $x = \mathrm{e}^y$). 需要编写下列程序语句：

```
C=exp(1);
ezplot('x/exp(1)', [0 C 0 1])
hold on %保持以前绘图结果(下次调用绘图函数时不清除以前图形窗口内容)
ezplot('log(x)', [0 C 0 1])
```

（2）在区域 U 中随机投点.

需要编写下列程序：

```
N=10000;
x= C*rand(1, N);
y= rand(1, N);
```

（3）由查找函数 find 找出 D 中点的横坐标、纵坐标在数组 x 和 y 中的下标，然后绘制这些满足条件的投点.

```
idx=find(x>=C*y & x<=C. ^y); %找到落在区域 D 中的点在数组 x, y 中的下标
```

本实验的完整程序如下：

```
close all
C =exp(1); %调用函数 exp 构造自然常数 2.718...
ezplot('x/exp(1)', [0 C 0 1])
hold on % 绘图设置命令：不清除窗口以前绘图的内容，继续在该窗口绘图
ezplot('log(x)', [0 C 0 1])
axis([0 C 0 1])
N=10000; % 随机投点个数
x= C*rand(1, N); y= rand(1, N);
idx=find(x>=C*y & x<=C. ^y); %找到落在区域 D 中的点在数组 x 和 y 中的下标
plot(x(idx), y(idx), '. ') %调用 plot 绘制投点效果图
```

本实验用到了 MATLAB 常用函数 find、绘图操作函数 axis 和 plot. 通过实验，还可以统计点落在 D 中的个数，从而计算点落在区域 D 中的频率.

思考题： 如何利用本实验估算区域 D 的面积. 请考虑利用概率知识找到求解思路.

通过上述引例，我们发现要完成一个数学实验，需要熟悉实验所用程序设计语言的基本语法，还要掌握该语言提供的常用函数（如绘图函数、查找函数）的用法，另外还要对实验问题本身涉及的数学知识、方法较为熟悉. 随着动手开始做实验，不断积累经验，再总结出实验的方法、思想，可以为将来更好地完成实验设计、数学建模任务打下基础.

1.3 数学实验的准备知识

数学实验与物理实验、化学实验有很大的不同，看不到实验仪器、实验药品. 数学实验主要通过数学软件（如 MATLAB、Octave）进行编程完成. 在数学实验之前一般还需要建立数学模型、设计算法等工作.

在解决实际问题过程，一般需要分析问题，建立数学模型，求解模型，分析模型的合理性. 如果数学软件没有提供求解当前模型可调用的函数，就需要设计求解算法，然后编程实现.

有的问题抽象出的数学模型求解很困难或不能得到模型解的解析表达式，这种情形下，需要设计计算方法求该问题的近似解. 有时为了验证计算方法和结果的准确性，还需要通过数学实验进行误差分析.

设计数学实验涉及的内容较多，既有 MATLAB 程序设计语言层面的内容，又有算法设计等层面的内容. 为了便于学习者更快地学习相关内容，下面就 MATLAB 语言程序设计的一些基本知识层面做一些简要的说明.

1. 关于数组

在 MATLAB 语言中常常用一维数组存储向量，用二维数组存储矩阵. 因此在叙述程序变量时，也可以称一维数组为向量，称二维数组为矩阵. 一维数组既可以存储行向量，又可以存储列向量.

例如，MATLAB 表达式[1 3 5 7]就表示一个行向量. 该表达式中用空格分隔同行元素. 表达式[1 3 5 7]实际表示下面的行向量：

$$(1 \quad 3 \quad 5 \quad 7)$$

MATLAB 表达式[1;3;5;7]就表示一个列向量. 该语句中用分号分隔不同行的元素. 表达式[1;3;5;7]实际表示下面的列向量：

$$\begin{pmatrix}1\\3\\5\\7\end{pmatrix}$$

2．关于数据的类型

MATLAB 程序要处理多种数据. MATLAB 提供了多种类型的变量来存储这些数据. 有的数据是数值型（double 型）的，如一个人的年龄为 19 岁，则用 19 表示，工资为 5800 元，则用 5800 表示. 有的数据为字符型（char 型）的，如一个女士的姓名为 Mary，则在 MATLAB 语言中用'Mary'表示. 18 位身份证号用字符型数组表示.

使用 MATLAB 语言还可以进行符号计算. 为了区别于常见的数值型、字符型数组，符号计算的变量类型为符号型（sym 型）. 符号工具箱提供了大量的函数，可以对符号型变量、数组进行操作. 这些函数一般要求输入的数据为 sym 型.

3．关于函数

在编程解决问题时，有的功能经常被用到. 例如，估算一个定积分，估算定积分代码可能较长，由于在一个大的程序中多处要用到，如果每个用到的地方都写上这样的语句，则整个程序显得很“庞大”，也不利于程序的维护. 再如，当要换一种估算定积分方法时，需要在所有用到这种估算定积分的地方修改相应的代码. 因此，MATLAB 引入函数（用@定义匿名函数或用 function 定义）的语法来解决这个问题. 将估算定积分的功能实现为一个函数，在需要计算定积分的地方调用该函数就可以了. 在调用定积分计算函数时，只需要输入被积函数的信息、定积分的下限和上限等参数，就可以返回定积分的估算值.

例如，语句 a=rand(3, 4)中的 rand 就用于产生(0, 1)区间上的随机数. 该语句有两个输入参数. 输入参数 3 和 4 表示产生 3 行 4 列的随机数矩阵，输出结果赋给变量 a. 执行该语句后，变量 a 为一个 3 行 4 列的随机矩阵.

MATLAB 语言中某些函数的用法在不同版本上有较大差异. 本书的案例可在 2017 版本上运行通过.

在函数编程时，如果能够用@创建匿名函数，就不用创建 inline 函数. 编写两个语句如下.

```
f1=@(x)x^2;
f2=inline('x^2');
```

例如上面第 1 个语句用@定义了一个匿名函数 f1，第 2 个语句的 f2 为定义的 inline 函数. 这两个“函数”都可以用于计算 $y = x^2$ 的函数值. 编写调用程序：

```
y1=f1(3)
y2=f2(3)
```

上述语句计算出的变量 y1 和 y2 的值均为 9.

4．关于算法的设计

在数学实验过程中，一般应在编写程序之前设计算法，也就是要明确解决问题的步骤. 特别是对于相对复杂的实验，务必围绕实验方法、实验思路，先设计算法. 这样可以大大提高数学实验的完成效率，起到事半功倍的效果.

以一个简单的问题为例来说明. 已知数列 $x_n = 2x_{n-1} + 1, x_1 = 1$. 请编程从数列中第 1 个数开始搜索，找出相邻两项之和首次大于等于 1000 的这两个数及其在数列中的序号.

要设计解决一个问题的算法，需要先明确问题的已知条件、数据，明确需要计算或找出什么样的结果，再分析问题，找出“已知”与“结果”的联系，设计出方法步骤，求出“结果”.

对于本问题，已知数列的第 1 项和计算数列元素的递推式. 需要计算出 4 个数：相邻的两项及对应的序号. 根据这些信息，可以使用循环语句从第 1 项、第 2 项开始搜索，逐次分析判断，如果找到满足条件的两项，就输出这两项及其序号并结束循环. 根据数列的计算式可知，满足条件的两项的序号不可能超过 500，甚至远小于 500. 因此，循环的次数不会超过 500 次. 据此可确定循环的次数.

据上分析，设计出本问题的算法：

```
输出：
xa 相邻两项的第 1 个数
xb 相邻两项的第 2 个数(显然 xb=2*xa+1)
na 相邻两项的第 1 个数的序号(即 xa 的序号)
nb 相邻两项的第 2 个数的序号(显然 nb=na+1)
```

算法步骤：

```
1. x=1; //存储第 1 项
2. i=2;
3. 计算 next_x=2*x+1;
4. 如果 x + next_x >=1000 则令 xa=x; xb=next_x; na = i-1; nb=i;结束循环
否则令 x=next_x; i=i+1; 跳转到第 3 步执行.
```

在上述算法中，用等号“=”表示赋值. 例如，“next_x=2*x+1”，表示将“2*x+1”的结果赋给变量“next_x”. 有的教材采用特殊符号“←”表示赋值，如“next_x←2*x+1”.

上述过程也可以采用下列形式的自然语言来描述.

```
1. x=1; %存储第 1 项
2. i 依次取 2 到 500 的数，每次执行第 3～8 步：
3. next_x=2*x+1; //计算下一项
4. 如果 x + next_x >=1000 则
5.      xa=x; xb=next_x;
6.      na = i-1; nb=i;
7.      中止循环
8. 否则令 x=next_x;
```

为了便于在文中介绍算法中某些行的含义，一般算法描述都有行序号. 另外，该算法还采用了缩进的方式区别语句块. 例如，当“x + next_x >=1000”为真时，应顺序执行第 5～7 行代码.

上述这种算法描述更易于理解算法的整体框架，但还不够形式化.

该算法主体是通过循环完成的，每次循环都进行判断. 如果找到合适的结果就退出. 为了让算法的描述更接近于实际代码，可以采用类似于某种程序设计语言的形式来描述，这就是用“伪代码”描述算法.

下面采用类似于 MATLAB 语言的代码描述该算法：

```
1. x=1; %存储第 1 项
2. for i =2:500 //i 依次从 2 开始取值, 不超过 500
3.     next_x=2*x+1;
4.     if x + next_x >=1000 then
5.         xa =x;     xb = next_x;
6.         na = i-1; nb = i;
7.         break //中止循环
8.     end if
9.     x=next_x;
10. end for
```

上述伪代码与实际的 MATLAB 程序也有一定的区别，如第 4 行 if 语句所在行的“then”在 MATLAB 语言中是不需要的，第 8 行“end if”中的“if”也是不需要的，第 10 行“end for”中的“for”是不需要的.

编写求解本问题的 MATLAB 程序如下：

```
x = 1; %存储第 1 项
for i = 2:1000 %i 依次从 2 开始取值, 不超过 1000
    next_x= 2*x + 1;
    if x + next_x >=1000
        xa = x;     xb = next_x;
        na = i-1; nb = i;
        break %中止循环
    end
    x=next_x;
end
xa, xb, na, nb %显示 4 个变量的值
```

运行结果为：

```
xa =     511
xb =    1023
na =       9
nb =      10
```

对比上述示例的伪代码和实际程序，发现伪代码与实际程序设计语言更为接近，非常方便编程实现. 因此，不少算法设计者一般使用伪代码描述算法，或者使用伪代码结合自然语言的方式描述算法.

1.4 本书的一些编写约定

本书大部分示例程序均在数学软件的命令窗口中输入并执行. 为了区别编写的程序与程序运行输出的文本，我们在输入的语句之前添加“>>”符号，在输入语句后面没有添加“>>”符号的为该程序语句的输出文本. 下面举例说明.

```
>> a= fix(100*rand(2))
a =
    82    12
    90    91
```

上述示例表示输入语句 a= fix(100*rand(2)), 输出得到的矩阵 a 为 2 行 2 列矩阵, 第 1 行为 82, 12；第 2 行为 90, 91.

为了减少语句执行后输出结果所占篇幅, 在排版时一般会删除一些空行. 如果输出结果显示的变量为一行数据, 则把变量名和其内容排在同一行. 例如：

```
>> v=fix(10*rand(1, 5))
v =    8    1    4    9    7
```

实际输出时, “v =” 后面的数字在 “v =” 下一行输出.

为了对编写的程序语句做说明, 有时直接在输入语句后面加上注释文本. 语句后面以百分号开头的文本就是注释文本. 通过注释文本可以了解当前语句的功能. MATLAB 语言用字符百分号 “%” 标记注释文本. 运行示例如下：

```
>>v=sort(fix(10*rand(1, 5))) %将随机产生的整数数组递增排序后赋给变量 v
v =    0    0    1    2    7
```

第 2 章　MATLAB 程序设计基础

MATLAB 程序设计基础主要包括变量名的命名规范、数组的创建与范围, 运算符、控制语句和常用函数等. MATLAB 含有绘图、数值计算、符号计算、统计工具等众多工具箱.

在学习 MATLAB 的过程中, 使用 MATLAB 软件提供的帮助信息功能可以快速获取关于函数、命令的帮助信息.

① help [函数名/命令名].

② helpwin [函数名/命令名].

③ doc [函数名/命令名].

例如, 查找 MATLAB 常用函数 find 的帮助信息.

在命令行输入：

```
help find
```

还可以输入“doc 函数名”, 打开帮助窗口, 获取更多帮助信息.

另外, 可以通过产品帮助窗口获取更丰富的帮助信息.

① 通过树形列表框分类查看、浏览.

② 输入关键词动态检索.

在程序设计中, 有个基本的概念是“变量”. 程序中的数据要进行获取、修改操作, 都通过变量名进行访问. 变量名可以视为这些存储数据的内存区域的一个好记的名字. 为了便于访问内存中的数据, 只需要使用变量名就可以了, 而不管数据存储在计算机内存区域的具体位置. 变量的具体地址与操作系统、编程的数学软件本身有关. 修改变量是通过赋值语句实现的. 一个语句是否为赋值语句, 可以通过语句是否使用了一个等号来区别. 例如, “a=3”使用了一个等号, 表示将数字 3 赋给变量 a, 则此时变量 a 所代表的内存区域存储的数据就是 3.

基本语法中还有一个概念就是变量的“大小”或者说“维数”. 这是指变量存储数据的“多少”. 有的变量存储了一行数或一列数, 有的变量可能存储的是一个矩阵, 而有的变量只存储了一个实数. 例如前面的变量 a 就只存储了实数 3. 获取一个变量的维数, 可以将一个变量传给函数 size, 如获取变量 a 的维数 size(a).

学习一门语言的程序设计基础时, 主要是讲练结合. 学习基本语法时, 一般直接在命令窗口中输入程序语句练习. 学习程序结构语句时, 一般都应在数学软件提供的编辑器里面编程.

图 2-1 给出了 Octave 4.4.0 的主界面.

单击命令窗口下方的标签页“编辑器”, 则进入程序编辑器窗口（见图 2-2）.

单击文件保存图标, 系统弹出保存文件对话框（见图 2-3）, 输入文件名“file1.m”, 单击“Save”按钮保存到文件夹“C:\Users\Yong”中.

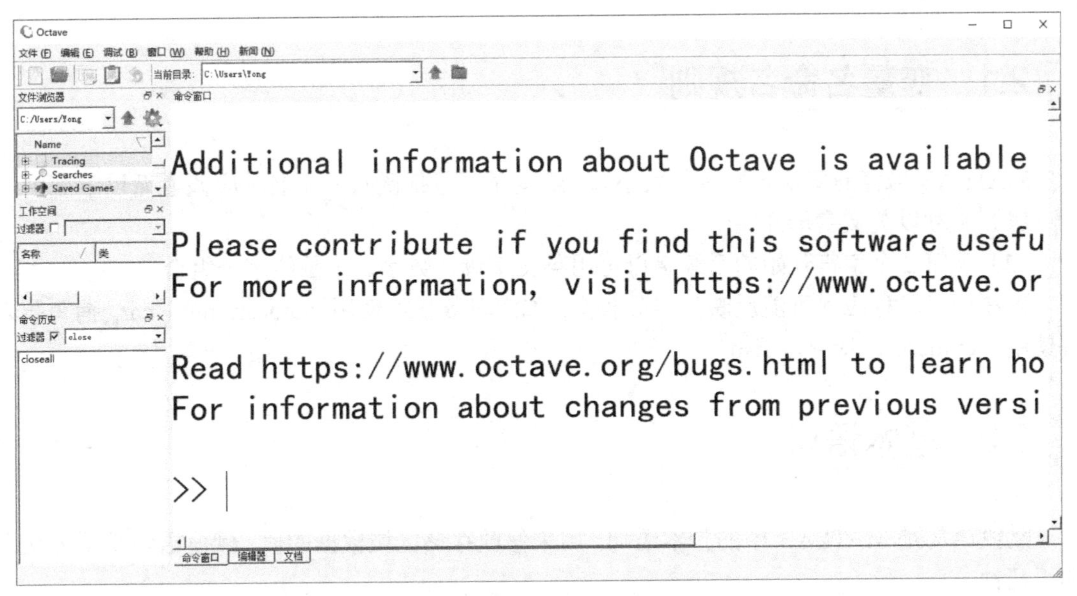

图 2-1　Octave 4.4.0 主界面

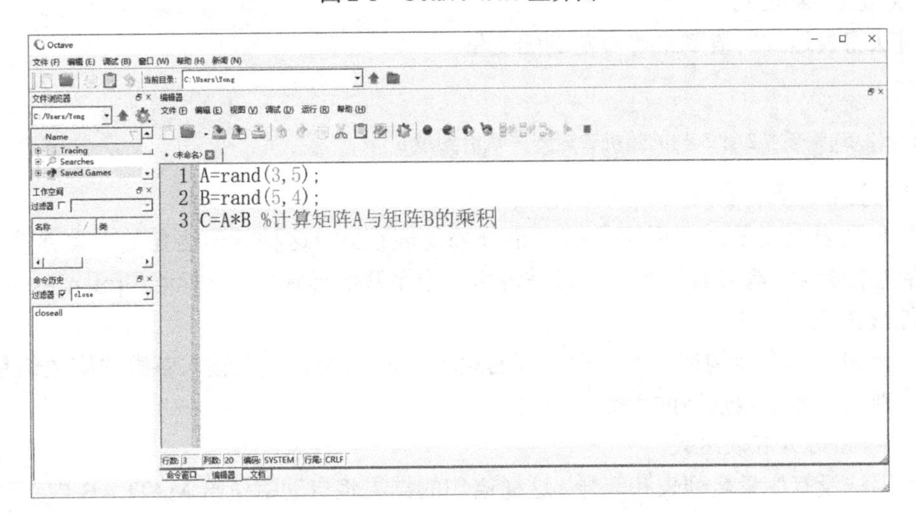

图 2-2　进入编辑器窗口并输入 3 行程序

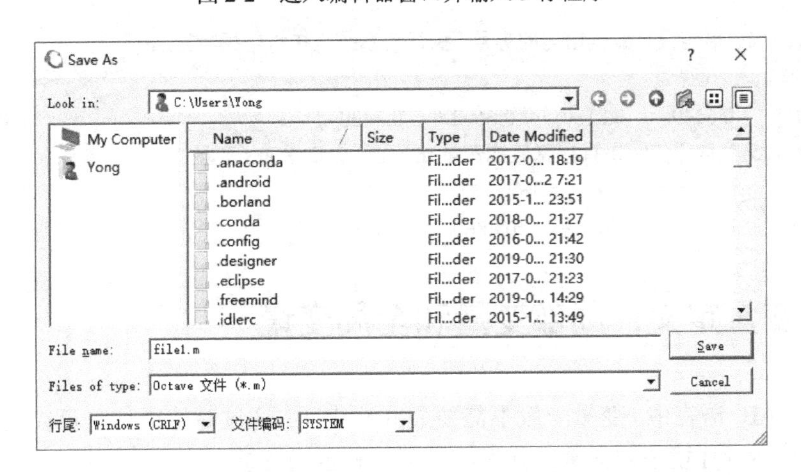

图 2-3　使用保存文件对话框示例

2.1 变量名命名规则

MATLAB 语言的变量名要区分大小写. 给变量（包括函数）命名时应该遵循以下规则:

（1）必须以英文字母开头;

（2）从第 2 个字符开始的后续字母可用英文字母、数字、下画线字符组合.

程序变量名称应尽可能反映其实际含义, 如汽车数量可使用 numcar, num_car, 捕鱼收入可使用 incomefish, income_fish.

2.2 基本语句

赋值语句是 MATLAB 中的基本语句, 用来修改存储区域数据的值. 赋值语句常用方法有如下几种.

1）变量名=表达式

该用法将表达式的值赋给等号左侧的变量.

例子:

```
a=rand(2, 5);%产生 2 行 5 列的随机数矩阵并赋给变量 a
```

2）[变量名列表]=表达式

变量名列表指变量之间用逗号或空格分隔的表达式. 这种赋值语句的左侧是多个变量, 并用方括号括起来, 等号右边的表达式是调用一个函数的形式. 如执行语句[m n]=size(rand(3, 5)), 得到 m 为 3, n 为 5.

语句 rand(3, 5)表示构造一个 3 行 5 列的矩阵. size 函数则获取输入参数的维数信息. 这里 m 和 n 分别为 size 函数返回的行数、列数.

3）一个语句只有表达式

这种用法没有变量名列表和等号. 这样语句的结果将自动赋值给 MATLAB 内部变量 ans.

运行示例如下:

```
>>rand(1, 5) %该语句没有赋值语句的等号, 执行后系统直接将结果赋给 ans
ans =
    0.8216    0.6449    0.8180    0.6602    0.3420
>>m=rand(1, 5) %该语句结果直接赋值给变量 m, 而不会赋给 ans 变量
m =
    0.9501    0.2311    0.6068    0.4860    0.8913
```

2.3 变量定义：局部变量和全局变量

在 MATLAB 语言中, 变量一般不需要显式地声明. 通过赋值语句就可以创建一个变量. MATLAB 软件运行环境中的变量可分为局部变量和全局变量.

1．局部变量

在程序中可以定义变量，在每个函数体内部也可以定义自己的变量，这些变量如果不用 global 声明，则不能从其他函数和 MATLAB 工作空间中访问这些变量，这样的变量就是局部变量.

2．全局变量

如果要使得其他函数和 MATLAB 工作空间使用这些变量，则定义为全局变量，用 global 声明，且全局变量必须在使用前声明.

global 语法为：

```
global varname1 varname2 ...
```

全局变量需要在函数体对变量的赋值语句前说明，整个函数及所有对函数的递归调用都可以利用全局变量.

注意：局部变量名一般使用小写字母，全局变量名一般使用大写字母.

2.4 数组的创建

程序设计中最常用的数组为一维数组、二维数组. 一维数组用来存储一行或一列数据，如存储行向量、列向量. 二维数组用来存储矩阵.

通常通过下面的方法创建数组.

1．直接法

用方括号输入元素创建数组.

例如：

```
x=[1 3 5 2 4 6]; %该语句产生一个行数组，也称为行向量
y=[1;3; 5; 2; 4; 6]; %该语句产生一个列数组，也称为列向量
A=[1 2 3; 4 5 6]; %该语句产生一个 2 行 3 列的二维数组，也称为矩阵
m=[1 2 3 4 ; 5 6 7 8; 9 10 11 12]
p=[1 1 1 1
2 2 2 2
3 3 3 3]
```

注意：分隔同行元素时使用逗号或空格；分隔不同行元素时使用分号；在输入矩阵时，输入回车键换行表示开始新的一行数据. 上述程序在构造矩阵 p 时，每行末尾没有分号，而是使用了换行符换行. 输入矩阵时，严格要求矩阵每行有相同个数的元素，否则不符合 MATLAB 语言构造数组的语法规范.

2．冒号操作符

调用格式：

```
x=first:last
x=first:increment:last
```

第 1 种用法只使用 1 个冒号，产生以 1 为步长的等差数组. 创建从数 first 开始，不断加 1，直到恰好不超过 last 的数组成的行向量.

第 2 种用法使用了两个冒号，两个冒号中间的数为步长（可以小于 0).

如果 increment 为正数，则创建从 first 开始、以步长 increment 累加、直到不超过 last 的数组成的行向量.

如果 increment 为负数，则创建从 first 开始、逐步加上负数 increment、产生不小于 last 的数组成的行向量.

例如：

语句 x=1:5，得到 x=[1 2 3 4 5].

语句 x=1:2:9，得到 x=[1 3 5 7 9].

语句 x=10:-2:1，得到 x=[10 8 6 4 2].

3．使用 linspace 函数构造

调用格式：

```
x=linspace(first, last, n)
```

产生将区间[first, last] n−1 等分的 n 个数组成的行向量.

例如, x=linspace(1, 5, 5) 得 x=[1 2 3 4 5].

```
>> x=linspace(1, 5, 6)
x = 1.0000    1.8000    2.6000    3.4000    4.2000    5.0000
```

4．结合其他数组的组合拼接

可以利用已有的数组组合拼接成新的数组.

例如：

x=[y, z, 5, 6, 7]，这里要求 y 和 z 都是行数组. 该语句执行后得到的变量 x 为一行数组.

x=[y;z;30;50]，这里要求 y 和 z 都是列数组. 该语句执行后得到的变量 x 为一列数组.

将矩阵 A 和 B 拼接成新矩阵：用法[A B]要求矩阵 A 和 B 行数相同；用法[A;B]要求矩阵 A 和 B 列数相同.

5．使用转置符号

数组的转置使用单引号，可以对行数组、列数组、二维数组转置.

例如：

b=[1 2 3 4]; c=b'，这里的 b 为行数组, b 转置后得到的数组 c 为列数组.

b=[1;3;5;7];c=b'，这里的 b 为列数组, b 转置后得到的数组 c 为行数组.

M=[1 3 5; 2 4 6]; A=M'，这里的 M 为 2 行 3 列的矩阵, M 转置后得到的矩阵 A 为 3 行 2 列的矩阵.

这里要注意，当待转置的矩阵是复数时，则转置应使用“.'”. 对复数矩阵使用 1 个单引号“'”操作时，表示共轭转置. 当然，对于实数矩阵，用“'”和“.'”的效果相同. 示例如下.

```
>> x=[1+2i, 2-4i;6i, 3-i]
x =
    1 + 2i    2 - 4i
    0 + 6i    3 - 1i
>> x' % 这表示取 x 的共轭转置
ans =
    1 - 2i    0 - 6i
```

```
    2 + 4i     3 + 1i
>> x.' % 这表示取 x 的转置
ans =
    1 + 2i     0 + 6i
    2 - 4i     3 - 1i
```

6. 创建矩阵函数

MATLAB 语言中有个特殊的矩阵：空矩阵. 空矩阵用[ ]表示.

例如, a=[ ]产生一个空矩阵 a.

rand(m, n)产生一个 m 行、n 列的随机矩阵, 矩阵元素均为 0 到 1 之间的随机数.

zeros(m, n)产生一个 m 行、n 列的零矩阵.

ones(m, n)产生一个 m 行、n 列的元素全为 1 的矩阵.

eye(m, n)产生一个 m 行、n 列的单位矩阵.

运行示例如下：

```
>> rand(3, 4)
ans =
    0.1419    0.7922    0.0357    0.6787
    0.4218    0.9595    0.8491    0.7577
    0.9157    0.6557    0.9340    0.7431
>> t=zeros(3, 4)
t =
     0     0     0     0
     0     0     0     0
     0     0     0     0
>> a=ones(2, 3)
a =
     1     1     1
     1     1     1
>> u=eye(3)
u =
     1     0     0
     0     1     0
     0     0     1
>> u=eye(3, 4)
u =
     1     0     0     0
     0     1     0     0
     0     0     1     0
```

2.5 获取数组元素

数组元素通过下标进行访问. 数组元素的下标从 1 开始. C 语言、Java 语言等数组的下标是从 0 开始的.

1. 调用格式 1

```
x(单个下标)
x(下标数组)
```

这里 x 为数组变量名.

例如,

```
x=[ 2 4 6 8 10];
```

表达式 x(3), 访问数组 x 的第 3 个数 6.

语句 t=x(1:3)得到数组 t=[2 4 6].

语句 t=x(1:2:5)得到数组 t=x([1 3 5]), 表示 t 为由 x 的第 1、3、5 个数组成的向量, 即 t=[2 6 10].

如果 x 为矩阵, 则可以通过分别指定行下标、列下标来访问数组元素. 例如:

```
a(1, 2)=10*rand   % 修改矩阵 a 中 1 行 2 列元素为 10*rand.
```

2. 调用格式 2

```
x(行下标数组, 列下标数组)
```

这里 x 为数组变量名. 设 r 和 c 为矩阵 A 的行下标、列下标, 则访问矩阵 A 的第 r 行用 A(r, :); 访问 A 的第 c 列用 A(:, c).

例如, 对于 A=[2 3 4; 5 6 7; 8 9 10];有:

A(1, :)表示获取 A 的第 1 行元素组成的行向量.

A([1 3], :)表示获取 A 的第 1 行和第 3 行元素组成的矩阵（有 2 行 3 列）.

A(:, 3)表示获取 A 的第 3 列元素组成的列向量.

A(:, [2 3])表示获取 A 的第 2 列和第 3 列元素组成的矩阵.

A([1 3], [2 3])表示获取 A 的第 1、3 行, 第 2、3 列元素组成的矩阵（2 行 2 列）.

在命令行输入下列语句. 运行结果如下:

```
>> A([1 3], [2 3])
ans =
     3     4
     9    10
```

矩阵之间赋值例子如下:

```
>>a=rand(3, 5), b=zeros(3, 6); %创建随机矩阵 a, 零矩阵 b
a =
    0.6038    0.0153    0.9318    0.8462    0.6721
    0.2722    0.7468    0.4660    0.5252    0.8381
    0.1988    0.4451    0.4186    0.2026    0.0196
>>b(:, [2 5])=a(:, [1 2])   % 将 a 的第 1、2 列分别赋值给 b 的第 2、5 列.
b =
         0    0.6038         0         0    0.0153
```

```
        0    0.2722        0        0    0.7468
        0    0.1988        0        0    0.4451
```

3．用冒号操作符把矩阵转为列向量

该用法依次提取矩阵 A 的每一列，将 A 拼接为一个列向量.

运行示例如下：

```
>> A=[1 4; 2 5; 3 6]; v=A(:)
v =
     1
     2
     3
     4
     5
     6
```

本例中将一个 2 行 3 列的矩阵赋给变量 A. 通过表达式 A(:)将 A 转化为一个列向量并赋给 v.

4．其他特殊用法

（1）取矩阵 A 的第 i1 至 i2 行、第 j1 至 j2 列构成新矩阵，用 A(i1:i2, j1:j2)实现.

（2）以逆序提取矩阵 A 的第 i1 至 i2 行，构成新矩阵，用 A(i2:-1:i1, :)实现.

（3）以逆序提取矩阵 A 的第 j1 至 j2 列，构成新矩阵，用 A(:, j2:-1:j1)实现.

（4）使用 end（这种用法下 end 应与一个变量一起使用）.

end 表示数组对应位置下标的最大值. 如果 end 出现在矩阵的行下标位置，则表示矩阵的行数；如果 end 出现在矩阵的列下标位置，则表示矩阵的列数.

例 2.1　已知 t=1:9，获取 t 的第 1 个到倒数第 2 个数并赋给变量 x1，另外，将 t 中的数逆序排列并将得到的数组赋给 x2，编写程序如下：

```
t=1:9;
x1=t(1:end-1)   % 获取 t 的第 1 个到倒数第 2 个数
x2=t(end:-1:1) % 获取 t 的逆序排列
```

运行输出为：

```
x1 =     1     2     3     4     5     6     7     8
x2 =     9     8     7     6     5     4     3     2     1
```

输入如下两个语句，运行结果如下：

```
>>A=fix(rand(3)*10)
A =
     4     9     4
     6     7     9
     7     1     9
>>B=A(1:end-1, :) %取 A 的第 1 行至倒数第 2 行
B =
     4     9     4
     6     7     9
```

2.6 数组元素的操作

1．删除操作

删除 A 的第 i1 至 i2 行，使用语句 A(i1:i2, :)=[ ].

删除 A 的第 j1 至 j2 列，使用语句 A(:, j1:j2)=[ ].

2．将数组元素置为同一个标量

使用赋值语句完成此操作. 赋值语句中等号左侧表示要修改的矩阵元素表达式，右侧为标量.

例如，下列语句将 A 的第 1、2、3 行的所有元素均置为 10.

```
A([1 2 3], :)=10
```

3．将数组的部分元素置为另外一个同维数的数组

这种情形要求赋值语句两端的数组维数相同.

例如，下列语句左侧表示 A 的第 1、2、3 行的第 2、3 列元素，共有 3 行 2 列，则要求 B 也是 3 行 2 列的数组. 如果 B 为标量，则置 A 的这个子阵对应元素均为标量 B.

```
A([1 2 3], [ 2 3]) = B;
```

如果赋值语句等号两端表示的数组维数不同，则会出现维数不一致的错误提示.

在命令行输入下列两行程序，输入第 2 行时系统会报错.

```
>> A=rand(3, 5);B=rand(2, 2);
>> A([ 2 3], :)=B   %本行运行会报错
```

执行上述第 2 个语句报错，这是由于赋值语句等号两侧指示的“数组”维数不相同.

2.7 运算符

2.7.1 算术运算符

算术运算符主要有加、减、乘、右除、左除、幂运算. 这些运算符可以作用于矩阵之间、数组元素之间、标量之间.

（1）矩阵之间的运算符包括“+”“-”“*”“/”“\”“^”.

（2）数组对应元素之间的运算符包括“.*”“./”“.\”“.^”.

（3）标量之间的运算符包括“+”“-”“*”“/”“^”“\”.

1．矩阵之间的运算符

下面举例说明矩阵之间的运算符. 这里 ***A*** 和 ***B*** 均为矩阵.

矩阵转置：***B***.′.

矩阵共轭转置：***B***′.

矩阵加减：***A***+***B***, ***A***−***B***. ***A*** 与 ***B*** 维数相同或其中之一为标量.

矩阵相乘：***A**** ***B***, ***A*** 与 ***B*** 为矩阵或其中之一为标量.

矩阵左除：***A******B***，当 ***A*** 为方阵时表示 $\boldsymbol{A}^{-1}\boldsymbol{B}$.

矩阵右除：***A***/***B***，当 ***B*** 为方阵时表示 $\boldsymbol{A}\boldsymbol{B}^{-1}$，或 ***B*** 为标量.

矩阵的幂：***A***^n, ***A*** 为方阵.

例 2.2　编写下列示例程序：

```
A = rand(3, 3);     B = rand(3, 3);
C1 = A\B;      C2 = A/B
E1 = C1-inv(A)*B %这里 inv 函数用于求矩阵 A 的逆
E2 = C2-A*inv(B) %E1, E2 理论上为零矩阵
```

运行结果为：

```
C2 =
     0.2244     0.0598     0.8119
     0.7425     0.4056    -0.3319
     1.7622    -0.0111    -0.4648
E1 =
   1.0e-15 *
   -0.2220    -0.3469          0
    0.2220     0.2220     0.0555
         0    -0.2220    -0.1665
E2 =
   1.0e-15 *
   -0.1110    -0.0833     0.4441
         0    -0.0555     0.2220
         0    -0.0850     0.1665
```

以上语句通过实例说明了矩阵左除、右除运算符的含义.

2．数组对应元素之间的运算符

这些运算符就是在“*”“/”“\”“^”四个符号前面加字符点“.”.当这些运算符作用于数组时，表示对数组中对应的元素进行相应的运算. 这四个运算符要求操作的两个数组维数相同或其中一个数组为标量. 下面以 A 和 B 均为矩阵为例进行说明.

（1）数组相乘：C=A.*B.计算结果得到的矩阵 C(i, j)=A(i, j).*B(i, j)，表明矩阵 C 的第 i 行 j 列等于矩阵 A 的第 i 行 j 列乘以 B 的第 i 行 j 列.

（2）数组右除：C=A./B.计算结果得到的矩阵 C(i, j)=A(i, j)/B(i, j).

（3）数组左除：C=A.\B.计算结果得到的矩阵 C(i, j)=A(i, j)\B(i, j)，即 B(i, j)/A(i, j).

（4）数组幂：C=A.^B.计算结果得到的矩阵 C(i, j)=A(i, j)^B(i, j).

例 2.3　编写下列程序.

```
A=[2 4 5; 6 4 3];
B=[1 2 3; 4 5 6];
t1=A.*B, t2= A./B, t3=A.\B, t4= A.^B
T1=A*2;        %以 A 的每个元素与 2 相乘构造数组
T2=A.^2;       % 以 A 的每个元素的 2 次方构造数组
T3=2./A  ;     % 以 A 的每个元素的倒数乘以 2 构造数组
T4=2.\A  ;     % 以 2 的倒数乘以 A 的每个元素构造数组，结果等于 A/2.
```

运行结果为：

```
t1=
     2     8    15
    24    20    18
t2=
    2.0000    2.0000    1.6667
    1.5000    0.8000    0.5000
t3=
    0.5000    0.5000    0.6000
    0.6667    1.2500    2.0000
t4=
           2          16         125
        1296        1024         729
```

3．标量之间的运算符

标量之间的加、减、乘、右除、左除、幂运算分别用“+”“-”“*”“/”“\”“^”实现. 例如，编写下列程序：

```
a=5;
3*sqrt(a^3)
3/6     %  3 除以 6，表达式的值为 0.5
3\6     %  3 的倒数乘以 6，表达式的值为 2；也表示 6 除以 3 的值.
```

2.7.2　关系运算符

MATLAB 语言的关系运算符（见表 2-1）有以下 6 个：

（1）< 和 <= 分别表示小于、小于或等于；

（2）> 和 >= 分别表示大于、大于或等于；

（3）==表示等于；

（4）~=表示不等于.

表 2-1　关系运算符示例

符　号	名　称	表 达 式	结　果
<	小于	t=a<3	t=0
<=	小于等于	if a<=3, disp('a<=3'); end	命令窗口会显示 a<=3
>	大于	a>b	0
>=	大于等于	a>=b	0
==	等于	a==b	0
~=	不等于	a~=b	1

当两个数值比较时，如果比较的表达式“成立”，则称为“真”，其值用 1 表示. 如果表达式“不成立”，则称为“假”，其值用 0 表示.

下面以 a=3, b=7 举例说明.

例 2.4　编写下列语句. 注意计算得到的数组 t1 和 t2 的值.

```
x =[4    9    1    2    1];
y =[1    8    5    5    1];
t1=x>=2
u=x-y
t2=x-y>=1
```

运行结果为:

```
t1 =     1     1     0     1     0
u   =     3     1    -4    -3     0
t2 =     1     1     0     0     0
```

变量 t1 和 t2 通过比较运算得到, 其结果为由 0、1 组成的数组.

2.7.3　逻辑运算符

MATLAB 语言有 3 种逻辑运算符.

（1）“与(and)”逻辑运算符：&.

（2）“或(or)”逻辑运算符：|.

（3）“非(not)”逻辑运算符：～ .

逻辑运算的值为 0(代表“假”)或 1(代表“真”).

例 2.5　编写程序做如下判定：如果 a>3 且 b>3 则显示字符串“handle 1”，否则显示“handle 2”.

解　编写程序如下：

```
a=3; b=7;
if a>3 & b>3,
      disp('handle 1')
else
      disp('handle 2')
end
```

运行结果为:

```
handle 2
```

该示例中 a>3 为 0(假), b>3 为 1(真), 可知二者不同时为“真”, 所以 a>3 & b>3 不成立, 其值为 0(假).

2.8　分支判断语句

MATLAB 语言有两种选择语句：if 语句和 switch 语句.

2.8.1　if 语句

if 语句一般语法:

```
if 逻辑表达式 1
    语句块 1
elseif 逻辑表达式 2
    语句块 2
…
elseif 逻辑表达式 n
    语句块 n
else
    语句块
end
```

上述语句中的 elseif 和 else 不是必需的. 在应用中, 可能遇到有单个分支、双分支、多个分支的分支语句. if 语句执行时, 从第一个逻辑表达式开始依次向下判断, 如果当前逻辑表达式为真, 则执行该分支的语句块, 并结束本 if 语句, 否则继续下一个逻辑表达式的判断.

对于单个分支的情形, 程序结构如下：

```
if 逻辑表达式,
    语句块
end
```

该单分支语句的执行流程：如果“逻辑表达式”为真, 则执行语句块.

对于双分支的情形, 程序结构如下：

```
if 逻辑表达式,
    语句块 1
else
    语句块 2
end
```

该双分支语句的执行流程：如果“逻辑表达式”为真, 则执行语句块 1, 否则执行语句块 2.

还有另外一种双分支语句, 形式如下：

```
if 逻辑表达式 1,
    语句块 1
elseif 逻辑表达式 2,
    语句块 2
end
```

该双分支语句的执行流程：如果“逻辑表达式 1”为真, 则执行语句块 1；如果“逻辑表达式 1”不为真, 则继续判断；如果“逻辑表达式 2”为真, 则执行语句块 2.

例 2.6 编写程序对一个百分制分数打分, 要求对于不低于 90 分的成绩, 显示“成绩优异”；对于低于 90 分且不低于 80 分的成绩, 显示“成绩优秀”；对于低于 80 分且不低于 60 分的成绩, 显示“成绩中等”, 其他则显示“未及格”.

解 编写程序如下：

```
grade = input('请输入你的成绩')
if grade>=90
```

```
    disp('成绩优异')
elseif grade>=80 & grade<90
    disp('成绩优秀')
elseif grade>=60 & grade<80
    disp('成绩中等')
else
    disp('未及格')
end
```

思考题　结合 if 语句的执行流程，在不改变功能的情形下，上述程序可否简化. 如果可以简化，请给出简化后的程序.

例 2.7　已知分段函数 $f(x)$ 定义如下，输入自变量 x 的值，然后输出函数值.

$$f(x)=\begin{cases}(x+1)^2, x\leqslant 0,\\(x-1)^2, x>0.\end{cases}$$

解　编写程序如下：

```
x=input('输入一个数:');
if x<=0,
        disp((x+1)^2)
else
        disp((x-1)^2)
end
```

运行本程序，在提示字符串后输入 5. 运行结果为：

```
输入一个数:5
        16
```

2.8.2　switch 语句

开关语句根据“开关表达式”的值进行处理. 开关表达式一般为整数、字符串类型的标量. 一般用法：

```
switch 开关表达式,
case 表达式 1,
     语句块 1
case 表达式 2,
     语句块 2
case {表达式 k1, 表达式 k2, … , 表达式 kn}
     语句块 k
otherwise,
     语句块
end
```

otherwise 不是必需的. 如果“开关表达式”等于“表达式 1”，则执行“语句块 1”中的程序，然后结束 switch 语句，否则继续判断. 如果“开关表达式”的值等于几个不同表达式，则需要执行相同的语句，此时需要将这几个不同表达式用花括号{}括起来.

例 2.8 编写程序，使用 switch 语句完成例 2.6 的功能.

解 编写程序如下：

```
grade=input('请输入成绩:');
grade=fix(grade/10)
switch grade
    case {9, 10},
        disp('成绩优异')
    case {8},
        disp('成绩优秀')
    case {6, 7},
        disp('成绩中等')
    otherwise,
        disp('未及格')
end
```

运行本程序时输入 85，结果为：

```
请输入成绩:85
grade =      8
成绩优秀
```

结果表明 grade 的值为 8，并显示了字符串“成绩优秀”.

2.9 循环语句

MATLAB 语言有两种循环语句：for 循环语句和 while 循环语句.

2.9.1 for 循环

for 循环一般用于循环次数确定的情形.

for 循环语句的基本语法如下：

```
for i=array
    循环体语句块
end
```

该循环语句的执行过程：循环变量 i 依次取数组 array 的每一列（从第 1 列开始），然后执行“循环体语句块”，完成后 i 继续取下一列，再执行“循环体语句块”，如此反复. 如果数组 array 有 m 列，则最多循环 m 次或在执行“循环体语句块”时由于执行到控制语句 break 而中止循环.

如果已知确定的循环次数，则可以使用下列用法：

```
for i=1:n
    循环体语句块
end
```

该用法中 n 表示循环次数，执行过程：循环变量 i 依次取数组 1:n 的一个数（从第 1 个数 1 开始），然后执行“循环体语句块”. 下次循环时 i 的值自动取下一个数，再执行“循环体语句块”. 直到循环 n 次为止或在执行“循环体语句块”时中止循环.

例 2.9　编写程序构造一个 5 行 4 列的矩阵，要求第 i 行第 j 列的值为 100*i+j.

解　编写程序如下：

```
for i=1:5
    for j=1:4
        m(i, j)=100*i+j;
    end
end
m
```

运行结果为：

```
m =
    101    102    103    104
    201    202    203    204
    301    302    303    304
    401    402    403    404
    501    502    503    504
```

2.9.2　while 循环

与 for 循环语句事先明确了最大循环次数不同，while 循环语句的循环次数不确定，而是取决于 while 循环语句的逻辑表达式的判断结果.

while 循环语句的基本语法如下：

```
while   逻辑表达式
     语句块
end
```

while 循环语句的执行流程：当“逻辑表达式”数组里的所有元素为真时，执行 while 和 end 语句之间的“语句块”.

例 2.10　将输入的字符串反序.

解　编写程序如下：

```
str=input('请输入字符串:', 's')
tmpstr=str; %把输入字符串赋值给一个临时变量 tmpstr
i=1; % i 作为一个计数变量
len=length(str); %  获取字符串的字符个数 len
while i<=len
      str(len-i+1)=tmpstr(i);
      i=i+1;
end
str
```

运行结果为：

```
请输入字符串：123abcd
str =      '123abcd'
str =      'dcba321'
```

运行结果首先显示输入的原样字符串 str，循环结束后又显示反序后的字符串 str.

例 2.11　设银行年利率为 4.25%，将 10000 元钱存入银行．问多长时间会连本带利翻一番.

解　编写程序如下：

```
a0=10000;
a =a0;
r = 0.0425;
for i=1:200,
    a = a*(1+r);
    if a>=2*a0,
        disp(sprintf('存了%d 年终于翻番了.', i))
        break;%结束迭代
    end
end
```

运行结果为：

```
存了 17 年终于翻番了.
```

2.9.3　其他控制语句

1．continue 语句

continue 语句通常用于 for 或 while 循环语句中，与 if 语句一起使用．当程序执行 continue 语句时，跳过本次循环，去执行下一轮循环.

下列程序框架表示了 continue 语句的一种应用形式：

```
for i=array
    do_something
    if 逻辑表达式
        continue
    end
end
```

2．break 语句

break 语句通常用于 for 或 while 循环语句中，与 if 语句一起使用．当程序执行 break 语句时，中止本次循环，并跳出最内层循环.

下列程序框架表示了 break 语句的一种应用形式：

```
for i=array
    do_something
    if 逻辑表达式
        break
```

```
        end
    end
```

3．函数 error

调用格式：error(字符串).

error 是用于中断程序执行的函数，在中断程序时可以同时显示文本信息字符串，也可以不传入文本消息字符串.

下列程序框架表示了 error 函数的一种应用形式：

```
if 逻辑表达式,
    error('message'),
end
```

下面以一个假想的算法来说明 break 语句、error 函数的用法.

例 2.12 现在正在设计一个迭代算法：每次循环需要更新一个向量 x 和矩阵 A. 在迭代到第 i 步时，如果遇到对角元 A(i, i)为 0，则表示该迭代算法没法处理；当向量 r 的模较小时，则退出迭代.

下面的程序为迭代法程序框架.

```
% 迭代法
%1.初始化
n = 100;
maxit = 300;          % 最大迭代次数
x     = rand(n, 1); % 初始解
%2.主循环
for i= 1:maxit,
    x= x+ myexp; %更新 x 的语句，这里以 myexp 表示具体的计算式子
    handle_A %handle_A 表示更新矩阵 A 的一个语句
    r = A*x-b;
    d = A(i, i);
    if d==0,
        error('我不能处理对角元为 0 的问题，不能勉强！')
    end
    if norm(r)<1e-6, %收敛条件
        break;
    end


end
```

上述程序由于没有给出具体的迭代计算语句 handle_A 的实现，还不能真正执行.

例 2.13 在 100～10000 的整数中，从小到大搜索，找出第 3 个、第 5 个除以 12 余 1 且除以 25 余 2 的整数.

分析 利用 for 循环遍历 100～10000 的整数（循环变量这里用 i 表示）；在循环体内判断当前整数 i 是否满足条件“除以 12 余 1 且除以 25 余 2”；还需要使用一个计数变量（这里用 count 表示）统计满足条件的整数的个数. 这里使用一个变量 m 存储找到的满足条件的整数.

根据分析编写程序：

```
count = 0;
m = []; %存储满足条件的整数，初始化为空矩阵
for i=100:10000
    if rem(i, 12)==1 && rem(i, 25)==2 % rem 为求余数函数
        count = count + 1;
        if count ==3 || count ==5
            m = [m, i];
            if count >=5 % 找到了，该退出循环
                break
            end
        end
    end
end
m
```

运行结果为：

```
m =        877        1477
```

注意：本程序可以在不使用循环语句的情形下完成. 在介绍常用函数 find 时给出示例实现.

2.10 常用函数

2.10.1 获取数组维数信息

1. length 函数

调用格式：len = length(x).

如果 x 为向量，则返回 x 的元素个数 len；

如果 x 为矩阵，则返回矩阵 x 行数和列数的最大值.

2. size 函数

调用格式：

sz=size(x)，返回数组 x 的维数组成的行向量；

[m, n]=size(x)，如果 x 为向量、矩阵，则返回行数 m、列数 n.

运行示例如下：

```
>> x=[4 0 6 1 5]; t1=length(x), t2=size(x)
t1 =      5
t2 =      1      5
```

2.10.2 基本统计函数

1. 求和函数 sum

调用格式：

s=sum(v)，求向量 v 中元素的和；

s=sum(A, 1) 或 s=sum(A)，求矩阵 A 中每列的和，返回成 1 个行向量；

s=sum(A, 2)，求矩阵 A 中每行的和，返回成 1 个列向量.

例 2.14 编写示例程序如下：

```
U = [1 6 3; 8 2 7; 4 1 9; 6 0 6];
v1=sum(U, 1)
v2=sum(U, 2)
```

运行结果为：

```
v1 =     19       9      25
v2 =
      10
      17
      14
      12
```

2．求平均值 mean

调用格式：

s=mean(v)，求向量 v 中元素的平均值；

s=mean(A, 1)或 s=mean(A)，求矩阵 A 中每列的平均值，返回成 1 个行向量；

s=mean(A, 2)，求矩阵 A 中每行的平均值，返回成 1 个列向量.

例 2.15 编写示例程序如下：

```
U = [1 6 3; 8 2 7; 4 1 9; 6 0 6];
v1=mean(U, 1)
v2=mean(U, 2)
```

运行结果为：

```
v1 =    4.7500     2.2500     6.2500
v2 =
      3.3333
      5.6667
      4.6667
      4.0000
```

3．求最大值函数 max，求最小值函数 min

最大值函数调用格式：[v, I]=max(x).

如果 x 为向量，v 为向量中的最大元素，I 则为最大元素在 x 中的下标；

如果 x 为矩阵，v 为每列的最大元素组成的行向量，I 则为每列最大元素的行下标组成的向量.

最小值函数调用格式：[v, I]=min(x). min 函数的用法与 max 函数类似.

如果 x 为向量，v 为向量中的最小元素，I 则为最小元素在 x 中的下标；

如果 x 为矩阵，v 为每列的最小元素组成的行向量，I 则为每列最小元素的行下标组成的向量.

例 2.16 编写示例程序如下：

```
v=[4 7 0 8 9 3 6 1 5 ];
[a, idx1]=max(v)
[b, idx2]=min(v)
```

运行结果为：

```
a =        9
idx1 =     5
b =        0
idx2 =     3
```

2.10.3 排序与查找函数

1．排序函数 sort

调用格式：[B, I]=sort(v).

对向量 v 中的元素排序, B 为按递增排序后的元素；I 为排序后的数组 B 的元素在原数组 v 中的位置下标, 即 B(i)=v(I(i)). 这里 i 为数组下标. 这表明 v(I)表示的向量与 B 相同.

[B, I]=sort(v, direction) 当 direction 为“ascend”时, 表示排序结果按升序排列; 当 direction 为“descend”时, 表示排序结果按降序排列.

例 2.17 编写示例程序如下：

```
v=[5 0 3 9 2 6];
[s, idx]=sort(v)
```

运行结果为：

```
s =     0    2    3    5    6    9
idx =   2    5    3    1    6    4
```

2．查找函数 find

find 函数一般用于查找数组中的非零元素位置, 也可以找出数组中的非零元. 一般结合逻辑表达式可以返回数组中满足条件的元素的位置下标.

调用格式：

index=find(a), index 为输入数组 a 的非零元下标；

[I, J, S]=find(a), 如果输出参数为 3 个, 则 I、J、S 分别表示输入数组 a 非零元的行下标组成的数组、列下标组成的数组、非零元组成的数组.

例 2.18 编写示例程序如下：

```
v=[ 3  2  9  7  6  1  5];
idx=find(v>=5)
[I, J, S]=find([1 3; 0 5; 0 7])
```

运行结果为：

```
idx =     3     4     5     7
I =
       1
       1
```

```
     2
     3
J =
     1
     2
     2
     2
S =
     1
     3
     5
     7
```

该例子表明数组 v 中大于等于 5 的元素为 v 的第 3、4、5、7 个元素. 第 2 个调用 find 的语句找到了输入矩阵的非零元行下标、列下标信息, 以及非零元的值.

例 2.13 也可以用下面的程序实现:

```
v=100:10000;
idx=find((mod(v, 12)==1)&(mod(v, 25)==2))
m=v(idx([3 5]))
```

在编程时, 如果能够不使用循环语句实现, 尽量采用这种不用循环就能实现的方法编程. 这样的方法往往利用了数组运算, 一般能够提高程序的运行速度.

2.10.4　取整函数

MATLAB 取整函数及示例见表 2-2.

表 2-2　四个取整函数的用法

函　数	功　能	举　例
round	四舍五入	round(3.8)的值为 4 round(−3.4)的值为−3
fix	向零取整	fix(3.8)的值为 3 fix(−3.4)的值为−3
floor	向负无穷方向取整	floor(3.8)的值为 3 floor(−3.8)的值为−4
ceil	向正无穷方向取整	ceil(3.4)的值为 4 ceil(−3.8)的值为−3

2.10.5　集合运算

下面举例说明集合运算函数的用法.

1. 求两个集合的并集函数 union

已知集合 A=[1 2 3 5 7], B=[2 4 6 8], 求集合的并集用 union(A, B). 编写示例程序如下:

```
A=[1 2 3 5 7]; B=[2 4 6 8]
C=union(A, B)
```

运行结果为：

```
C =      1     2     3     4     5     6     7     8
```

2．求两个集合的交集函数 intersect

对于给定的集合 A 和 B，求集合的交集用 intersect(A, B).

例如：

```
A=[ 2 3 4 5 7]; B=[2 4 6 8]
C=intersect(A, B)
```

运行结果为：

```
C =      2     4
```

3．数组元素唯一化函数 unique

已知集合 v=[1 2 3 1 3 5 7 2 4]，找出集合 v 中去掉重复元素后的数组.

编写程序如下：

```
v=[1 2 3 1 3 5 7 2 4];
u=unique(v)
```

运行结果为：

```
u =      1     2     3     4     5     7
```

unique 函数返回的数组元素是两两相异的.

2.10.6 其他函数

1．取模运算 mod(x, y)

取模运算的结果与除数同号.

mod(x, y)等于 x - y.*floor(x./y)(y 不为 0)，若 y=0，则 mod(x, 0)返回 x.

运行示例如下：

```
>>mod(5, -3)
ans =      -1
>>mod(5, 3)
ans =       2
>>mod(-5, 3)
ans =       1
```

2．除法余数 rem(x, y)

除法求余的结果与被除数同号.

rem(x, y)等于 x - y.*fix(x./y)(y 不为 0)，若 y=0 则 rem(x, 0)返回 NaN.

运行示例如下：

```
>>rem(5, -3)
ans =       2
>>rem(5, 3)
```

```
ans =      2
>>rem(-5, 3)
ans =     -2
```

当输入的参数 x 和 y 符号相同时，rem 的返回结果与 mod 结果相同.

3. 符号函数 sign(x)

当 x 为正时 sign(x)为 1，当 x 为 0 时 sign(x)为 0，当 x 为负时 sign(x)为−1. 运行示例如下：

```
>> sign(3)
ans =      1
>> sign(-5)
ans =     -1
>> sign(0)
ans =      0
```

2.10.7 应用实例

例 2.19 已知学生的学号、某门课程成绩，请编程找出最大分数及其对应学生的学号、最小分数及其学生学号、前 5 名学生的学号及分数、最后 5 名学生的学号及分数、不及格人数及各分数段人数. 分数段分为 5 个区间，设置如下：

[0, 59], [60, 69], [70, 79], [80, 89], [90, 100]

解 编写程序如下：

```
studno=1000+(1:20);%学号
v = 50+fix(50*rand(20, 1));%模拟生成成绩
[v_s, idx] = sort(v, 'descend');%按"降序"排列分数数组 v
maxval=v_s(1);%找最大分数信息
%idx 的第 1 个值、最后 1 个值分别为最大值、最小值在 v 中的下标
studno1=studno(idx(1)); % 提取最大分数学生学号
minval=v_s(end);%找最小分数信息
studno2=studno(idx(end)); % 提取最小分数学生学号
disp(sprintf('max value, studno=%d, value=%d', studno1, maxval))
disp(sprintf('min value, studno=%d, value=%d', studno2, minval))
disp('前 5 名  No. studno      score')
for i=1:5, %"源"数组
    disp(sprintf('i=%4d %10d    %5d', i, studno(idx(i)), v_s(i)))
end
disp('后 5 名  No. studno      score')
for i=16:20, %"源"数组
    disp(sprintf('i=%4d %10d    %5d', i, studno(idx(i)), v_s(i)))
end
M=[0, 59
60, 69
70, 79
80, 89
90, 100];
```

```
for i=1:size(M, 1)
    id = find(v>=M(i, 1) & v<=M(i, 2));
    disp(sprintf('[%3d, %3d], 该分数段学生人数=%2d', M(i, 1), ...
        M(i, 2), length(id)))
end
```

运行结果为：

```
max value, studno=1007, value=97
min value, studno=1014, value=50
前 5 名 No. studno     score
i=   1       1007       97
i=   2       1008       97
i=   3       1013       91
i=   4       1001       89
i=   5       1018       86
后 5 名 No. studno     score
i=  16       1006       56
i=  17       1005       54
i=  18       1010       52
i=  19       1015       52
i=  20       1014       50
[  0, 59], 该分数段学生人数= 6
[ 60, 69], 该分数段学生人数= 4
[ 70, 79], 该分数段学生人数= 3
[ 80, 89], 该分数段学生人数= 4
[ 90, 100], 该分数段学生人数= 3
```

该例子展示了排序结果的应用，通过排序后的“下标”数组进行操作，以及结果在命令行的格式化输出.

2.11 基本输入/输出函数

基本输入与格式化输出操作函数有 4 个：

（1）input，输入函数；

（2）disp，显示数组内容函数；

（3）sprintf，将数组内容格式化为字符串；

（4）fprintf，直接格式化输出文本（也可以用于输出结果到文本文件）.

2.11.1 输入函数 input

第一种调用格式：str=input(提示信息字符数组).

该函数用于输入一般类型数据.

运行示例如下：

```
>>g=input('输入您的成绩:')
输入您的成绩:95
g =      95
```

如果要输入字符串、向量、矩阵等，则直接在提示字符串后输入相应的表达式即可.

运行示例如下：

```
>> g=input('input your class name:')
input your class name:'20190101001'
g =      '20190101001'
```

第二种调用格式：str=input(提示字符串, 's').

该函数用于输入字符数组（含第 2 个参数 s），该函数返回输入的所有字符组成的字符串.

运行示例如下：

```
>>name=input('输入您的姓名:', 's')
输入您的姓名:Li San
name =     Li San
```

2.11.2 显示数组内容函数 disp

显示数组内容函数 disp（变量名）的特点：显示数组内容，但不输出变量名，多用于调试程序时显示数组内容.

运行示例如下：

```
a=rand(1, 3);
disp(a)
a
```

运行结果为：

```
  0.6441     0.6872     0.7481
a =     0.6441     0.6872     0.7481
```

2.11.3 格式化输出函数 sprintf

功能：将数据格式化输出为字符串.

调用格式：str = sprintf(formatSpec, A1, A2, ..., An).

将数组 A1, A2, …, An 按照参数 formatSpec 格式化为字符数组并赋给 str. 部分格式化字符含义如下：

%d——格式化整数；%f——格式化浮点数；%c——格式化单个字符；%s——格式化字符数组.

百分号后可以加个整数，用以限定输出化为字符串的长度. 例如："%5d" 表示格式化为 5 个字符宽度的整数，"%5s" 表示格式化为 5 个字符宽度的字符数组.

编写示例程序如下：

```
a = [pi, sqrt(2)]; name='Li San'; grade=[86 95 89];
s1= sprintf('%0.5f', pi) %将该实数化为 5 个小数位字符串
```

```
s2= sprintf('%10.6f', a)    %将 a 化为 10 个字符长，含 6 个小数位的字符串
s3=sprintf('%8s%3d%3d%3d', name, grade)
```

运行结果为：

```
s1 =      3.141593
s2 =      3.141593       1.414214
s3 =      Li San 86 95 89
```

2.11.4 格式化输出函数 fprintf

fprintf()函数将数据格式化后在命令窗口输出，也可以用于输出到文本文件，将在第 3 章文件操作函数部分详细介绍.

调用格式：str = fprintf(formatSpec, A1, A2, ..., An).

formatSpec 与 sprintf 含义类似. 该函数输出时不自动换行，要换行需在 formatSpec 末尾增加字符'\n'.

例如：

```
>> fprintf('class name is %s, stud number =%5d\n', '20190101001', 30)
class name is 20190101001, stud number =     30
```

2.12 MATLAB 程序文件与函数编程

MATLAB 程序文件为纯文本文件，除可以用 MATLAB 自带的编辑器编辑之外，还可以用记事本、Word、WPS 等软件编辑. MATLAB 语言有两种基本的程序文件：函数文件和非函数文件. 非函数文件也称脚本文件.

2.12.1 脚本文件

在 MATLAB 中，既不接受输入参数也不返回参数的 M 文件称为脚本文件. 脚本文件中没有函数声明.

脚本可以直接在 MATLAB 环境下执行，它可以访问整个 MATLAB 工作空间中的变量，而脚本中的变量在脚本执行完后仍然保留在工作空间中，并能被其他脚本所引用. 当用 clear 命令清空变量后，该变量不能被访问到.

例 2.20 已知某地天然气价格采用阶梯计价：第一阶梯气量为 0～300 立方米/户表・年，气价为 2.03 元/立方米；第二阶梯气量为 301～500 立方米/户表・年，气价为 2.44 元/立方米；第三阶梯气量为 500 立方米/户表・年以上，气价为 3.05 元/立方米. 编写脚本文件 mypro1.m 完成购入天然气的费用.

解 分三种情况设计计算方法. 编写程序文件 mypro1.m 如下：

```
num=input('输入一个购买量:')
if num<=300
    s=2.03*num;
elseif num<=500
```

```
        s=300*2.03+(num-300)*2.44;
    else
        s=300*2.03+200*2.44+(num-500)*3.05;
    end
    fprintf('天然气购买量=%.0f，费用= %.2f\n', num, s)
```

示例运行结果如下：

```
输入一个购买量:450
num =
   450
天然气购买量=450，费用= 975.00
```

本脚本程序的功能是输入一个天气热购买量，赋值给 num，然后计算天然气购买费用，并将结果保存到变量 s 中.

下面通过例子说明一个脚本程序文件使用另外一个脚本程序产生的变量的情形.

例 2.21　先编写两个程序文件 temp1.m 和 temp2.m. 文件 temp2.m 中使用了文件 temp1.m 的变量 t1.

解　编写第 1 个脚本程序文件 temp1.m：

```
t1=[1 3 5 7]
```

编写第 2 个脚本程序文件 temp2.m：

```
t2=2*t1
clear all
who
```

在命令窗口运行如下代码：

```
>>temp1
t1 =
     1     3     5     7
>>temp2
t2 =
     1     3     5     7
t2 =
     2     6    10    14
```

执行 temp1.m 之后，在工作空间产生了一个变量 t1. 然后运行脚本程序 temp2，此时 temp2 的语句才能使用变量 t1.

下面编写全局变量用法示例程序. 编写两个程序文件，通过调用了解其用法.

编写两个程序文件：temp1.m 和 testfun.m. 两个文件都声明了全局变量 t1. 因此，按照全局变量的用法，两个程序使用的变量 t1 为数学软件工作空间中的同一个变量.

第 1 个程序文件 temp1.m：

```
global t1
t1=[1 3 5 7]
```

第 1 个程序文件“temp1.m”定义了全局变量 t1，并对其进行赋值.

第 2 个程序文件 testfun.m：

```
function r=testfun(num)
global t1
r=t1*num
```

第 2 个程序文件“testfun.m”将全局变量 t1 乘以 num 后赋给变量 r，并返回输出参数 r.

运行结果如下：

```
>>clear all
>>temp1
t1 =
     1     3     5     7
>>testfun(2);
r =
     2     6    10    14
```

由于 testfun.m 为函数文件，如果去掉 global t1 语句，则执行函数 testfun 时系统会报错，提示不存在变量 t1.

2.12.2 函数文件

在程序设计中，常将一些常用的功能实现编写成函数. 通过调用函数，就可以完成相应的功能. 这样可以减少重复编写程序的工作量.

“函数”是 MATLAB 语法的重要组成部分. MATLAB 数学软件除内部函数外，还有各种工具箱中的函数，这些函数都以 M 文件的形式给出，以便调用.

函数语法如下：

```
function [返回参数列表]=函数名(输入参数列表)
```

当输入参数不止一个时，输入参数之间用逗号分隔. 当返回参数不止一个时，返回参数之间用逗号或空格分隔. 当返回参数只有一个时，返回参数列表的方括号可以省略.

例如：MATLAB 系统函数 mean 的返回参数为 y. y 可以用中括号括起来. 输入参数为 x 和 dim, nargin 和 nargout 为 MATLAB 的内部变量，分别表示输入参数个数和输出参数个数. 如果设计的一个函数要进行参数个数检查，就要借助这两个变量进行程序设计和控制.

函数程序文件的文件名一般和文件中的函数名一样. 如果函数文件的文件名与函数文件中定义的“函数名”不一样，则调用该函数时，应以文件名为调用的函数的名字.

百分号%用于注释，字符%后的字符串表示注释文本.

例 2.22 求任意两个自然数之间（包含两个自然数）所有自然数的和.

分析 对于本问题，如果知道两个“自然数”，就可以计算出“和”. 因此可设计函数的输入参数为两个（两个自然数），输出参数为 1 个，即返回求和结果.

函数名这里取为 sum2.编写的函数名要有一定意义才便于记忆，而且不要与系统内部函数名称相同. 可以通过“help 函数名”查看该函数名是否与数学软件已经实现的系统函数同名.

编写程序文件 sum2.m 如下：

```
function r=sum2(n1, n2)
%sum2.m  求任意自然数 n1 和 n2 之间(含 n1 和 n2)所有整数的和
if n2>=n1,
     r =(n2-n1+1)*(n1+n2)/2;
else
     r=(n1-n2+1)*(n1+n2)/2;
end
```

在命令行输入下列语句，运行示例如下：

```
>>sum2(1, 100)
ans =
        5050
```

例 2.23 编写函数计算每个月的工资纳税额，输入参数为全月所得收入的应纳税额. 某年所得税税率表见表 2-3.

表 2-3 某年 7 级超额累进个人所得税税率表

级 数	全月应纳税所得额	税率/%	速算扣除数
1	不超过 1500 元	3	0
2	超过 1500 元至 4500 元的部分	10	105
3	超过 4500 元至 9000 元的部分	20	555
4	超过 9000 元至 35000 元的部分	25	1005
5	超过 35000 元至 55000 元的部分	30	2755
6	超过 55000 元至 80000 元的部分	35	5505
7	超过 80000 元的部分	45	13505

解 编写程序文件 stdduty.m 如下：

```
function r = stdduty(income)
%根据每月的收入计算应纳税额 r
%  例子:r= stdduty(12300)
if length(income)~=1, error('only for one element')
end
if income < 0, error('income < 0')
end
if income <= 3500, r = 0;        return
end
income = income - 3500;

if income≤1500, r = income*0.03 - 0;
elseif income≤4500, r =income*0.10 - 105;
elseif income≤9000, r = income*0.20 - 555;
elseif income≤35000, r = income*0.25 - 1005;
```

```
elseif income≤55000, r = income*0.30 - 2755;
elseif income≤80000, r = income*0.35 - 5505;
else      r = income*0.45 - 13505;
end
```

在命令窗口输入下列语句：

```
>>d=stdduty(8000)
```

运行结果为：

```
d =
   345
```

运行结果表明月收入 8000 元时应纳税额为 345 元.

2.12.3 子函数

函数文件可以包含一个以上的函数，该文件中的第一个函数称为主函数，该文件后面部分定义的所有函数都称为子函数.

子函数只能被同一个函数文件中的函数调用. 函数文件名应与主函数名相同.

例 2.24 编写一个 function 函数，能够计算下列分段函数在多个节点的函数值.

$$f(x)=\begin{cases}(x-1)^2, & x\leqslant -1,\\ x^2, & -1<x<1,\\ (x+1)^2, & x\geqslant 1.\end{cases}$$

解 编写程序文件 myfun.m 如下：

```
function s=myfun(x)
s=zeros(size(x));
for i=1:length(x)
    s(i)=mycal(x(i));
end
function r=mycal(x)
%已知节点 x，计算分段函数值
if x<=-1
    r=(x-1)^2;
elseif x<1
    r=x^2;
else
    r=(x+1)^2;
end
```

该程序包含了主函数 myfun. 该主函数输入向量 x，返回与 x 同维数的向量. 子函数 mycal 的功能是计算一个节点的函数值. 主函数 myfun 则通过循环语句遍历输入向量 x 的每个元素，然后调用子函数 mycal 计算出各个节点的函数值.

在命令窗口输入下列语句进行测试：

```
>> y=myfun2(-2:0.8:2)
y =
      9.0000      4.8400      0.1600      0.1600      4.8400      9.0000
```

2.12.4 用 inline 创建函数

调用格式如下：

inline(expr)，根据 expr 建立内联函数，函数自变量符号根据表达式自动确定；

inline(expr, arg1, arg2, ...)，定义时指定自变量符号.

inline(expr, N)，自变量符号为 x, P1, P2, …, PN.

编写示例程序：

```
f = inline('2*x.*x-x+sin(exp(x))');
x = linspace(-10, 10, 100);
plot(x, f(x))
f1 = inline('t^2')                    % 系统自动确定参数
f2 = inline('x*y*z')                  % 系统自动确定参数
f3 = inline('x*y*z', 'x', 'y', 'z')   % 指定参数
f4 = inline('x^P1+x^P2', 2)           % 指定参数
```

运行示例如下：

```
>>f = inline('x.^2+y.^3') , v=f(1:3, 5:7)
f =
      内联函数:
      f(x, y) = x.^2+y.^3
v =
    126    220    352
```

例 2.25 创建 inline 函数，计算函数

$$y = \sin x + \cos x + e^x \sin x$$

在数组-2*pi:0.01:2*pi 中各点的函数值.

解 编写程序如下：

```
f=inline('sin(x)+cos(x)+exp(x).*sin(x)', 'x')
x=-2*pi:0.01:2*pi;
value=f(x) % 存储函数值
```

注意：

① 使用 inline 函数创建初等函数的程序很简洁；

② 计算多个点的函数值时，注意四种数组运算符的使用：.*, ./, .\, .^（分别为乘、左除、右除、幂运算）.

例 2.26 编写一个函数，计算下列二元函数的函数值：

$$f(x, y) = x^2 - xy + y^2 .$$

解 编写程序如下：

```
F=inline('x*x-x*y+y*y', 'x', 'y')
val=F(1, 3)
```

运行结果为：

```
F =
      内联函数:
      F(x, y) = x*x-x*y+y*y
val =
      7
```

上述 inline 函数 F 一次只能计算一个点的函数值. 如果调用语句 F(1:3, 1:3)则系统会报错. 如果要计算多个点的函数值，编写程序如下：

```
F=inline('x.*x-x.*y+y.*y', 'x', 'y')
val=F(linspace(0, 5, 100), linspace(-2, 2, 100))
```

传入的参数 x 为从区间[0, 5]内等间距取 100 个点，参数 y 为从区间[-2, 2]等间距取 100 个点.

2.12.5 匿名函数用法

使用@符号定义匿名函数.

定义匿名函数方法：

```
f=@(参数列表)(函数表达式)
```

例如，定义匿名函数来计算一元函数 $z = x^2$ 的函数值.

运行示例如下：

```
>> f=@(x)(x.^2)
f =
     @(x)(x.^2)
```

说明：该函数可计算输入数组每个元素的平方，并返回与输入参数同维数的数组.

运行示例如下：

```
>> val=f(1:5)
val =      1      4      9      16      25
```

例 2.27 请定义匿名函数 f，并计算下列分段函数在点 x=-2:0.5:1, y=-2:0.5:1 处的函数值，调用方式为 f(x, y).

$$f(x,y)=\begin{cases}2x+y, & x^2+y^2\leqslant 1,\\ x-2y, & x^2+y^2>1.\end{cases}$$

解 编写程序如下：

```
f=@(x, y)((x.^2+y.^2<=1).*(2*x+y)+((x.^2+y.^2)>1).*(x-2*y));
x=-2:0.5:1;
y=-2:0.5:1;
v=f(x, y)
```

运行结果为：

```
v =
      2.0000    1.5000    1.0000   -1.5000         0    1.5000   -1.0000
```

2.13 应用实例

例 2.28 将长度为 500 厘米的条材分别截成长度为 98 厘米与 78 厘米的两种成品. 请找出一根条材所有的切割方式, 以及每种切割方式的余料长度.

解 一根条材可以切割为若干根 98 厘米和若干根 78 厘米的成品, 也可以全部切割为 98 厘米的成品或 78 厘米的成品. 如果全部切割成 98 厘米的成品, 最多切割出 5 根 98 厘米的成品; 如果全部切割成 78 厘米的成品, 最多可以切割出 6 根 78 厘米的成品. 因此, 可以使用穷举的方法找出所有的切割方式.

编写程序如下：

```
len = 500;
n = fix(500/98);
mat =[];
for k1=0:n % 遍历一根条材可以切割出多少根 98 厘米成品
    k2 = fix((len - k1*98)/78); % 计算出最多可以切割出 k2 根 78 厘米成品
    remain = len - k1*98 - k2*78; % 计算出余料长度
    mat=[mat; k1, k2, remain ]; % 存储切割方式到矩阵 mat 末尾
end
mat
```

运行结果为：

```
mat =
     0     6    32
     1     5    12
     2     3    70
     3     2    50
     4     1    30
     5     0    10
```

运行结果显示找出了 6 种切割方式, 见表 2-4.

表 2-4 例 2.28 所有切割方式列表

切割方式	98 厘米成品数/根	78 厘米成品数/根	余料长度/厘米
1	0	6	32
2	1	5	12
3	2	3	70
4	3	2	50
5	4	1	30
6	5	0	10

思考题 如果交换上述程序中“98”和“78”的位置，能否得到正确的结果？请说明原因. 如果得不到正确结果，请修改程序.

例 2.29 编程找出所有的四位数 a、b、c、d，要求其满足 $abcd>(a+5b+2c)^3$. 用行向量从小到大排列存储这些数.

解 根据问题可知 a 的取值为 1～9 之间的数字. b、c 和 d 三个数字的取值范围为 0～9 之间的数字. 因此可以遍历 a、b、c、d 所有的取值，然后通过 if 语句判别，找到满足要求的四位数. 需要遍历 4 个符号的取值，因此程序主体使用嵌套的 for 循环.

编写程序如下：

```
r = zeros(1, 100);
cc = 0;
for a=1:9
    for b=0:9
        for c=0:9
            for d=0:9
                k=1000*a+100*b+10*c+d;
                if k>(a+5*b+2*c)^3
                    cc = cc+1;
                    r(cc) = k;
                end
            end
        end
    end
end
if cc<=0
    error('too bad')
end
r=r(1:cc);
```

运行程序，找到满足条件的四位数有 1040 个，将结果均保存到数组 r 中.

2.14 习题

1. 在 MATLAB 中用直接输入法创建下列两个矩阵：

$$\boldsymbol{A}=\begin{pmatrix}3 & 7 & 5\\ 6 & 0 & 4\end{pmatrix},\quad \boldsymbol{B}=\begin{pmatrix}4 & 3 & 0\\ 2 & 5 & 8\end{pmatrix},$$

然后编写一个语句为矩阵 $\boldsymbol{B}$ 增加一行零向量，使之成为 3 行 3 列的矩阵.

2. 已经编写了一段程序如下：该程序分别对创建的矩阵 $\boldsymbol{A}$ 和 $\boldsymbol{B}$ 做两个矩阵的加法、减法、乘法和除法（左除、右除）运算，再运用乘法、除法的数组运算法则进行运算，比较二者的计算结果有何异同.

```
A=[1 2; 3 4];
B=eye(2);
```

```
A+B
A-B
A*B    %矩阵乘法
A/B    %矩阵右除
A\B    %矩阵左除
A.*B   %数组乘法
A./B   %数组右除
A.\B   %数组左除
```

3. 编写程序，求矩阵 $\boldsymbol{A}$ 的转置和逆矩阵：已知矩阵 $\boldsymbol{A}=\begin{pmatrix}4 & 0 & 3\\ 2 & 3 & 0\\ 0 & 2 & 5\end{pmatrix}$.

4. 编写程序，将区间[0, 30]上等间隔选取的 51 个节点（含区间的左、右端点）赋给变量 $\boldsymbol{v}$，另外将 $\boldsymbol{v}$ 的元素逆序排列后赋给向量 $\boldsymbol{w}$.

5. 已知函数 $f(x)=\begin{cases}2x-9, x<-1\\ x^2+1, -1\leqslant x\leqslant 1\\ 2x+8, x>1\end{cases}$. 请编写一个 function 函数，能计算 $f(x)$ 在多个节点的函数值. 例如，该 function 函数对输入数组 x=-5:0.1:5，能够返回与 x 维数相同的一个数组 v.

6. 已知数组 v 存储了 n 个相异的数，请编程产生 v 中取任意两个数的所有组合. 要求：用一个矩阵 $\boldsymbol{M}$ 存储所有的组合，且 $\boldsymbol{M}$ 的每行数据表示 1 个组合. 如果要产生从 v 中取任意 3 个数的所有组合，又如何实现呢?

测试程序时，数组 v 可以用方括号[]直接输入，也可以随机产生. 例如，v=[9 6 7 46 81 26]，v=unique(fix(100*rand(1, 20))).

7. 请找出满足等式 $a^2-100b=a$ 的正整数 a 和 b. 这里要求 a 和 b 的取值均为 1～1000 之间的整数. 编写函数依次返回行向量 a 和 b（其中 $a(i)$ 和 $b(i)$ 为第 i 组解），其中数组 a 中元素递增排列.

8. 计算 200～800 之间（含 200 和 800）所有的水仙花数之和. 水仙花数是一个三位数，其各位数字立方和等于该数本身. 例如 $153=1^3+5^3+3^3$.

9. 将长度为 1200 厘米的条材分别截成长度为 66 厘米、72 厘米和 81 厘米的三种成品. 请用穷举法找出一根条材的所有切割方式，并给出每种切割方式的具体信息（包括余料长度）. 提示：一根 1200 厘米的条材最多截出 18 根 66 厘米的成品，或 16 根 72 厘米的成品，或 14 根 81 厘米的成品.

10. 已知一球面方程 $\dfrac{x^2}{a^2}+\dfrac{y^2}{a^2}+\dfrac{z^2}{a^2}=1$，其中，$a=1000$. 又已知球面上两点 P_1(300, 320, z_1)，P_2(450, 800, z_2). 请编程计算 P_1 和 P_2 两点在球面上的最短距离. 这里 z_1 和 z_2 均大于 0.

第 3 章　MATLAB 绘图函数、字符串与文本文件操作

MATLAB 软件提供了丰富的绘图函数，可以进行二维曲线、三维曲线、空间曲面、柱状图等的绘制. MATLAB 还提供了大量的字符串操作函数、文本文件操作函数，可以对输入数据进行解析、分析，也可以将数据转为字符串或输出到文本文件.

3.1　MATLAB 二维空间绘图

常用的二维绘图函数见表 3-1.

表 3-1　常用的二维绘图函数

调 用 格 式	功　　能
plot(x, y) plot(x1, y1, style)	绘制平面曲线
ezplot(fun, [xmin, xmax])	符号绘图函数
fplot(fun, lims, 'linespec')	函数绘图方法
polar(theta, rho, style)	极坐标绘图函数
bar(y), bar(x, y)	绘制二维柱状图

3.1.1　plot 绘图

plot 是最常用的绘制平面曲线函数. 该函数利用一元函数自变量的一系列数据和对应函数值绘图，还可以设置绘制曲线的属性，如线的颜色（color）、节点标记（marker）、线型（linestyle）、线宽（linewidth）等，具有很大的灵活性.

调用格式：

plot(x, y)，根据数据 x 和 y 绘制曲线. 这里数组 x, y 分别表示曲线离散节点的 x 坐标和 y 坐标.

plot(x, y, style)，根据 x 和 y 绘制曲线，style 为指定曲线特征的字符数组.

plot(x1, y1, style, x2, y2, style2)，根据两条曲线的数据、线的特征绘制两条曲线.

plot(x, y, name, value)，根据曲线属性绘制曲线. name 为曲线的属性名称，value 为曲线的属性值.

常用的曲线属性名称 name 的值为：color、linewidth、marker、markersize、linestyle.

这些属性名称分别表示颜色、线的宽度、节点标记、节点大小、线型. 其中线的宽度、节点大小为正整数.

函数 plot 的曲线颜色、节点标记、线型及其字符表示见表 3-2.

表 3-2 曲线颜色、节点标记、线型及其字符表示

颜色（color）	颜色的字符	节点标记（marker）	节点标记的字符	线型（linestyle）	线型的字符
红色	r	点号	.	实线	-
绿色	g	圆圈	o	点线	:
蓝色	b	叉号	x	点虚线	-.
蓝绿色	c	加号	+	虚线	--
洋红色	m	星号	*		
黄色	y	小正方形	s		
黑色	k	菱形	d		
白色	w	向下三角形	v		
		向上三角形	^		
		向左三角形	<		
		向右三角形	>		
		五角星形	p		
		六角星形	h		

例 3.1 绘制正弦函数 $y=\sin x$ 在区间 $[0,2\pi]$ 上的函数曲线.

解 编写程序如下：

```
xx = linspace(0, 2*pi, 100);    %在区间[0, 2*pi]上产生等间距节点
yy = sin(xx); % 计算这些节点的函数值
plot(xx, yy) %将离散数据节点数组传给 plot 函数绘图
```

绘制的曲线如图 3-1 所示.

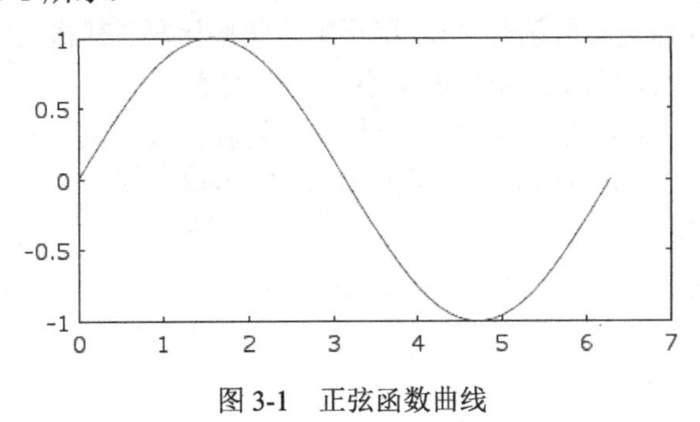

图 3-1 正弦函数曲线

3.1.2 ezplot 绘图

ezplot 绘图是一种简易绘图方法，只需要用字符串描述函数表达式或曲线方程，就可以绘制函数曲线. 使用 ezplot 函数绘图的优点是使用方便.

调用格式：

ezplot(fun);

ezplot(fun, [xmin, xmax]);

ezplot(fun2);

ezplot(fun2, [xymin, xymax]);

ezplot(fun2, [xmin, xmax, ymin, ymax]);

ezplot(funx, funy);

ezplot(funx, funy, [tmin, tmax]).

其中, fun 用来描述函数表达式. fun2 用来描述方程左端的表达式. xmin, xmax, ymin, ymax 用来描述 x 轴、y 轴方向的绘图区域. funx, funy 是函数的参数方程表示形式，可以设置参数的取值范围[tmin, tmax].

例 3.2 使用 ezplot 绘制正弦曲线.

解 编写程序：

```
ezplot('sin(x)')
```

运行结果如图 3-2 所示.

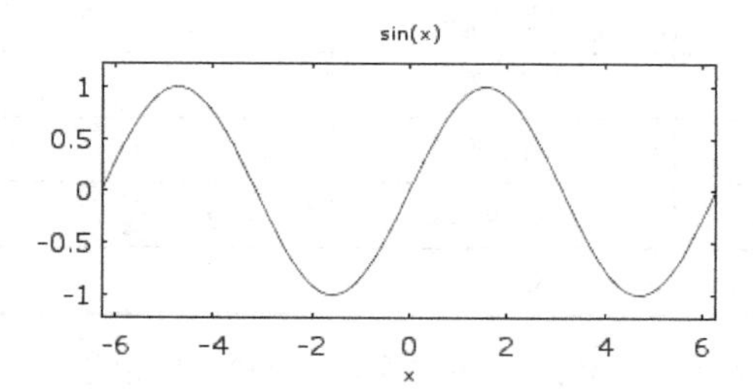

图 3-2 使用 ezplot 绘制正弦函数曲线

3.1.3 fplot 绘图

fplot 函数绘图方法与简易绘图函数 ezplot 相似，需要给定自变量变化范围.

调用格式：

fplot(fun, lims), fun 为定义的函数, lims 用于限定绘图区域，其格式为[xmin xmax]，默认为[−5, 5]. xmin 和 xmax 为绘图区域 x 坐标的最小值、最大值.

fplot(fun, lims, 'linespec'), 'linespec'表示绘制线条的属性设置的字符型数组.

例 3.3 绘制函数 $y=\sin x\cos x$ 在区间 $[0,2\pi]$ 上的函数曲线.

解 编写程序如下：

```
f=@(x)sin(x).*cos(x)
fplot(f, [0 2*pi])
```

运行结果如图 3-3 所示.

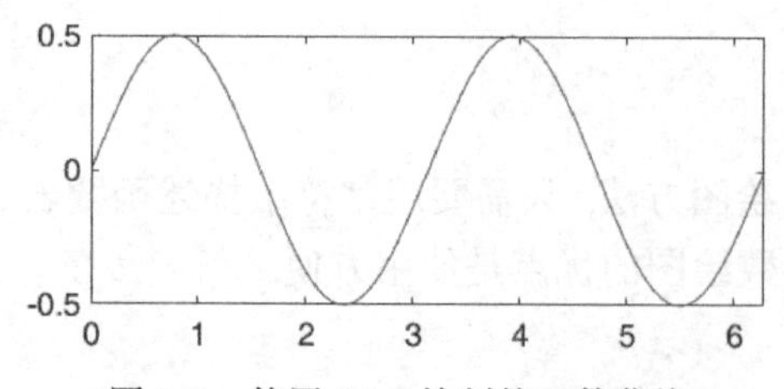

图 3-3 使用 fplot 绘制的函数曲线

3.1.4　给图形作标注的函数

给图形进行标注的函数见表 3-3.

表 3-3　图形标注函数

调 用 格 式	功　　能
legend(string1, string2, ...) legend(h, string1, string2, ...)	legend 函数用于生成一个图例框, 用文本 string1 和 string2 等标注绘制的曲线. 主要方便区分绘制的每条曲线. h 为绘制曲线的句柄. 如果没有参数 h, 则标注以当图形窗口的线条
title(str)	title 函数用于在图形顶部标注标题 str
xlabel(str)	xlabel 函数通过字符串 str 标注 x 轴
ylabel(str)	ylabel 函数通过字符串 str 标注 y 轴

当一个图形上有多条曲线时, 可以使用 legend 函数为不同线条设置文本标注, 用户可以输入含义明确的文本对图形进行标注.

例 3.4　绘制函数 $y = \sin x$ 和 $y = \ln x$ 的曲线, 并对曲线进行标注.

解　编写程序如下：

```
x=linspace(0, 2*pi, 30);
y1=sin(x);
y2=log(x);
h=plot(x, y1, '-r*', x, y2, '-rd')
legend(h, 'y=sin(x)', 'y=ln(x)')
set(gcf, 'color', 'w')
set(gca, 'fontsize', 14)
```

运行结果如图 3-4 所示.

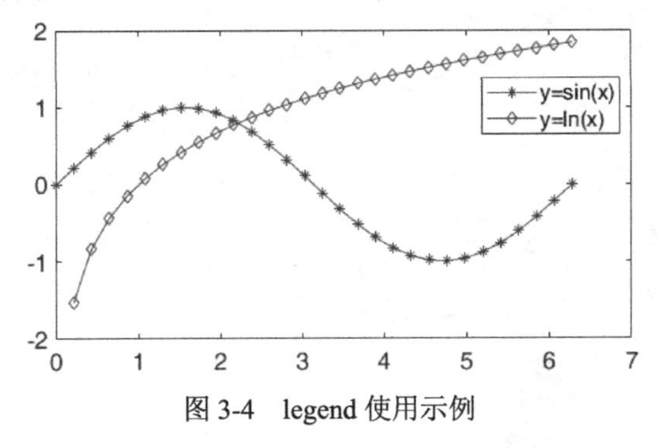

图 3-4　legend 使用示例

3.1.5　极坐标绘图命令 polar

调用格式：

polar(theta, rho, style), 其中 theta 为极坐标系下点的极角, rho 为极坐标系下点的极径, style 是字符串, 用来控制图形的线型.

例 3.5　绘制极坐标曲线 $\rho = 1 + 2\theta$.

解　编写程序如下：

```
theta=0:pi/20:4*pi; % 产生极角的节点数据
rho= 1 + theta*2; % 产生曲线的极角对应的极径
polar(theta, rho, 'r') %绘制红色的曲线
```

运行结果如图 3-5 所示.

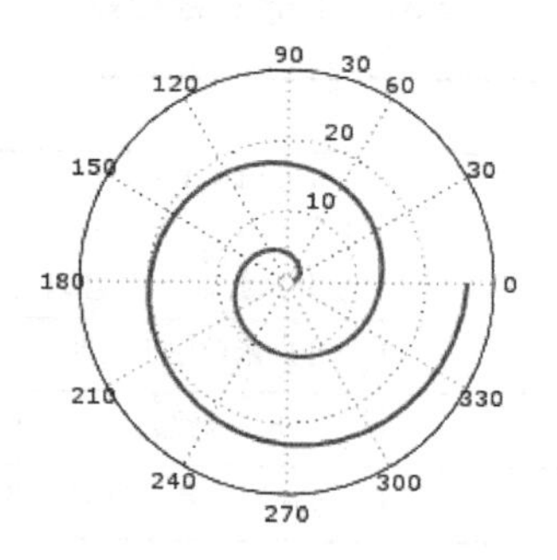

图 3-5　polar 绘制的极坐标曲线

3.1.6　条形图的绘制 bar 和 bar3

调用格式：

bar(y), bar(x, y), 绘制二维柱状图.

bar3(y), bar3(x, y), 绘制三维柱状图.

以上用法如果不含参数 x, 则默认以 1:length(y)的值为柱状图的横坐标.

编程示例如下：

```
x=-2.9:0.2:2.9;
y= exp(-x.*x);
subplot(1, 2, 1)
bar(x, y)
title('二维柱状图')
set(gca, 'fontname', '宋体')
subplot(1, 2, 2)
bar3(x, y)
title('三维柱状图')
set(gca, 'fontname', '宋体')
```

运行结果如图 3-6 所示.

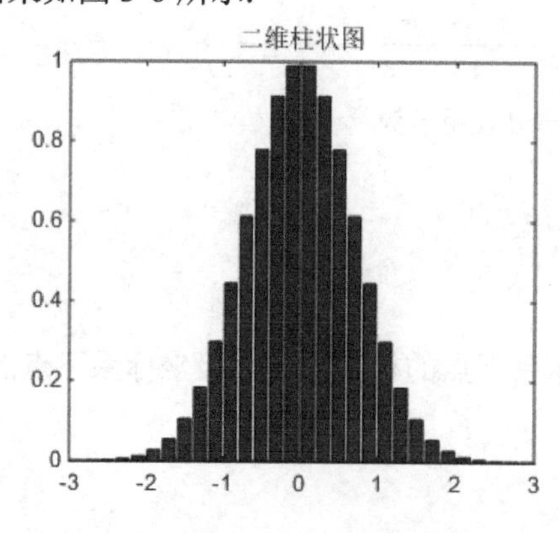

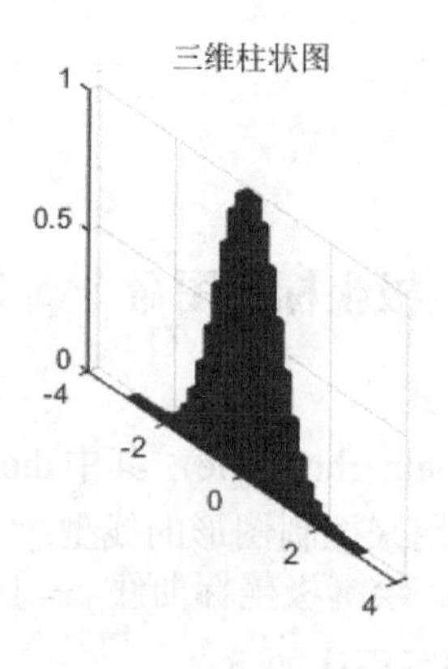

图 3-6　柱状图示例

3.2　MATLAB 三维空间绘图

MATLAB 软件提供的三维空间绘图可以绘制曲线、曲面、柱体等图形. 常用三维绘图函数见表 3-4.

表 3-4　部分三维绘图函数

调 用 格 式	功　能
plot3(x, y, z, linespec)	绘制三维曲线
bar3(y), bar3(x, y)	绘制三维柱状图
fplot3(funx, funy, funz, [tmin tmax])	三维参数曲线绘图
[xx, yy]=meshgrid(x, y)	用于产生矩形平面上矩形网格节点的坐标，可以作为三维绘图的辅助函数，该函数本身不绘制图形
mesh(x, y, z)	根据曲面的网格节点数据 x、y、z 绘制三维网格曲面
surf(x, y, z)	根据曲面的网格节点数据 x、y、z 绘制三维着色曲面

3.2.1　plot3 绘制空间曲线

plot3 函数调用格式：plot3(x, y, z, linespec).

如果省略 linespec，则以默认的线型绘图.

已知空间曲线 L 方程如下：

$$\begin{cases} x = \sin t, \\ y = \cos t, \\ z = 2t. \end{cases}$$

编写程序，调用 plot3 函数绘制曲线 L：

```
t=linspace(0, 5*pi, 100);
x=sin(t); y=cos(t); z= 2*t;
h=plot3(x, y, z)
set(h, 'linewidth', 3)
set(gca, 'fontsize', 14)
```

运行结果如图 3-7 所示.

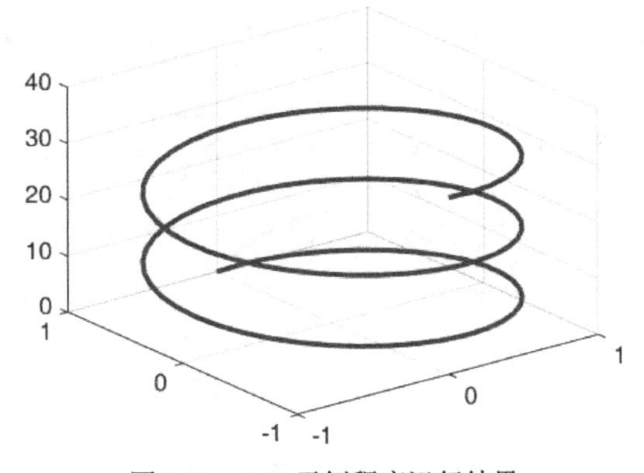

图 3-7　plot3 示例程序运行结果

对于 plot3 函数的调用，可以对线条绘制的某些属性进行设置，每个属性设置属性名称和属性值配对表示. 例如，

```
t=linspace(0, 4*pi, 100);
x=sin(t); y=cos(t); z= 2*t;
plot3(x, y, z, '-rv', 'linewidth', 2)
set(gca, 'fontsize', 14), set(gcf, 'color', 'w'), grid on
```

运行结果如图 3-8 所示.

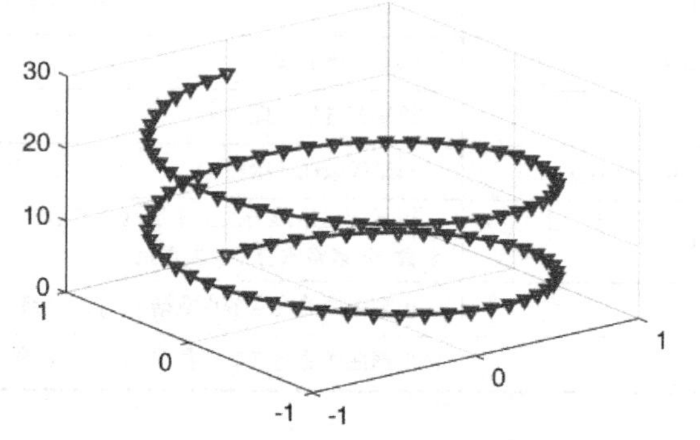

图 3-8　plot3 示例程序运行结果

3.2.2　fplot3 绘图

fplot3 为三维参数曲线绘图函数.

调用格式：

fplot3(funx, funy, funz, [tmin tmax])，其中 funx、funy 和 funz 为关于参数的一元函数句柄，第 4 个参数用来限定参数的取值范围.

例 3.6　绘制函数 $x=\sin t, y=\cos t, z=\sin t\cos t$ 在区间 $t\in[0,2\pi]$ 上的函数曲线.

解　编写程序如下：

```
fx=@(t)sin(t);
fy=@(t)cos(t);
fz=@(t)sin(t).*cos(t);
lim=[0 2*pi];
fplot3(fx, fy, fz, lim, 'linewidth', 2)
```

运行结果如图 3-9 所示.

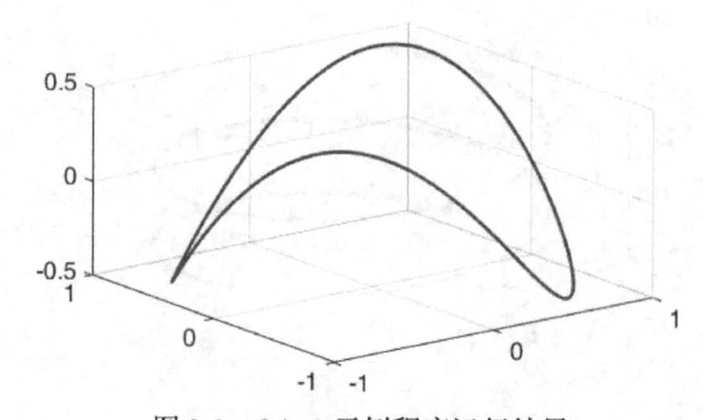

图 3-9　fplot3 示例程序运行结果

3.2.3　辅助绘图函数 meshgrid

meshgrid 函数用于产生矩形平面上矩形网格节点的坐标，可以作为三维绘图的辅助函数，该函数本身不绘制图形.

调用格式：[xx, yy]=meshgrid(x, y).

参数 x 为沿 x 轴方向所选择的节点组成的向量，参数 y 为沿 y 轴方向所选择的节点组成的向量. 该函数产生矩形区域内均匀网格节点的横坐标 xx、纵坐标 yy.

例如，编写下列程序：

```
[xx, yy]=meshgrid(1:2:9, [7 8 9 10])
```

运行结果为：

```
xx =
     1     3     5     7     9
     1     3     5     7     9
     1     3     5     7     9
     1     3     5     7     9

yy =
     7     7     7     7     7
     8     8     8     8     8
     9     9     9     9     9
    10    10    10    10    10
```

为了理解 xx 和 yy 所表示的矩形网格，这里使用 meshgrid 的返回数据进行绘图. 调用 plot 可以绘制 meshgrid 表示的矩形网格线段，绘制要传入线段两个端点的横坐标、纵坐标即可. 编写程序如下：

```
x=[1 3 5]; y= [7 8 9 ];
[xx, yy]=meshgrid(x, y);
%先绘制纵向网格线
plot(xx, yy, 'r', 'linewidth', 2), hold on
%再绘制横向网格线
plot(xx', yy', 'r', 'linewidth', 2)
```

运行结果如图 3-10 所示.

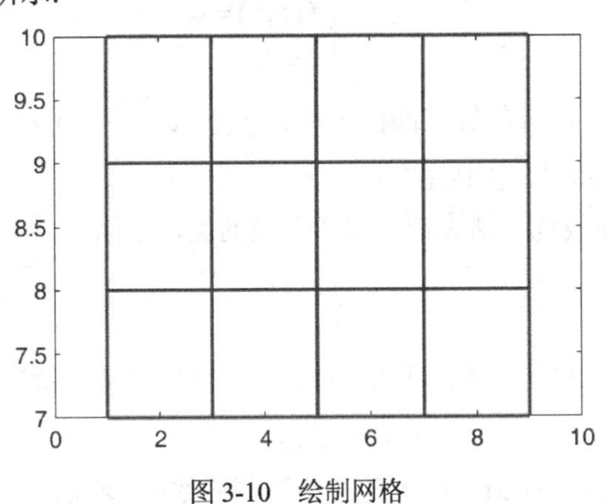

图 3-10　绘制网格

3.2.4 曲面绘图函数 mesh 函数和 surf 函数

mesh 函数用于绘制曲面网格线条. surf 函数用于绘制着色网格曲面.

调用格式：

mesh(x, y, z), 根据曲面的网格节点数据 x、y 和 z 绘制三维网格曲面.

surf(x, y, z), 根据曲面的网格节点数据 x、y 和 z 绘制三维着色曲面.

例 3.7 用 mesh 和 surf 分别绘制定义在区域 $D=\{(x,y)\mid -3\leqslant x\leqslant 3,-5\leqslant y\leqslant 5\}$ 上的曲面 $z=6x^2+4y^2$ 的网格曲面.

解 编写程序如下：

```
[x, y]=meshgrid(-3:0.2:3, -5:0.2:5);
r=6*x.^2+4*y.*y;
subplot(1, 2, 1),
mesh(x, y, r)
subplot(1, 2, 2)
surf(x, y, r)
```

运行结果如图 3-11 所示.

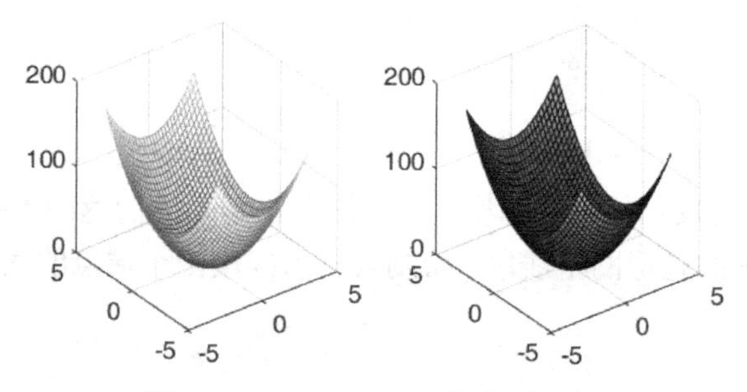

图 3-11 mesh 和 surf 示例运行结果

3.2.5 旋转抛物面的绘制

一条空间曲线 C 绕一条定直线 l 旋转一周所产生的曲面称为旋转曲面. 曲线 C 称为该旋转曲面的母线, 定直线 l 称为旋转轴. 由解析几何知识可知下列曲线的旋转曲面方程.

$$C_1:\ \begin{cases} f(y,z)=0,\\ x=0. \end{cases}$$

C_1 绕 z 轴旋转一周所形成的旋转曲面方程为 $f(\pm\sqrt{x^2+y^2},z)=0$, 绕 y 轴旋转一周所形成的旋转曲面方程为 $f(y,\pm\sqrt{x^2+z^2})=0$.

例 3.8 绘制下列曲线绕 y 轴旋转一周所形成的旋转曲面：

$$\begin{cases} y=2z\\ x=0 \end{cases}$$

解 根据旋转曲面方程的结论, 可知该曲线绕 y 轴所形成的旋转曲面方程为

$$y=\pm2\sqrt{x^2+z^2}$$

可以使用 meshgrid 函数在 xOz 面上建立矩形网格数据, 然后分别绘制 xOz 面两侧的曲面.

编写程序如下：

```
[X, Z]=meshgrid(-5:0.1:5);
T=2*sqrt(X.^2+Z.^2);
mesh(X, T, Z);hold on
mesh(X, -T, Z)
xlabel('x'), ylabel('y'), zlabel('z')
```

运行结果如图 3-12 所示.

该结果实际为一个圆锥面. 如果要曲面在 xOz 面上投影为一个圆域, 可对程序略做修改如下：

```
t=0:0.1:2*pi;
[r, theta]=meshgrid(-5:0.01:5, t);
X= r.*cos(theta); Z=r.*sin(theta);
T=2*sqrt(X.^2+Z.^2);
mesh(X, T, Z);hold on
mesh(X, -T, Z)
```

运行结果如图 3-13 所示.

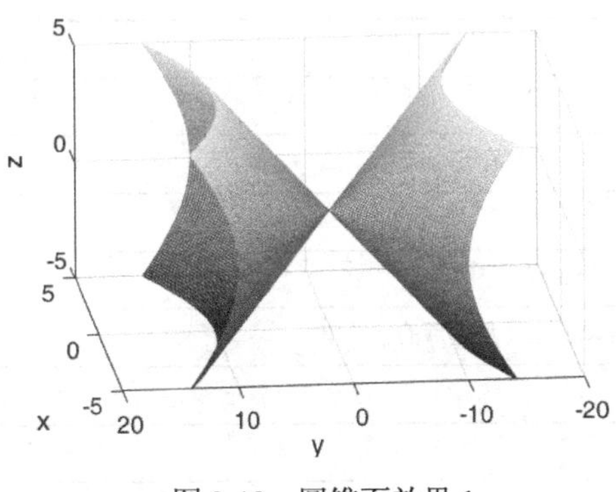

图 3-12　圆锥面效果 1

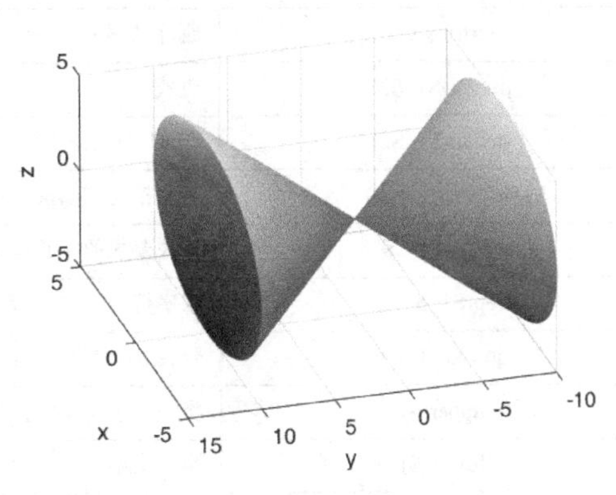

图 3-13　圆锥面效果 2

3.3　字符串操作函数

MATLAB 系统提供了大量的字符串操作相关函数（见表 3-5、表 3-6）.

表 3-5　字符串操作相关函数（第 1 部分）

调 用 格 式	功　能
char(S1, S2, …)	利用给定的字符串或单元数组创建字符数组
double(S)	将字符串转化成 ASCII 码形式
cellstr(S)	利用给定的字符串数组创建字符串单元数组
blanks(n)	生成一个由 n 个空格组成的字符串
deblank(S)	删除尾部的空格

续表

调用格式	功能
eval(S), evalc(S)	使用 MATLAB 解释器求字符串表达式的值
ischar(S)	判断是不是字符串数组
iscellstr(C)	判断是不是字符串单元数组
isletter(S)	判断是不是字母
isspace(S)	判断是不是空格
strcat(S1, S2, …)	将多个字符串水平拼接
strvcat(S1, S2, …)	将多个字符串竖直拼接

表 3-6　字符串操作相关函数（第 2 部分）

调用格式	功能
strcmp(S1, S2)	判断字符串是否相等
strncmp(S1, S2, n)	判断前 n 个字符串是否相等
strcmpi(S1, S2)	判断字符串是否相等（忽略大小写）
strncmpi(S1, S2, n)	判断前 n 个字符串是否相等（忽略大小写）
strtrim(S1)	删除结尾的空格
findstr(S1, S2)	查找
strfind(S1, S2)	在 S1 中查找 S2
strjust(S1, type)	按照指定的 type 调整下一个字符串数组
strmatch(S1, S2)	查找要求的字符串下标
strrep(S1, S2, S3)	将字符串 S1 中出现的 S2 用 S3 代替
strtok(S1, D)	查找 S1 中第一个给定的分隔符之前和之后的字符串
upper(S)	将一个字符串转换成大写
lower(S)	将一个字符串转换成小写
num2str(k)	将数字转换成字符串
int2str(k)	将整型数字转换成字符串
mat2str(k)	将矩阵转换为字符串
str2double(S)	将字符串数组转换为数值数组
sprintf(S)	创建含有指定格式的字符串
sscanf(S)	按照指定的控制格式读取字符串

下面举例说明部分字符串函数的操作.

1. 字符串与数字数组转换函数：str2num 和 num2str

调用格式：

[x, ok] = str2num(s)，将字符数组 s 转为数值数组 x. 如果转换成功，则 ok 为 1，否则为 0.

T = num2str(x, format)，将数值数组 x 按照 format 指定的格式转为字符数组形式. format 与 sprintf 中格式含义相同.

T = num2str(x, N)，将数值数组 x 转为小数位最大不超过 N 位的字符数组.

编写程序如下：

```
v1=([1:0.5:2]*pi)
str=num2str(v1)
v2=str2num(str)
err=v2-v1
```

运行结果为：

```
v1    = 3.1416   4.7124   6.2832
str   = 3.1416   4.7124   6.2832
v2    = 3.1416   4.7124   6.2832
err=
1.0e-004*
0.0735   0.1102   0.1469
```

2．字符串拼接函数：strcat 和 strvcat

调用格式：

s=strcat(s1, s2, ⋯, sn)，横向拼接多个字符串 s1, s2, ⋯, sn.

t=strvca(t1, t2, ⋯, tn)，纵向拼接多个字符串或字符矩阵 t1, t2, ⋯, tn.

例如，编写程序：

```
t=strcat('SAY', 'BYE')
m=strvcat('Want', 'Study')
```

运行输出结果：

```
t = SAYBYE
m =
     Want
     Study
```

3．字符串分割提取函数：strtok

调用格式：[token, remain]=strtok(str, delim)，将 str 中以 delim 中的每一个字符为分隔符进行分割后所得的第一个标识符赋给 token，其余赋给 remain.

若 delim 没有指定，则默认空格为分隔符. 若此时 str 为以空格为首字母的字符串，则该首字母空格被忽略.

例 3.9　编写下列 strtok 解析字符串'Let us go'中的每个单词.

解　编写程序如下：

```
clc
str='Let us go';
r=str;
[t1, r]=strtok(r)
[t2, r]=strtok(r)
[t3, r]=strtok(r)
```

运行结果为：

```
t1 = Let
r = us go
t2 = us
r =   go
t3 = go
r =    空字符串: 1×0
```

运行结果表明依次调用 strtok 函数返回的变量 t1、t2、t3 的值分别是 Let、us 和 go.

上一个多次调用 strtok 分离标识符的程序也可以使用循环语句来完成. 这样可以处理任意个数的标识符提取：

```
s = 'Let us go to school';
r = s;
m = '';
while length(r) > 0,
    [t, r] = strtok(r);
    m = strvcat(m, t);
end
m
```

运行结果为：

```
m =
Let
us
go
to
School
```

4．字符串分割提取函数：strsplit

strtok 提取标识符的分隔字符只能为单个字符. 如果分隔字符是一个字符串，则无法使用 strtok 完成. MATLAB 函数 strsplit 可以通过指定多个分隔字符串进行标识符的解析.

调用格式：t=strsplit(source, delim)，其中 source 为待解析的字符串，delim 为单个字符数组或 cell 数组. 如果 delim 为 cell 数组，则 delim 存储的每个元素为分隔字符串.

例如，从一个字符数组中提取以字符“.”、空格“ ”、“?”等标点符号分隔的单词.

编写程序如下：

```
src='This is a nice day.Not too bad.';
delim={'.', ' ', '?', '!'};
T = strsplit(src, delim)
```

运行结果如下：

```
T =
    1×9 cell 数组
    'This'    'is'    'a'    'nice'    'day'    'Not'    'too'    'bad'    ''
```

表明有 9 个“单词”被分隔字符串分隔. strsplit 在分离时把空串也作为一个标识符.

5. 字符串比较函数：strcmp

调用格式：k=strcmp(s1, s2).

如果字符串 s1 和 s2 完全相同，则返回值为 1，否则返回 0.

编写程序：

```
s=input('input name:', 's');
if strcmp(s, 'Abner')==1
    disp('current name is Abner')
else
    disp('current name is not "Abner"')
end
```

运行程序后，如果输入的字符串为“Abner”，则执行第 1 个分支的语句，否则执行第 2 个分支的语句.

如果输入参数为同维数的存储了字符串的 cell 型数组 s1 和 s2，则返回与 s1 同维数的 0-1 向量. 对于这种情况，strcmp 将 s1 和 s2 中的对应元素逐一进行比较，如果相同则为 1，否则为 0. 下面通过示例程序了解其用法.

编写程序：

```
a{1}='new'; a{2}='nice';a{3}='book';
b{1}='news'; b{2}='nice';b{3}='tiger';
r = strcmp(a, b)
```

运行结果如下：

```
r =    0    1    0
```

如果 s1 和 s2 中的 1 个为存储了字符串的 cell 数组，另外为一个字符串数组，则将单个字符串数组与 cell 数组中的每个元素比较，返回 0-1 元素组成的数组. 对于这种情形，两个参数位置互换后结果相同.

编写程序如下：

```
a{1}='new'; a{2}='nice';a{3}='book';a{4}='nice';a{5}='day';
s='nice';
t1=strcmp(a, s), t2=strcmp(a, s)
```

运行结果为：

```
t1 =    0    1    0    1    0
t2 =    0    1    0    1    0
```

运行结果表明，如果要统计数组 a 中有多少个字符串 s，只需要对 strcmp 函数的输出结果求和即可.

6. 字符串查找函数：findstr

调用格式：k=findstr(s1, s2).

找到 s1 和 s2 两者中较短那个字符串在较长字符串中的位置起始索引号.

例 3.10　查找字符串'LAB'在'MATLAB'字符串中的下标.

解　编写程序如下：

```
p=findstr('LAB', 'MATLAB')
```

运行结果为：

```
p = 4
```

结果表明'LAB'出现在'MATLAB'的第 4 个字符开始的位置.

7．字符串查找函数：strfind

调用格式：ind=strfind(text, pattern).

返回 pattern 在 text 中的位置索引号 ind. 输入参数 text 可以为一个字符串数组或存储字符串的 cell 数组, patter 可以为一个字符数组.

例 3.11 编写使用 strfind 函数从一个字符串中找子串、从一个 cell 数组中找子串的示例程序.

解 编写程序如下：

```
src='This is a nice day.That is a nice book.';
k1=strfind(src, 'nice')
k2=strfind({'This is a nice day', 'good day', 'hello world'}, 'day')
```

运行结果为：

```
k1 =     11     31
k2 =     [16]     [6]     []
```

3.4 文件操作函数

文件操作是程序设计中一种重要的输入/输出方式, 即从数据文件读取数据或将结果写入数据文件. MATLAB 提供了一系列低层输入/输出函数, 专门用于文件操作.

1．文件的打开与关闭

1）打开文件函数 fopen

在读写文件之前, 必须先用 fopen 函数创建或打开文件, 并指定对文件的读写操作方式.

fopen 函数的调用格式：fid = fopen(filename, mode).

filename 为字符串数组表示的文件名. mode 为打开文件的模式, 用字符型数组表示. fopen 函数的输出参数 fid 称为文件句柄. 如果 fid 的值为大于等于 3 的整数, 则说明文件打开成功；如果 fid 小于 0, 则表示打开文件失败.

常见文件打开模式参数 mode 有如下几种情形：

r：以只读方式打开文件, 该文件必须已存在.

w：打开或创建新的文件用于写数据. 如果该文件已存在, 则已有内容全部清除；若不存在则创建.

a：打开或创建新的文件用于写数据. 在打开的文件末端添加数据. 若文件不存在则创建.

r+：打开文件用于读或写操作. 该文件必须已存在.

w+：打开或创建新的文件用于读、写操作；若该文件已存在则清除已有内容；若不存在则创建.

a+：打开或创建新的文件用于读、写操作；在文件末尾写入数据. 若文件不存在则创建.

另外，若在这些字符串后添加一个“t”，如“rt”或“wt+”，则将该文件以文本方式打开；如果添加的是“b”，则以二进制格式打开. fopen 函数默认的打开方式为二进制格式.

2）关闭文件函数 fclose

文件在进行读、写等操作后，应及时关闭，以免数据丢失. 关闭文件用 fclose 函数，调用格式：st = fclose(fid).

说明：该函数关闭文件句柄 fid 所表示的文件. st 表示关闭文件操作的返回代码，若关闭成功，则返回 0，否则返回-1.

如果要关闭所有已打开的文件用语句：fclose('all').

2．按行读取文本函数：fgetl 和 fgets

fgetl 调用格式：str=fgetl(fid). 从句柄为 fid 指示的文件的“当前位置”中读取一行. 在读取文件时，系统会记录当前读取的文件位置指针. 打开文件时，文件的位置指针指向起始位置. 每调用一次 fgetl 读取了一行文本数据后，文件位置就自动指向下一行的第 1 个字符.

通过“help fgetl”得到一个示例程序. 其功能是打开文件 fgetl.m，然后逐行显示. 示例程序如下：

```
fid=fopen('fgetl.m');
while 1
    tline=fgetl(fid);
    if ~ischar(tline), break, end
    disp(tline)
end
fclose(fid);
```

以上代码可以改写为如下形式：

```
fid = fopen('fgetl.m', 'rt');
while ~feof(fid), % ~feof 表示未读到文件末尾
    tline=fgetl(fid); %读取一行文本
    disp(tline)
end
fclose(fid); %关闭
```

fgets 调用格式：tline= fgets(fid). 该函数输入文件句柄 fid，读取一行文本存到输出参数 tline 中，且 tline 保留换行符.

假设有一个文本文件 testdata.txt(有 4 行文本)的内容如下：

```
Programming is funny.
It's said by my friend.
His information:
Li San, 2001, Boy.
```

该文件总共有 4 行. 编写程序读取该文件，并显示文件内容. 编写程序如下：

```
fid = fopen('testdata.txt', 'rt');
if fid<0,      error('read error');   end
while ~feof(fid) % 只要还没有读取到文件末尾
```

```
    tstr=fgets(fid); %读取一行文本，保留换行符
    fprintf('%s', tstr); %显示这一行文本
end
fclose(fid);
```

注意到该例子中 fprintf 函数第 1 个参数为“%s”，不含换行符“\n”，但是 tstr 最后一个字符为换行符，所以在命令行的输出结果中不会出现文件的 4 行字符串输出显示在一行的情形. 可以将 fprintf 的第 1 个参数改为“%s\n”做对比分析，也可以单独把 fgets 改为 fgetl 来对比分析读取文件函数之间的差异.

3．fprintf 输出函数和 fscanf 读取函数

fprintf 函数可以将数据按指定格式写入文本文件.

调用格式：fprintf(fid, formatspec, a1, a2, …, an).

功能是将字符串按指定格式写入句柄所指定的文件中

说明：fid 为文件句柄，指定要写入数据的文件, formatspec 是用来控制所写数据格式的格式符, a1, a2, ⋯, an 是用来存放数据的矩阵. 例如：

```
fprintf(fid, 'name=%s; age=%5d', name, age)
```

例 3.12　编写一个显示文本文件“testdata.txt”内容的程序.

解　编写程序如下：

```
fid=fopen('testdata.txt', 'rt');
while ~feof(fid)
    tline=fgetl(fid);
    fprintf('%s\n', tline) % 输出读取的一行文本
end
fclose(fid);
```

fscanf 函数调用格式：[A, count] = fscanf(fid, formatspec).

从句柄 fid 所指定的文件中按指定格式进行读取. 读取数据格式由 formatspec 指定. 输出参数 A 存储读取的结果, count 返回成功读取元素的数量.

这里以 fgets 示例操作的文本文件“testdata.txt”为例，使用 fscanf 读取文件中以空格分隔的所有字符串.

编写程序如下：

```
fid = fopen('testdata.txt', 'rt');
count = 0;
s=cell(1, 50); % 预先分配存储 50 个字符串的 cell 数组
while ~feof(fid)
    [a, c]=fscanf(fid, '%s', 1) %每次读取 1 个字符串
    if ~isempty(a)
        count = count + 1;
        s{count}=a;
    end
end
if count < 50 %如果不足预先分配，只保留实际读取的数据
```

```
        s = s(1:count);
    end
    fclose(fid);
    count % 读取的字符串个数
    s % 显示读取的所有字符串
```

运行结果为：

```
    count =       14
    s =    1 至 8 列
        'Programming'    'is'    'funny.'    'It's'    'said'    'by'    'my'    'friend.'
      9 至 14 列
        'His'    'information:'    'Li'    'San, '    '2001, '    'Boy.'
```

例 3.13　有一个文本文件“mydna.txt”包含了 12 条 DNA 序列，请编写程序，将其读到一个 cell 数组 dna 中，即 dna{i}存储了第 i 个 DNA 序列的字符串数组. 该文件内容格式示例如下：

```
1.aggcacggaaaaacgggaataacggaggaggacttggcacggcattacacggaggacgaggtaaaggagg
2.cggaggacaaacgggatggcggtattggaggtggcggactgttcggggaattattcggtttaaacgggaca
3.gggacggatacggattctggccacggacggaaaggaggacacggcggacatacacggcggcaacggacgga
4.atggataacggaaacaaaccagacaaacttcggtagaaatacagaagcttagatgcatatgtttttaaat
5.cggctggcggacaacggactggcggattccaaaaacggaggaggcggacggaggctacaccaccgtttcgg
6.atggaaaattttcggaaaggcggcaggcaggaggcaaaggcggaaaggaaggaaacggcggatatttcgga

7.atgggattattgaatggcggaggaagatccggaataaaatatggcggaaagaacttgttttcggaaatgga
8.atggccgatcggcttaggctggaaggaacaaataggcggaattaaggaaggcgttctcgcttttcgacaag
9.atggcggaaaaaggaaatgtttggcatcggcgggctccggcaactggaggttcggccatggaggcgaaaat
10.tggccgcggaggggcccgtcgggcgcggatttctacaagggcttcctgttaaggaggtggcatccaggcg
11.gttagatttaacgtttttatggaatttatggaattataaatttaaaaatttatattttttaggtaagta
12.gtttaattactttatcatttaatttaggttttaattttaaatttaatttaggtaagatgaatttggtttt
```

分析　该文本文件中间有些空行. 如果有空行，则忽略这一行的内容，继续读取下一行. 编写程序如下：

```
    fid = fopen('mydna.txt', 'rt');
    i = 0;
    while ~feof(fid),
        tline = fgetl(fid);
        if length(tline)==0, %遇到空行，跳出本次循环，继续下次循环
            continue1
        end
        p = find(tline=='.');
        if isempty(p), % 如果没有字符点，则说明本行文本也不是 dna 序列
            continue
        end
        i = i + 1;
```

```
        ss{i} = tline(p+1:end);
        disp(ss{i})
    end
```

3.5 习题

1. 编写程序绘制下列函数的曲线.

(1) $y=2x^3-x^2+1\,(-3\leqslant x\leqslant 3)$.　　(2) $y=e^{\cos x}\sin x\,(0\leqslant x\leqslant 4\pi)$.

2. 绘出 $y=1+e^{-0.1t}\sin t$ 在区间$[0, 2\pi]$上的曲线.

3. 绘出函数 $z=e^{\sin xy}$ 在区域 $D=\{(x,y)\,|\,0\leqslant x\leqslant 10, 0\leqslant y\leqslant 5\}$ 上曲面.

4. 绘制曲线 $x=2y^2$ 绕 x 轴旋转一周所形成的旋转曲面.

5. 有一个英语语句 s，编程将语句 s 中的单词逐个提取并存储到矩阵 m 中. 由于单词长度可能不同，单词较短的补空格代替.

6. 产生一个 1000 行 5 列的随机矩阵 m（用 rand），然后将这个数组逐行保存到文本文件 mymat.txt 中. 同一行的数值之间用 1 个空格分隔.

7. 有一个 DNA 序列集，包含了 182 个 DNA 序列，其文件格式示例如下. 请编写程序读取每个 DNA 序列到 dna 数组中，其中 dna{i}存储第 i 个序列的字符串.

```
1:>tgacctcttgtcctgtatagcaacctatttggtaaataaacaaat
tccaaaaaggcataacaaaccttatatatatagacaaatatatattgg
gacagcacctgagcgtgcgcttacgcgcgtacacacaactgcgatacaa
gtcctgatttgggagtccgtcctttaaaaacagccacatgc

2:>ctggctctctccataggcttttctgagaggaggaactatggcttagctgaggttag
agtatatgagtggccctgaataaagcctttctttccccaaacggctctaatgtcctgct
aatccagaaatcatcagtgcatggttactatgtgaaagcataatagcttgtggcctgca
agacaagaggaaggttaacaagtaggggtcctttggtttgagatcttggagcaaattaa
gaagagccactaaagttaatggaattacactggatcctgtgacagacacttcatgcttc
tgggtcacatggtctgtttctgctcctctctgccctggttggtgtgggttttggtgtta
aactctccggtgggagatctgggactgggatattgtgtct

3:>caactgtcagcttctgaaatatatgagtataaacatatgcaat
ctatttatcgaaacttggtgataaaaaatgagggagaaagttgttttattcttatcaata
attatggcgatcatgcttccggtagggaatgcagctgcagcgcctgttgtgcataaccca
cacttctaccgtcatgcagacaccgaaaattctttcaaagccatcaagaggtgggtggat
aagcactccgctactcaccatctggctaccgtagcggataacccgtggtgaggggcgag
```

注意：这里只列出了前 3 个序列文件文本，并且对序列的长度进行了缩减. 本问题完整原始数据可以从网站 www.mcm.edu.cn 的“赛题与评奖”页面“历年竞赛赛题”中下载“1992—2000 年赛题”的文件“Nat-model-data.zip”.

8. 某研究小组正在设计一套程序. 该套程序的一个模块的功能是统计一个英文文件中有多少个相异的单词，以及每个单词出现的次数. 请为该功能实现进行算法设计，并用 MATLAB 语言编程实现.

第4章　动画设计实验

人们常常希望将数学实验过程以某种形式进行展示. 一般可以根据实验需要对实验过程、结果进行图形化展示, 甚至设计动画进行演示. 为了完成这类实验, 需要了解 MATLAB 语言制作动画的基本原理, 以及相关的绘图函数等知识.

在教学、科研与工程应用中, 有许多需要制作动画的场景需求. 例如, 演示一条曲线的动态绘制过程, 对一部电梯的运行过程进行模拟, 对一个高速公路收费亭出口汽车的运行过程进行模拟. 要完成这些任务, 一般需要建立数学模型, 设计模拟算法. 在完成这些任务后, 如果要进行较为形象的展示, 则需要在模拟算法中嵌入动画设计的程序. 本章主要讲 MATLAB 语言编程实现动画的一般方法, 然后通过实例说明动画设计的应用过程.

4.1　动画设计的一般方法

动画的演示是多个图片连续播放的结果, 其中相邻图片的播放有一个间隔时间. 动画播放的原理与电影的播放原理类似.

要制作动画, 首先要掌握一张图片的绘制方法. MATLAB 可将图形绘制到一个图形窗口 (figure window), 后续的图片可依次绘制到同一图形窗口. 在绘制一个图片之前, 先要将图形窗口的图形元素清除. 通过执行 hold off 命令, 可以实现这样的效果. 如果要在一个图形窗口上绘制多个图形元素, 如绘制多条曲线, 则需要在第 1 次绘图之前或之后调用 hold on 命令. 这样后续调用绘图函数绘制的图形元素就能出现在同一个图形窗口中, 也就是不清除以前绘制的图形元素.

在理解了单张图片绘制方法后, 我们再讨论如何用数学软件制作一个动画片段, 其主要有两种方式:

(1) 如果事先知道动画中图片的张数 (也就是帧数), 则一般使用 for 循环语句. for 循环语句的循环次数为动画中图片的数量. 下面给出一般动画设计的程序框架:

```
%准备工作的代码
for i=1:numFrame
    %完成动画所需计算、数据处理的代码
    hold off
    %第 1 次调用绘制图片的代码
    hold on
    %其余绘图代码
    %其他代码
end
```

在绘制图片的循环语句中, 通过执行 hold off 语句来清除以前图形窗口中绘制的内容, 然后继续执行绘制下一张图片的代码. 动画中每张图片一般会多次调用绘图函数. 为了在一个图形窗口上显示多个绘图函数的结果，需要在第 1 个绘图函数后执行 hold on 命令. 这样可使后续绘图函数不清除图形窗口上已经绘制的内容，从而保证不同绘图函数的结果呈现在一个图形窗口之中.

（2）如果图片数量不确定，则用 while 循环进行处理. 下面给出使用 while 循环制作动画的程序基本框架.

```
%准备工作的代码
while 逻辑表达式 1
    %完成动画所需计算、数据处理的代码
    hold off
    %第 1 次调用绘制图片的代码
    hold on
    %其余绘图代码
    if 满足中止条件
        break%退出循环
    end
end
```

当上述 while 循环语句的“逻辑表达式 1”为“真”时，继续执行循环语句块.

4.2 滚动的正弦曲线

下面通过一个简单的动画实验说明动画的基本制作过程.

例 4.1 编写程序完成下列动画：一段“曲线”沿正弦曲线运动.

解 该动画的基本效果是不断绘制一段正弦曲线，每次绘制的正弦曲线在 x 坐标轴的起始位置不同.

该动画一开始绘制一段正弦曲线，后续每次绘制的曲线都在正弦曲线上，直到某个时刻结束. 该动画的每帧图片的内容是某个区间的正弦函数曲线. 假设这个区间长度为 2π，曲线每次沿 x 轴正半轴方向移动 0.01π .

假定只绘制 200 张图片，则该段正弦曲线始终在 x 轴的区间 $[0, 2\pi + 200 \times 0.01\pi]$ 范围内.

编写程序如下：

```
a=0;  b=2*pi; h = 0.01*pi;
numFrame = 200;
for i=1:numFrame,
    x=linspace(a+h, b+h, 100); %指定绘图区域的 x 坐标范围
    y=sin(x); %计算曲线的 y 坐标
    plot(x, y, 'g', 'linewidth', 4)
    axis([0, 2*pi+numFrame*h, -1 1]) %设置图片的可视范围
    set(gca, 'fontsize', 14)
    pause(0.1)
    a= a + h;
    b= b + h;
end
```

运行结果如图 4-1 所示（程序运行结束后动画窗口的截图）.

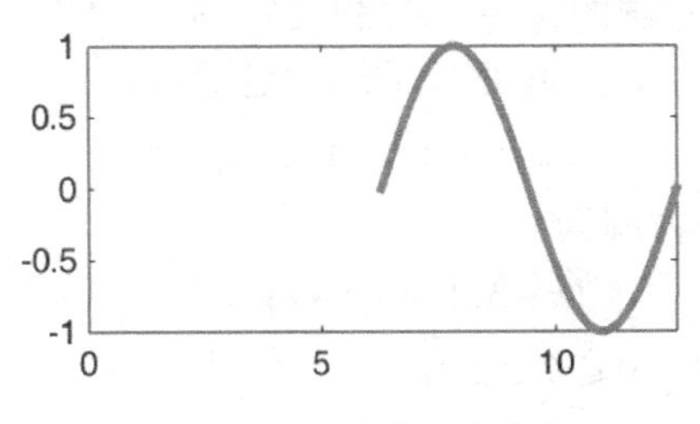

图 4-1 运动的正弦曲线

4.3 摆线动画实验

例 4.2 一个圆在直线上滚动而不滑动时，圆周上的一点 M 所绘出的曲线称为摆线，r 为圆的半径，t 为转动角度. 当 t 从 0 变到 2π 时，点 M 的轨迹称为摆线的一拱. 已知摆线的参数方程如下：

$$\begin{cases} x = r(t - \sin t), \\ y = r(1 - \cos t). \end{cases}$$

请用动画表示摆线一拱的构造过程（$0 \leqslant t \leqslant 2\pi$）.

解 （1）为了演示摆线的构造过程，需要对某个给定的转动角度值 T（如果绘制一拱，则 $T = 2\pi$），绘制当 t 从 0 增加到 T 时，摆线形成的轨迹，以及转到当前位置（与 t 对应）的圆. 每个转动角度 t 对应一张图片. 当 t 从 0 逐渐增加到 2π 时，则可形成多幅图片. 每间隔一个固定的时间绘制一张图片，从而形成一个动画.

（2）摆线实际上是由无数的点组成的，为了看到这些“点”组成摆线的过程，本实验只绘制摆线上部分散点.

（3）为了用动画表示摆线构造过程，需要将 t 的取值区间 $[0, 2\pi]$ 离散化. 设 $T \in [0, 2\pi]$，设想绘制 $t = T$ 时的效果图如图 4-2 所示.

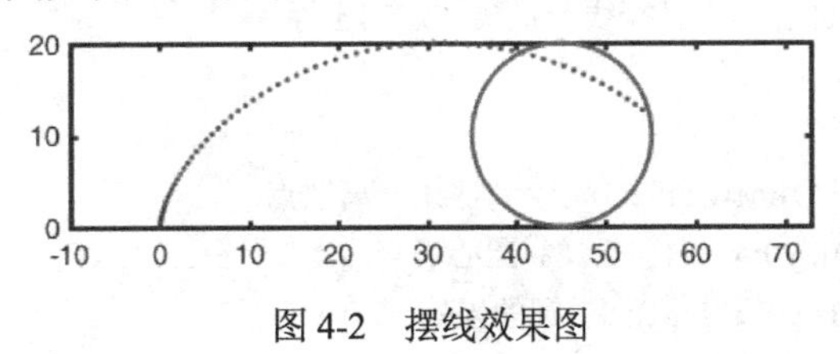

图 4-2 摆线效果图

该图像主要包含两部分：

① 点 M 随转动角度 t 从 0 变化到 T 的运动轨迹；

② 此刻运动到某位置的“圆”.

具体流程如下：

（1）先确定任意转动角度为 t 时点 M 的坐标.

设圆的转动角度为 t 时，点 M 坐标为 (X,Y). 坐标值 X 和 Y 可以根据摆线方程确定，则有

$$\begin{cases} X = r(t - \sin t), \\ Y = r(1 - \cos t). \end{cases}$$

（2）确定转动角度为t时的圆的方程.

为了确定给定转动角度t时圆的方程，只需要确定圆心坐标（已知圆的半径为r）.

设运动圆的圆心坐标为(x_0, y_0). 由摆线的运动过程可知：

$$x_0 = X + r\sin t, \quad y_0 = r. \tag{4-1}$$

从而得到此时运动的圆的方程为

$$(x - x_0)^2 + (y - r)^2 = r^2.$$

亦可得到该圆的参数方程（$0 \leqslant \theta \leqslant \pi$）：

$$\begin{cases} x = x_0 + r\cos\theta, \\ y = r + r\sin\theta. \end{cases}$$

本实例动画设计算法：

（1）将转动角度(0, 2π)离散化为 100 个点，存储到数组 t 中.

（2）根据数组 t 产生摆线一拱上 100 个离散节点的 x 坐标（存储到数组 X 中）和对应的 y 坐标（存储到数组 Y 中）.

（3）动画主循环：

（4）for k=1:100.

（5）　　//绘制第 k 幅图:此时摆线上的点运动到点(X(k), Y(k)).

（6）　　从 X 和 Y 数组中取前 k 个数据绘制出散点图.

（7）　　将 t(k)代入式(4-1)计算转动角度时圆心坐标(x0, y0):

（8）　　　　x0 = X(k)+r*sin(t(k)); y0=r.

（9）　　根据圆心坐标和半径计算出圆的离散节点坐标数组 x1 和 y1:

（10）　　　　x1 = x0+ r*cos(t); y1=y0+r*sin(t)

（11）　　传入 x1 和 y1 给函数 plot，绘制圆

（12）　　暂停 0.05 秒

（13）end for

编写程序如下：

```
r=10; t=linspace(0, 2*pi, 100);%转动角度离散化
X=r*(t-sin(t)); Y=r*(1-cos(t));%计算摆线一拱离散点的坐标
for k=1:length(t)
    hold off
    plot(X(1:k), Y(1:k), '.', 'linewidth', 3)%绘制摆线上离散点
    x0 = X(k)+r*sin(t(k)); y0=r;              % 圆心
    x1 = x0+ r*cos(t); y1=y0+r*sin(t); %  圆的坐标(x1, y1)
    hold on, plot(x1, y1, 'linewidth', 2) %  绘制圆
    axis equal, axis([-r, (2*pi*r+r), 0, 2*r])
    set(gca, 'fontsize', 12, 'linewidth', 2)
    pause(0.05)
end
```

运行程序得到的最后图形如图 4-3 所示.

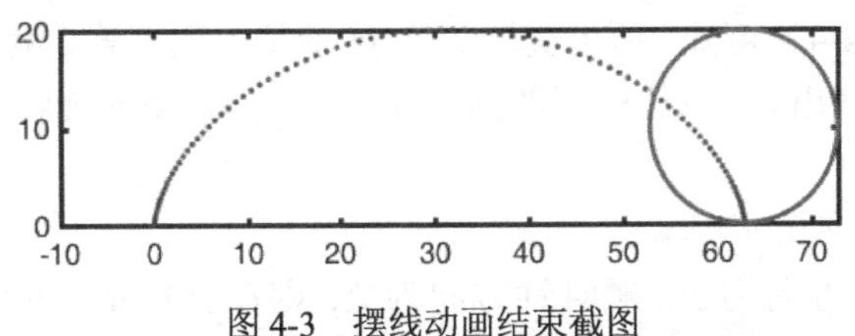

图 4-3　摆线动画结束截图

本实验的主要难点是确定任意转动角度时“动圆”的曲线方程，其中关键在于确定“圆心”坐标．“圆心”坐标可以根据“摆线”的形成过程计算得到．

由此可知：要设计并完成一个动画实验，应熟悉该动画的形成过程，以及进行一定的推导分析．例如，例 4.2 中，在写程序之前先推导圆心的坐标计算式子等．

4.4　旋转动画

问题：有的动画需要旋转一个物体，如何绘制旋转的物体呢？

首先要了解如何绘制一个物体，再了解如何绘制旋转的物体．要绘制物体，需要知道物体的几何参数，然后根据物体特征调用绘图函数进行绘制．如果组成物体的图形元素较多，则应在第 1 次调用绘图函数之后执行 hold on 命令，以便后续绘制操作不删除图形窗口中已存在的图形元素．例如，要绘制一个 xOy 坐标面上的矩形，应事先知道矩形 4 个顶点的坐标．

如果要绘制旋转运动的物体，则应计算出物体旋转任意角度后其特征点的坐标．由于绘制过程需要知道图形上各点的坐标，而旋转过程中图形上点的坐标是不断变化的，因此绘制过程需要跟踪图形上特征点的坐标．例如，三角形的特征点为 3 个顶点，矩形的特征点为矩形的 4 个顶点．

我们将平面图形旋转问题进行抽象．将其归结为：已知旋转角度 θ，旋转前 P 点的坐标为 (x,y)，求 P 点旋转到 P' 点的坐标．设点 P' 坐标为 (x',y')．这里 P 点代表任意待旋转的点．

旋转变换其实是一种线性变换，需要构造一个矩阵来表示这种旋转变换，用于完成旋转后点坐标的计算．因此二维旋转问题的关键在于构造矩阵

$$\boldsymbol{M}=\begin{pmatrix} m_{11} & m_{12} \\ m_{21} & m_{22} \end{pmatrix}.$$

矩阵 $\boldsymbol{M}$ 应满足

$$\begin{pmatrix} x' \\ y' \end{pmatrix}=\begin{pmatrix} m_{11} & m_{12} \\ m_{21} & m_{22} \end{pmatrix}\begin{pmatrix} x \\ y \end{pmatrix}. \tag{4-2}$$

为了计算矩阵 $\boldsymbol{M}$，不妨先从特殊点或向量的旋转开始分析．设 $\boldsymbol{u}=(1,0)^{\mathrm{T}}$，$\boldsymbol{v}=(0,1)^{\mathrm{T}}$．$\boldsymbol{u}$ 和 $\boldsymbol{v}$ 分别可以看作 x 轴正向、y 轴正向的单位向量，也可以看作 x 轴、y 轴上两个点的坐标．同时也是 2D 空间中的一组基向量．设 $\boldsymbol{u}'$、$\boldsymbol{v}'$ 分别为 $\boldsymbol{u}$、$\boldsymbol{v}$ 旋转后的向量．

将 $\boldsymbol{u}$ 和 $\boldsymbol{v}$ 代入式（4-2）可得

$$\boldsymbol{u}'=\begin{pmatrix} m_{11} & m_{12} \\ m_{21} & m_{22} \end{pmatrix}\begin{pmatrix} 1 \\ 0 \end{pmatrix}=\begin{pmatrix} m_{11} \\ m_{21} \end{pmatrix}. \tag{4-3}$$

$$\boldsymbol{v}'=\begin{pmatrix} m_{11} & m_{12} \\ m_{21} & m_{22} \end{pmatrix}\begin{pmatrix} 0 \\ 1 \end{pmatrix}=\begin{pmatrix} m_{12} \\ m_{22} \end{pmatrix}. \tag{4-4}$$

由式（4-3）、式（4-4）可知，所求旋转矩阵 $\boldsymbol{M}$ 的第 1 列、第 2 列恰好分别是基向量 $\boldsymbol{u}$ 、$\boldsymbol{v}$ 旋转后的向量. 因此找出 $\boldsymbol{u}$ 、$\boldsymbol{v}$ 旋转后的向量 $\boldsymbol{u}'$ 、$\boldsymbol{v}'$，分别填入旋转矩阵的第 1 列、第 2 列，即得旋转矩阵 $\boldsymbol{M}$.

下面通过绘图求出向量 $\boldsymbol{u}'$ 、$\boldsymbol{v}'$.

记旋转角度逆时针方向为正，顺时针方向为负，则在已知 $\boldsymbol{u}$ 、$\boldsymbol{v}$ 逆时针旋转 θ 后的向量 $\boldsymbol{u}'$ 、$\boldsymbol{v}'$ 如图 4-4 所示.

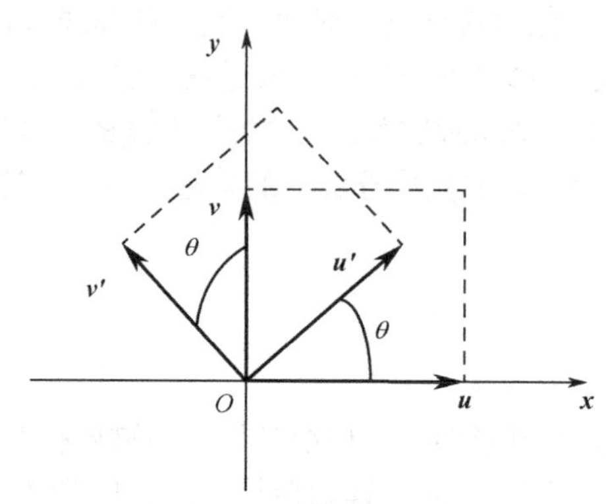

图 4-4　基向量 $\boldsymbol{u}$ 和 $\boldsymbol{v}$ 的旋转

由图 4-4 可知：

$$\boldsymbol{u}' = (\cos\theta, \sin\theta)^{\mathrm{T}}, \quad \boldsymbol{v}' = (-\sin\theta, \cos\theta)^{\mathrm{T}} \tag{4-5}$$

联立式（4-3）、式（4-4）、式（4-5），求得矩阵 $\boldsymbol{M}$ 的元素 m_{11}、m_{12}、m_{21}、m_{22} . 则有

$$\boldsymbol{M} = \begin{pmatrix} \cos\theta & -\sin\theta \\ \sin\theta & \cos\theta \end{pmatrix}.$$

下面通过实例来演示旋转变换的过程，同时也通过实例来说明推导过程的正确性.

例 4.3　设计一个单位正方形旋转一周的过程. 图 4-5 和图 4-6 为第一象限的一个单位正方形旋转 $\frac{\pi}{4}$ 后的图像，以及旋转 $\frac{\pi}{4}$、$\frac{\pi}{2}$、$\frac{3\pi}{4}$ 后的重叠矩形.

解　根据动画程序的一般框架，并结合旋转变换的知识，编写本问题动画实现的程序如下：

```
close all
P=[0 1 1 0 0
   0 0 1 1 0];
for t=linspace(0, 3*pi/4, 100) %累计旋转角度
    M=[cos(t), -sin(t);
        sin(t), cos(t)];
    PP = M*P; %旋转变换
    plot(PP(1, :), PP(2, :), 'r');
    axis equal
    axis([-2 2 -2 2])
    pause(0.05)
end
```

运行程序，可以看到正方形旋转过程，如图 4-5 和图 4-6 所示.

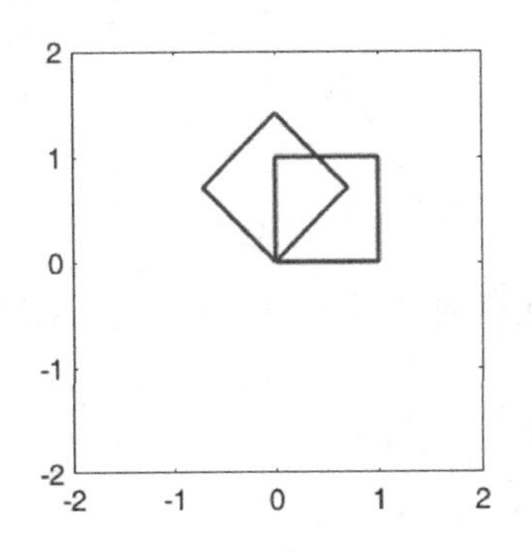

图 4-5　旋转 $\frac{\pi}{4}$ 后的正方形图形重叠

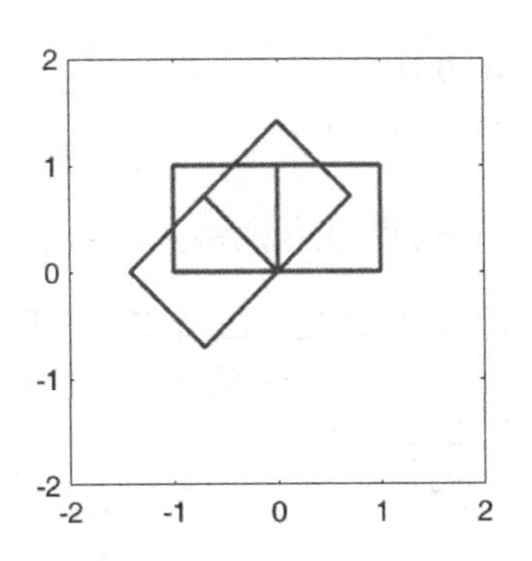

图 4-6　旋转 $\frac{\pi}{4}$、$\frac{\pi}{2}$、$\frac{3\pi}{4}$ 后的正方形图形重叠

4.5　将动画保存为 avi 文件

MATLAB 软件提供了将动画保存到文件的操作函数. 为了保存动画文件, 先调用 VideoWriter 函数产生一个 VideoWriter 对象, 然后用 open 函数打开该对象, 再调用 writeVideo 函数将图片"写"到该对象. 动画图片保存完毕后, 调用 close 函数关闭该对象. 动画保存为视频文件的相关操作函数见表 4-1.

表 4-1　动画保存为视频文件的相关操作函数

函数名	功能	示例
VideoWriter	创建一个 video 对象	obj = VideoWriter('test.avi')
writeVideo	将图片存储到一个 video 对象	writeVideo(obj, frame)
open	打开一个 video 对象	open(obj) obj 为 VideoWriter 返回的对象
close	关闭视频对象	close(obj) obj 为 VideoWriter 返回的对象

下面给出将例 4.1 中的动画保存为视频文件的程序:

```
close all
a=0;   b=2*pi; h = 0.01*pi;
numFrame = 200;
obj = VideoWriter('test.avi'); % 创建对象
open(obj); %打开对象
for i=1:numFrame,
    x=linspace(a+h, b+h, 100);       y=sin(x);
    plot(x, y, 'g', 'linewidth', 4)
    axis([0, 2*pi+numFrame*h, -1 1])
    set(gca, 'fontsize', 16)

    frame = getframe;
    writeVideo(obj, frame); %将当前图片写到 VideoWriter 对象中
```

```
        pause(0.1)
        a= a + h; b= b + h;
end
close(obj); %关闭 VideoWriter 对象
```

程序执行完毕之后，在当前工作目录中可以找到保存的动画视频文件“test.avi”.

4.6 习题

1. 编写一个半径为 2 的球体沿直线 L 运动的动画. 已知直线 L 的方程如下：

$$\frac{x-1}{1}=\frac{y-2}{2}=\frac{z-3}{1}.$$

请自行确定球体运动的起、止点、球的大小. 假设该球的球心一直在直线 L 上.

2. 设计一个二龙戏珠的动画. 图 4-7 给出了一个简单的示意图.（提示：可以设计为一个二维场景动画. 龙珠可以用一个红色的圆圈来表示，两条龙可以用三角函数曲线近似，也可以设计为三维场景的动画.）

图 4-7 一种简单的二龙戏珠示意图

3. 编写程序模拟一个电梯门的开关变化过程.

（1）电梯开的时候形状为一个矩形.

（2）电梯关上的时候，矩形正中有一条竖直的线条.

（3）电梯在开的过程中，正中间的竖直线段变成两条向两侧运动的线条.

图 4-8 为电梯 3 种状态的基本示意图.（也可以设计为三维形态.）

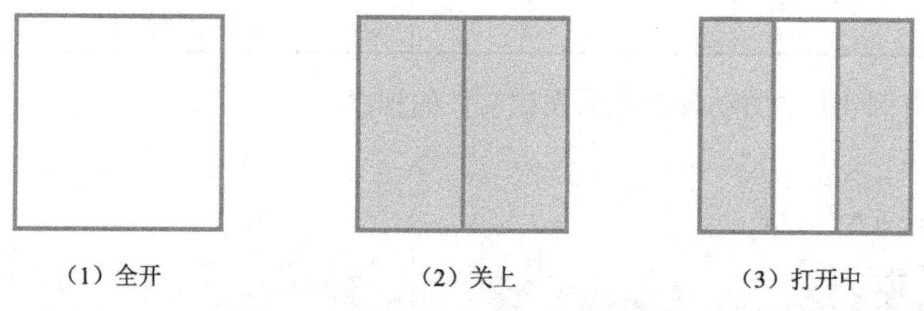

图 4-8 电梯 3 种状态的基本示意图

第 2 部分

数学实验

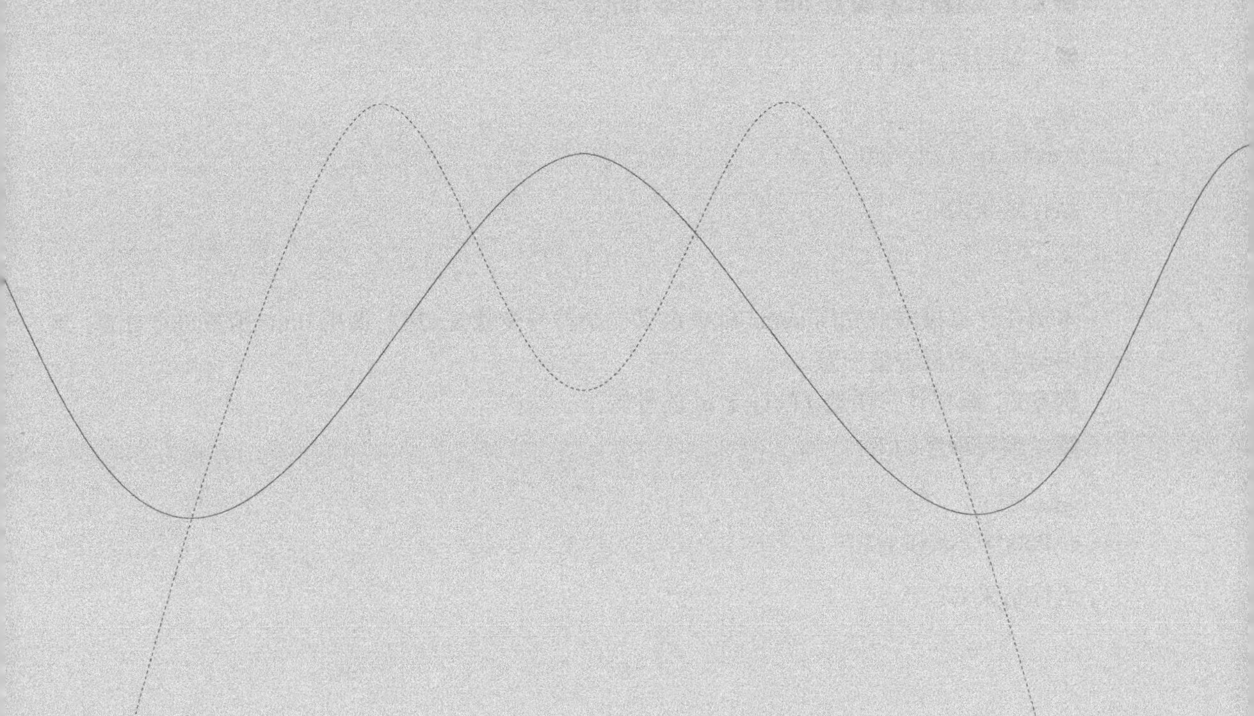

第 5 章　微积分实验

微积分是高等数学的重要内容. 微积分的基本概念、基本结论是学习的重点内容. 这些内容一般较为抽象. 除了通过概念、结论的本质去认识这些内容外, 还可以通过实验方法进行计算、分析、研究.

如果我们在实验中需要做一些解析的推导、计算, 则可以使用 MATLAB 软件提供的符号计算工具箱的函数. 例如, 求一元函数的三阶导数、多元函数偏导数.

MATLAB 软件提供了符号计算工具箱, 可以对微积分、线性代数的一些基本计算进行精确推导、计算. 例如, 符号工具箱提供的 limit 函数用于求极限, diff 函数用于求函数导数, taylor 函数用于求函数的泰勒多项式.

MATLAB 符号计算工具箱中函数的一般使用规则：计算中用到的符号变量需要先定义, 再调用相关符号计算函数进行处理. 利用符号计算功能, 可以进行复合运算、变量代换、表达式化简、求导、求极限、定积分、常微分方程的求解, 以及线性代数的一些基本计算, 如求行列式、矩阵的逆、特征值等.

本章将讲解 MATLAB 符号计算工具箱的基础知识、常用符号计算函数, 以及一些微积分知识的实验.

5.1　符号计算基础

我们通过两个例子快速了解符号计算的应用.

例 5.1　编程计算极限 $\lim\limits_{x\to+\infty} \mathrm{e}^{-x}$. 已知 $\lim\limits_{x\to+\infty} \mathrm{e}^{-x}=0$.

解　编写程序如下：

```
syms x;
r=limit(exp(-x), x, +inf)
```

运行结果为：

```
r = 0
```

本例在计算极限前先用 syms 命令定义一个符号变量 x, 然后调用 limit 函数进行计算. 运行结果与实际的极限值一致.

例 5.2　编程计算函数 $f(x)=x^2\mathrm{e}^x$ 的导数.

解　编写程序如下：

```
syms x;
d=diff(x*x*exp(x), x, 1)
```

运行结果为：

```
d =
x^2*exp(x) + 2*x*exp(x)
```

本例求导结果表示 $(x^2\mathrm{e}^x)' = 2x\mathrm{e}^x + x^2\mathrm{e}^x$.

通过两个例子，我们了解到要使用符号工具箱函数进行计算，所计算式子中的符号要先用 syms 定义. 表 5-1 给出符号计算工具箱中几个基础函数、命令的常见调用格式.

表 5-1　符号计算基础函数、命令的常见调用格式

调 用 格 式	功　　能
syms arg1 arg2 ... argn	syms 命令创建多个符号变量 arg1, arg2, …, argn
sym('arg')	创建单个符号变量 arg
subs(s, old, new)	符号替换函数

5.1.1　定义符号变量 syms

使用 syms 命令定义符号变量，可以一次定义多个变量. 对于通过 syms 定义的符号，数学软件将这些定义的符号视为一个符号变量，而不是视为一个数值变量. syms 的一般用法：

```
syms arg1 arg2 …
syms arg1 arg2 … real
syms arg1 arg2 … positive
```

第 1 种用法创建多个符号变量. 第 2 种用法指定符号变量为实数（real）. 第 3 种用法指定符号变量为正数.

例 5.3　创建符号表达式 $x^2 + y^2$.

解　编写程序如下：

```
syms x y
f=x^2+y^2
```

运行结果为：

```
f = x^2 + y^2.
```

例 5.4　下列程序创建 2 行 2 列符号数组 f，用于存储矩阵 $\begin{pmatrix} x^2 - 2xy + y^2 & x + y \\ x - y & y^2 + xy \end{pmatrix}$.

解　编写程序如下：

```
syms x y
f=[x^2-2*x*y+y^2, x+y; x-y, x*y+y*y]
```

运行结果为：

```
f =
[ x^2 - 2*x*y + y^2,          x + y]
[                    x - y, y^2 + x*y]
```

例 5.5　使用 syms 定义 20 个符号变量 x1, x2, …, x20.

分析　如果要定义的符号变量较少，可以按照 syms 调用格式罗列出所有变量，即采用罗列方式进行定义. 例如，定义 x1, x2, x3, x4, x5 这五个符号变量，用下列语句：

```
syms x1 x2 x3 x4 x5
```

这里要定义 20 个这种符号变量就不太简便. 因此，可以结合循环语句构造出定义符号变量的程序语句组成的字符数组，然后调用 eval 函数执行.

编写程序如下：

```
for i=1:20
    eval(sprintf('syms x%d', i))
end
whos
```

上述例子最后一个语句 whos 用来查看用 for 语句所定义的 20 个符号变量.

运行结果为（省略了部分输出）：

```
 Name      Size        Bytes  Class   Attributes
 x1        1x1             8  sym
 x10       1x1             8  sym
 x11       1x1             8  sym
 ...
 x19       1x1             8  sym
 x2        1x1             8  sym
 x20       1x1             8  sym
 x3        1x1             8  sym
 ...
 x9        1x1             8  sym
```

5.1.2　定义符号变量 sym

sym 用于创建符号变量，也可将字符或数字转换为符号类型，sym 一次处理一个变量或表达式.

调用格式：sym(A).

如果 A 是字符串，则产生一个符号数或变量.

如果 A 是数值标量或数值矩阵，则其转为符号类型.

例 5.6　编写示例程序：

```
x1=sym('x1'), a=sym('sqrt(200)'), v=sym('[100 200]')
```

运行结果为：

```
x1 =   x1
a = 10*2^(1/2)
v=[ 100, 200]
```

syms 与 sym 都可以定义符号变量. 下面举例进行对比分析.

例 5.7　使用 syms 和 sym 分别定义实数域的变量 x, y.

解　使用 syms 定义的语句如下：

```
syms x y real
```

使用 sym 定义的语句如下：

```
x = sym('x', 'real');
y = sym('y', 'real');
```

在命令窗口分别运行上述两种程序，再分别通过语句“whos x y”查看，发现两种实现的效果相同，都成功定义了符号变量.

5.1.3　符号表达式的替换 subs

subs 函数将符号表达式中的符号变量用其他符号表达式或数值代替，实现符号表达式中符号的替换. 其调用格式为：subs(s, old, new).

函数功能是将 s 表达式中的 old 变量替换为 new.

old 可以是单一变量，也可以是由 s 表达式包含的多个符号变量构成的向量，new 为用来替换符号的表达式.

例 5.8　使用符号替换函数将表达式 $x^2+y^2+z^2$ 中的变量 x 替换为 1，y 替换为 2.

解　编写程序如下：

```
syms x y z
f=x^2+y^2+z^2
fval=subs(f, [x, y], [1, 2])
```

运行结果为：

```
f = x^2 + y^2 + z^2
fval = z^2 + 5
```

例 5.8 中的 subs 也可以采用下面的两个语句完成：

```
fval=subs(f, {'x', 'y'}, {1, 2})
fval=subs(f, {x, y}, {1, 2})
```

5.1.4　符号表达式的化简

simplify 函数用于对表达式进行化简.

例 5.9　化简表达式 $\cos^2 x-\sin^2 x$ 和 x^3+3x^2+3x+1.

解　编写程序如下：

```
syms x y
s1 = simplify(cos(x)^2-sin(x)^2)
s2 = simplify(x^3+3*x^2+3*x+1)
```

运行结果为：

```
s1 = cos(2*x)
s2 = (x + 1)^3
```

5.1.5 符号计算精度及其数据类型转换

符号计算精度及其数据类型转换函数见表 5-2.

表 5-2 符号计算精度及其数据类型转换函数

调用格式	功能
digits	显示 vpa 计算结果的有效数字的位数
digits(n)	设置 vpa 计算结果的有效数字的位数
vpa(s)	计算符号表达式 s 的数值结果
vpa(s, n)	采用 n 位有效数字计算精度求 s 的数值结果
double(s)	将符号表达式 s 转化为双精度数值
char(s)	将符号表达式 s 转化为字符串

编写示例程序：

```
>> t=sqrt(sym(pi)), a=vpa(t), b=double(t), whos a b
```

运行结果为：

```
t = pi^(1/2)
a =      1.7724538509055160272981674833411
b =      1.7725
  Name        Size           Bytes  Class     Attributes
  a           1x1            112    sym
  b           1x1            8      double
```

上述语句中 a 为对圆周率开方的结果, vpa 对 t 处理后还是 sym 型变量；变量 b 为 double 型, 这是 double 将符号表达式 t 转为 double 数值的结果.

5.2 常用符号计算函数

5.2.1 复合计算函数 compose

复合计算函数 compose 调用格式：

compose(f, g), 返回复合函数 f(g(y)), 其中 f=f(x), g=g(y). x 和 y 分别为 findsym 从 f、g 中找到的符号变量.

compose(f, g, z), 返回复合函数 f(g(z)), f=f(x), g=g(y), x, y 含义同上一种用法. 最后用指定变量 z 代替变量 y.

compose(f, g, x, y, z), 返回复合函数 f(g(z)). 将 x=g(y)代入 f(x)中, 最后用指定的变量 z 代替变量 y.

编写示例程序如下：

```
syms x y t
f = 1/(1+x);
g = sin(y)^2
h = compose(f, g, x, y, t)
```

运行结果为：

```
f  =   1/(x + 1)
g =   sin(y)^2
h = 1/(sin(t)^2 + 1)
```

5.2.2　计算极限函数 limit

limit 函数调用格式如下：

limit(f, x, a)，计算 f(x)当 x 趋向于 a 的极限.

limit(f, x, a, 'right')，计算函数在点 a 的右极限.

limit(f, x, a, 'left')，计算函数在点 a 的左极限.

例 5.10　求一元函数极限 $\lim\limits_{x\to 0}\dfrac{\sqrt{1+5x}-\sqrt{1-3x}}{x^2+2x}=2$，并绘图观察在变量 x 趋于 0 时函数的变化趋势.

解　编写程序如下：

```
syms x
y = (sqrt(1+5*x)-sqrt(1-3*x))/(x*x+2*x); %[-0.15, 0.3]
s = limit(y, x, 0) % 求函数 y 的极限
x = -0.15:0.002:0.3;
y = (sqrt(1+5*x)-sqrt(1-3*x))./(x.*x+2*x); %计算离散点的坐标
plot(x, y, 'k.'); %绘制黑色的散点图
```

运行结果如图 5-1 所示.

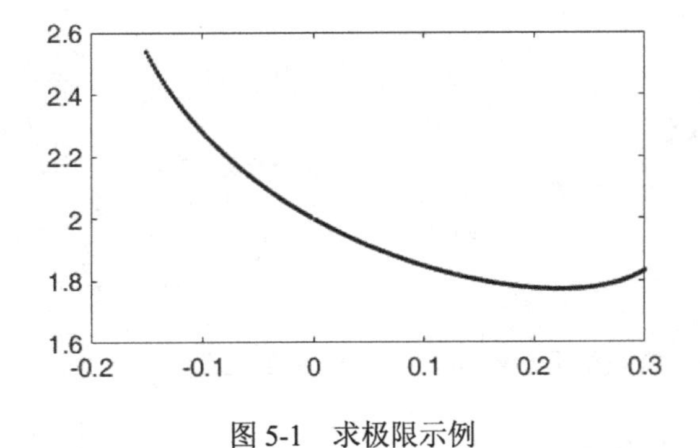

图 5-1　求极限示例

结果表明在变量 x 趋于 0 时函数的极限为 2.

例 5.11　计算数列 $a_n=\left(1+\dfrac{1}{n}\right)^n$ 的极限.

解　编写程序如下：

```
syms n
an=(1+1/n)^n;
S=limit(an, n, inf) %计算数列极限
```

运行结果为：

```
S = exp(1)
```

5.2.3 求导计算函数 diff

diff 函数调用格式：
diff(s, 'v'), 求 s 对自变量 v 的 1 阶导数.
diff(s, 'v', n), 求 s 对自变量 v 的 n 阶导数.
注：'v' 可以为符号变量或有符号变量组成的字符数组.

例 5.12 已知 $f(x,y)=x^2y+2xy+y^2$. 求 $\dfrac{\partial f}{\partial x}$ 和 $\dfrac{\partial f}{\partial y}$.

解 编写程序如下：

```
syms x y
f= x^2*y + 2*x*y + y*y
d1 = diff(f, x, 1)
d2 = diff(f, y, 1)
```

运行结果为：

```
d1 = 2*y + 2*x*y
d2 = x^2 + 2*x + 2*y
```

上述程序中的 d1 = diff(f, x, 1)也可以改为 d1 = diff(f, 'x', 1).

例 5.13 求函数 $y=\dfrac{ae^x}{\sqrt{a^2+x^2}}$ 的一阶导数.

解 编写程序如下：

```
syms   x   a
f1=a*exp(x)/sqrt(a^2+x^2);
d1= diff(f1, x, 1)
```

运行结果为：

```
d1 =
      (a*exp(x))/(a^2 + x^2)^(1/2) - (a*x*exp(x))/(a^2 + x^2)^(3/2)
```

5.2.4 符号积分函数 int

int 函数调用格式：
s=int(expr, var), 以 expr 表达式中的变量 var 为积分变量计算不定积分.

s=int(expr, var, a, b), 以 expr 表达式中的变量 var 为积分变量计算定积分, 积分下限、上限分别为 a 和 b.

例 5.14　使用符号工具箱函数解下列不定积分：

$$\int x\ln x\mathrm{d}x\,.$$

解　编写程序如下：

```
syms x
f=int(x*log(x))
```

运行结果为：

```
f =
     (x^2*(log(x) - 1/2))/2
```

结果表明不定积分 $\int x\ln x\mathrm{d}x=\dfrac{x^2(\ln x-0.5)}{2}+C$.

例 5.15　使用符号工具箱函数解下列二重积分：

$$\iint_D x^2 y\mathrm{d}x\mathrm{d}y,\ \ D=\{(x,y)\,|\,0\leqslant x\leqslant 2, x\leqslant y\leqslant 3\}\,.$$

利用定积分知识将其化为二次定积分，这里先对 y 积分，再对 x 积分.

解　编写程序如下：

```
syms x y
f=x*x*y; %变量 f 存储
r=int(f, y, x, 3);
r=int(r, x, 0, 2)
```

运行结果为：

```
r =
     44/5
```

5.2.5　泰勒多项式函数 taylor

taylor 函数调用格式：

taylor(f)，计算 f 的 5 阶麦克劳林多项式.

taylor(f, v, Name, Value)，计算 f 在自变量符号为 v 时的 5 阶麦克劳林多项式，并设属性名 Name 的值为 Value.

taylor(f, v, a)，计算 f 在点 a 展开的麦克劳林多项式.

taylor(f, v, a, Name, Value)，指定属性名称 Name 及属性值 Value 的调用方法.

f 为函数的符号表达式或者符号变量，v 为函数的自变量，Name 为属性名(用字符串表示)，Value 为 Name 所指示属性的属性值.

例如，求 e^x 的 7 阶泰勒多项式. 编写示例程序如下：

```
>>taylor(exp(x), x, 0, 'order', 8)
 ans =
  x^7/5040 + x^6/720 + x^5/120 + x^4/24 + x^3/6 + x^2/2 + x + 1
>>taylor(exp(x), x, 'expansionpoint', 0, 'order', 8)
ans =
x^7/5040 + x^6/720 + x^5/120 + x^4/24 + x^3/6 + x^2/2 + x + 1
```

说明：以上命令窗口执行的两个语句效果相同.

5.3 极限与渐近线

微积分课程中极限是一个非常重要的概念. 通过极限可以定义几何量、物理量, 如曲率、速度、加速度等, 还以可用极限分析函数的性质.

例 5.16 已知第一个重要极限 $\lim\limits_{x \to 0}\frac{\sin x}{x}=1$. 可以绘制函数曲线来了解当 x 趋近于 0 时函数值的变化趋势.

解 编写程序如下：

```
x=[-1:0.001:0.001, 0.001:0.001:1]; % 不包含 x=0
y = sin(x)./x; %计算函数值
plot(x, y, 'r-') %绘制函数曲线
```

绘制图形如图 5-2 所示.

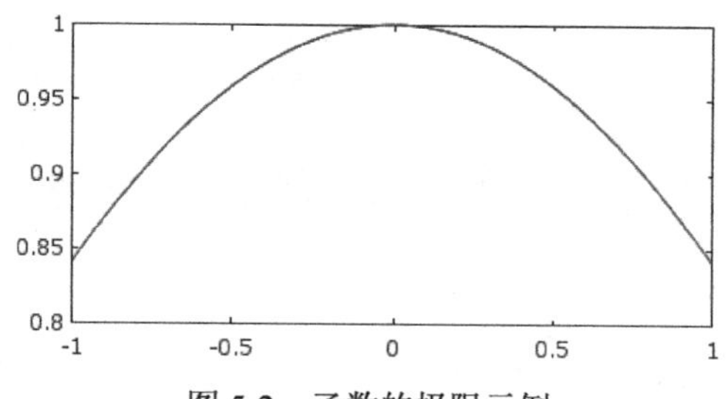

图 5-2 函数的极限示例

为了找出一个函数的渐近线, 需要进行极限计算. 为此可利用符号函数 limit 帮助计算相关的极限.

例 5.17 已知函数 $y=\frac{20}{1+\mathrm{e}^{-0.01t}}$，请找出该函数的所有水平渐近线.

解 找水平渐近线, 需要计算两个极限：$\lim\limits_{x \to -\infty} y$ 和 $\lim\limits_{x \to +\infty} y$.

编写程序如下：

```
syms t
y=20/(1+exp(-0.01*t));
a1= limit(y, t, -inf)
a2= limit(y, t, +inf)
```

运行输出结果为：

```
a1= 0
a2= 20
```

表明该函数有两条水平渐近线：$y=0$ 和 $y=20$.

编程绘制出函数在区间[−100, 400]上的函数曲线. 编写程序如下：

```
t=linspace(-100, 400, 500);
```

```
y=20./(1+exp(-0.01*t));
plot(t, y, 'r-')
```

图 5-3 中的函数曲线是一类重要的曲线：Logistic 曲线. Logistic 曲线可以用于描述生物种群增长、体重增长、人口增长等事物的变化规律.

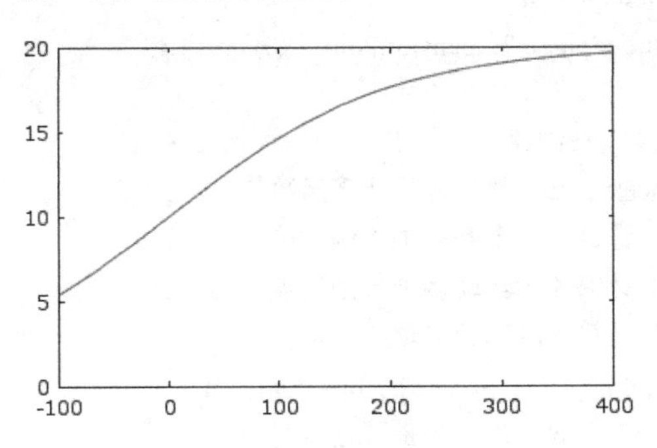

图 5-3　有水平渐近线的函数示例

5.4　泰勒多项式实验

在一些研究和应用问题中，我们希望用一些简单的函数来近似另一个函数. 由于多项式函数在函数值计算、求导计算等方面都很简便. 因此，我们常常用多项式函数来近似连续函数. 泰勒定理给出了如何构造这样的多项式，以及需要满足的条件.

泰勒中值定理　如果 $f(x)$ 在含有 x_0 的某个开区间 (a,b) 内具有直到 $n+1$ 阶的导数，则当在 (a,b) 内时，$f(x)$ 可以表示为 $x-x_0$ 的一个 n 次多项式与一个余项 $R_n(x)$ 之和：

$$f(x)=f(x_0)+f'(x_0)(x-x_0)+\frac{f''(x_0)}{2!}(x-x_0)^2+\cdots+\frac{f^{(n-1)}(x_0)}{(n-1)!}(x-x_0)^{n-1}+$$

$$\frac{f^{(n)}(x_0)}{n!}(x-x_0)^n+R_n(x).$$

式中，$R_n(x)=\dfrac{f^{(n+1)}(\xi)}{(n+1)!}(x-x_0)^{n+1}$，$\xi$ 在 x_0 与 x 之间.

设 $P_n(x)$ 为 n 阶泰勒多项式，则

$$P_n(x)=f(x_0)+f'(x_0)(x-x_0)+\frac{f''(x_0)}{2!}(x-x_0)^2+\cdots+\frac{f^{(n)}(x_0)}{n!}(x-x_0)^n.$$

为了探究泰勒多项式的应用效果，我们可以使用一些初等函数进行实验. 例如，用 n 阶多项式近似初等函数 $\sin x$ 、$\cos x$ 和 e^x 等. 因此，我们设计实验进行验证.

例 5.18　请设计实验：以函数 $f(x)=\sin x$ 为例，验证随着 n 阶泰勒多项式 $P_n(x)$ 的阶数增加，$P_n(x)$ 近似函数 $f(x)$ 的程度越高.

分析　为了比较泰勒多项式函数与正弦函数的近似程度，只做一个 n 阶泰勒多项式的比较不够直观. 为了反映泰勒多项式随 n 变化的情形，这里分别取 n=1, 4, 6. 这样，绘制三条曲线，与正弦函数曲线对比.

编写程序如下：

```
syms x
fx = sin(x);
x0 = 0; %展开点
n=[2 5 7];
for i=1:length(n) %展开阶数: n-1 阶
    hx(i) = taylor(fx, x, 'order', n(i), 'ExpansionPoint', x0)
end
xp = linspace(-2*pi, 2*pi, 40); %创建节点数组
y   = subs(fx, x, xp);      %通过 subs 替换符号计算函数值
y1 = subs(hx(1), x, xp); % 计算 1 阶泰勒多项式函数值
y4 = subs(hx(2), x, xp); % 计算 4 阶泰勒多项式函数值
y6 = subs(hx(3), x, xp); % 计算 6 阶泰勒多项式函数值
h=plot(xp, y, 'r', xp, y1, 'k', xp, y4, 'b', xp, y6, 'c', 'linewidth', 2)
legend(h, 'sin(x)', 'n=1', 'n=4', 'n=6')%对 4 条曲线进行标注
set(gca, 'fontsize', 16) % 设置坐标轴字号为 16 磅
```

运行结果如图 5-4 所示.

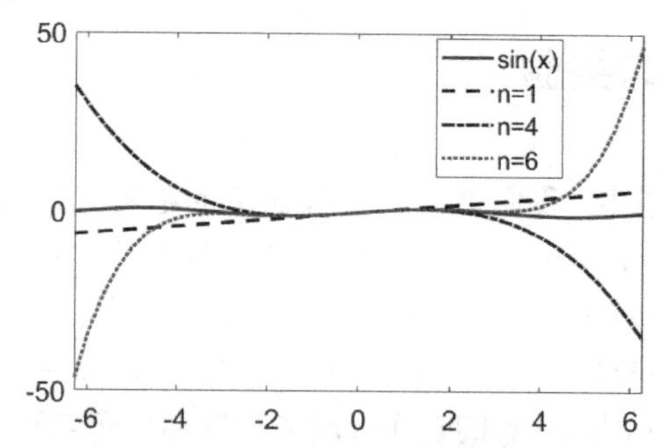

图 5-4　n 阶泰勒多项式与正弦函数曲线对比(n=1, 4, 6)

观察图 5-4, 发现“近似”效果不大明显. 我们猜测可能的原因是 n 的值不够大. 因此, 修改程序, 绘制 $n=11, 14, 17$ 的效果.

从图 5-5 中可以看出, 当 n 增加时, 高阶泰勒多项式函数曲线与正弦函数曲线越来越接近, 且随着 n 的增加, 近似程度不断提高. 特别地, 当 $n=17$ 时, 17 阶泰勒多项式函数在区间 $[-6,6]$ 上的曲线与函数 $\sin x$ 的曲线几乎完全重叠.

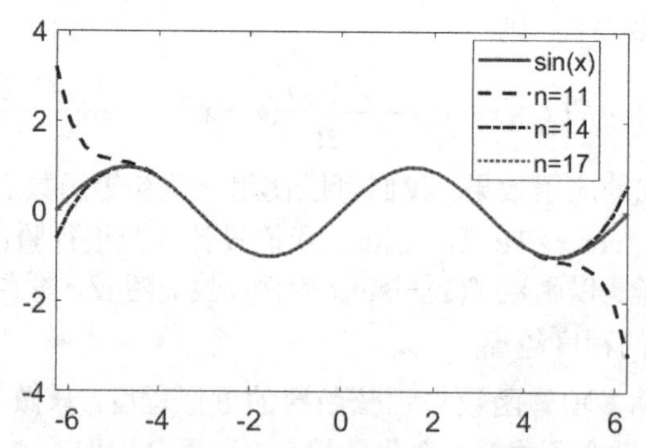

图 5-5　n 阶泰勒多项式与正弦函数曲线对比(n=11, 14, 17)

思考题　在现有实验程序的基础上, 增大 n 的同时, 再扩大函数的绘图区间, 观察泰勒多项式与正弦函数曲线的近似程度.

5.5 定积分实验

设曲边梯形是由连续曲线 $y=f(x)$ $(f(x)\geqslant 0)$ 及 x 轴和两直线 $x=a, x=b$ 所围成的，设该曲边梯形的面积为 A．由微积分知识可知，该曲边梯形的面积可以用定积分表示，即 $A=\int_a^b f(x)\mathrm{d}x$．这个结论也说明了定积分的几何意义．

当 $f(x)$ 在区间 $[a,b]$ 上有正有负时，我们定义在 x 轴下方的面积为负值，在 x 轴上方的面积为正值，则定积分 $\int_a^b f(x)\mathrm{d}x$ 表示曲线 $y=f(x)$、两直线 $x=a, x=b$ 及 x 轴所围曲边梯形面积的代数和．下面将从定积分的几何意义出发探索定积分的计算问题．

先了解一下将曲边梯形面积的计算转为定积分的抽象过程．

（1）“大化小”．

在区间 $[a,b]$ 中任意插入 $n-1$ 个分点 $x_1,x_2,\cdots,x_{n-1}$，且满足下列条件：

$$a=x_0<x_1<x_2<\cdots<x_{n-1}<x_n=b.$$

特别地，令 $x_0=a$，$x_n=b$．然后用直线 $x=x_i$ 将曲边梯形分成 n 个小曲边梯形．

（2）“以常代变”．

在第 i 个窄曲边梯形上任取 $\xi_i\in[x_{i-1},x_i]$，作以 $[x_{i-1},x_i]$ 为底、以 $f(\xi_i)$ 为高的小矩形，并以此小梯形面积近似代替相应窄曲边梯形面积 ΔA_i，得

$$\Delta A_i\approx f(\xi_i)\Delta x_i \quad (\Delta x_i=x_i-x_{i-1})\ (i=1,2,\cdots,n).$$

（3）近似值求和．

这样自然得到曲边梯形面积的近似方法：

$$A=\sum_{i=1}^{n}\Delta A_i\approx\sum_{i=1}^{n}f(\xi_i)\Delta x_i. \tag{5-1}$$

（4）取极限．

令 $\lambda=\max\limits_{1\leqslant i\leqslant n}\{\Delta x_i\}$，则曲边梯形面积 $A=\lim\limits_{\lambda\to 0}\sum\limits_{i=1}^{n}\Delta A_i=\lim\limits_{\lambda\to 0}\sum\limits_{i=1}^{n}f(\xi_i)\Delta x_i$．

上述过程“和式的极限”就是定积分 $\int_a^b f(x)\mathrm{d}x$．

通过微积分结论，定积分的计算可以使用牛顿-莱布尼茨公式：

$$\int_a^b f(x)\mathrm{d}x=F(b)-F(a).$$

这里 $F(x)$ 为 $f(x)$ 的一个原函数．

我们想观察利用式（5-1）估算定积分的效果．为此需要设计一个实验来分析、验证．

例 5.19 请利用定积分的几何意义估算定积分 $\int_1^{10}\ln x\mathrm{d}x$ 的值．

解 令 $a=1$，$b=10$，$f(x)=\ln x$，$n=10$．利用前述曲边梯形面积的抽象过程，我们对两个“任意性”进行特别限定：

（1）插入节点的处理．

将区间 $[a,b]$ 等分为 n 个区间，则 $x_i=x_0+i(b-a)/n$，$i=0,1,\cdots,n$．

（2）在区间 $[x_{i-1},x_i]$ 内任取一点的处理．

这里令 $\xi_i=(x_{i-1}+x_i)/2$，$i=1,\cdots,n$．此时 ξ_i 就是区间 $[x_{i-1},x_i]$ 的中点．

这样就可以根据式（5-1）估算出定积分的值. 为了验证计算结果的准确性, 将符号计算函数 int 计算得到的精确解与根据式（5-1）得到的数值计算结果比较.

编写程序如下：

```
a=1; b = 10;
n = 10;
f = @(x)log(x);
xp = linspace(a, b, n+1); %100 等分
dx = (b-a)/n;
A = 0;
for i=1:n
    xc(i) = 0.5*(xp(i)+xp(i+1)); %计算第 i 个区间的中点
    A = A + f(xc(i))*dx;
end
syms x
val_acc= vpa(int(log(x), x, a, b))%用符号函数求定积分
disp(sprintf('A=%f', A))
```

运行结果为：

```
val_acc =
    14.025850929940456840179914546844
A= 14.054907
```

对比 int 计算结果与估算方法的结果, 发现结果非常接近. 这表明本例估算方法的有效性. 为了让结果更加直观, 在实验中同时绘制出这 n 个小矩形. 绘图程序如下：

```
xmore = linspace(a, b, 100);
plot(xmore, f(xmore), 'r-'); hold on
for i=1:n
    xx=[xp(i) xp(i+1) xp(i+1) xp(i) xp(i)];
    yy=[0  0  f(xc(i)) f(xc(i)) 0];
    plot(xx, yy, 'k-')
end
```

绘制示意图如图 5-6 所示.

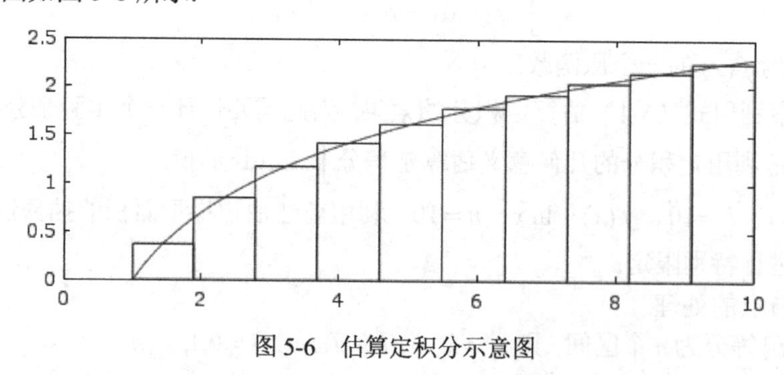

图 5-6　估算定积分示意图

5.6　二重积分的几何意义

对于二重积分 $\iint\limits_D f(x,y)\mathrm{d}x\mathrm{d}y$ 来说，如果 $f(x,y)=1$，则其值为积分区域 D 的面积;如果在区域 D 内 $f(x,y)\geqslant 0$，则该二重积分为一个曲顶柱体的体积. 该曲顶柱体的底为 xOy 面上的闭区域 D, 它的侧面是以 D 的边界曲线为准线而母线平行于 z 轴的柱面. 它的顶是曲面 $z=f(x,y)$. 那么如何验证二重积分的几何意义呢. 该问题在于估算出该曲顶柱体的体积. 基于微积分学中分割、近似、求和的思想，该曲顶柱体可以分割成无数细小的曲顶柱体，而每个细小的曲顶柱体则可以用细长的长方体近似.

例 5.20　利用二重积分的几何意义估算 $\iint\limits_D (x^2+xy+y^2)\mathrm{d}x\mathrm{d}y$，已知平面区域 $D=\{(x,y)\,|\,0\leqslant x\leqslant 1,0\leqslant y\leqslant 2\}$.

解　根据二重积分的几何意义，该二重积分等于一个曲顶柱体的体积. 该曲顶柱体是以区域 D 为底面、以 $z=x^2+xy+y^2$ 为顶面的柱体.

设本例二重积分表示的曲顶柱体为 U，其体积也用 U 表示. 为了计算曲顶柱体 U 的体积，把积分区域 D 划分为矩形网格. 估算出以 D 中每个网格为底的小曲顶柱体体积，每个小曲顶柱体再由同底的小长方体近似，再求和得到这些小长方体的体积 V_1，V_1 作为曲顶柱体的体积 U 的近似值. 下面给出具体的实验过程.

先将 x 轴上的区间[0, 1]均匀划分为 n 个小区间，把 y 轴上的区间[0, 2]均匀划分为 m 个小区间. 因此，在区域 D 中绘制 $n+1$ 条纵向的平行线段，绘制 $m+1$ 条横向的平行线段，把 D 分为 m 行 n 列的网格，共 mn 个网格，如图 5-7 所示.

图 5-8 为近似曲顶柱体 U 的多个细长长方体示意图（将区域 D 分为 20×10 的网格）.

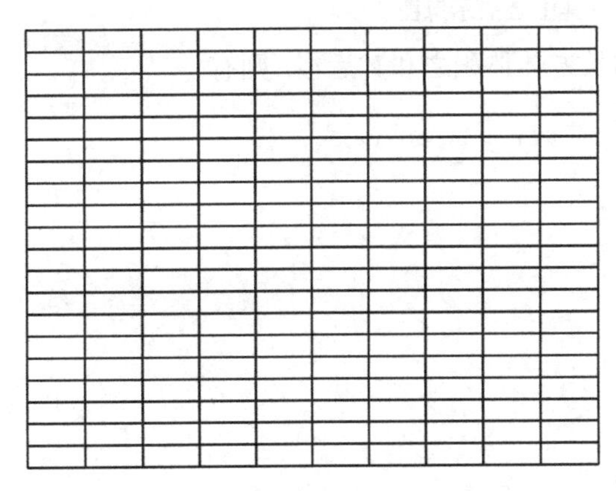

图 5-7　$m=20$, $n=10$ 的矩形网格示例

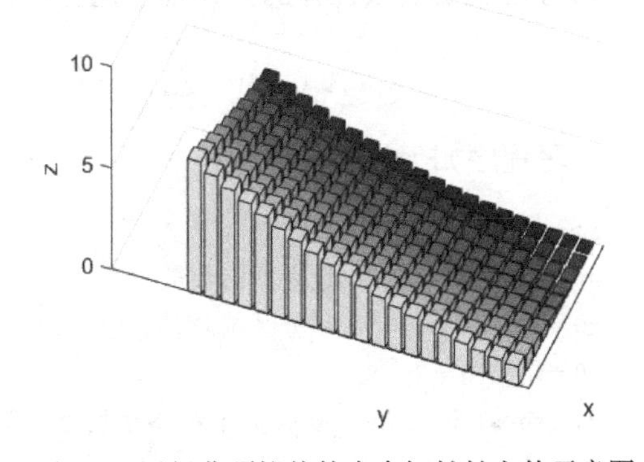

图 5-8　近似曲顶柱体的多个细长长方体示意图

下面给出实验所用符号说明：

在 x 轴上的区间[0, 1]取 $n+1$ 个节点 x_j（$j=0, 1, 2, \cdots, n$），满足 $0=x_0<x_1<x_2<\cdots<x_{n-1}<x_n=1$.

在 y 轴上的区间[0, 2]取 $m+1$ 个节点 y_i（$i=0, 1, 2, \cdots, m$），满足 $0=y_0<y_1<y_2<\cdots<y_{m-1}<y_m=2$.

Δx 为每个网格横向的宽度，即 $\Delta x = \frac{1}{n}(x_n - x_0) = \frac{1}{n}$.

Δy 为每个网格纵向的宽度，即 $\Delta y = \frac{1}{m}(y_n - y_0) = \frac{2}{m}$.

根据等分区间可知 $x_j = x_0 + j\Delta x$，$y_i = y_0 + i\Delta y$.

小曲顶柱体的估算方法：用小的长方体近似小曲顶柱体. 小曲顶柱体和对应的小的长方体有相同的“底面”. 在 xOy 面上每个网格中取其“中心”点，算出被积函数在该点的函数值作为“小长方体的高度”，以网格的面积为底面积.

设第 i 行第 j 列网格的“中心”点为 (x_j^c, y_i^c) $(i = 1,2,\cdots,m; j = 1,2,\cdots,n)$. 易得

$$x_j^c = x_0 + (j - 0.5)\Delta x\,,\ \ y_i^c = y_0 + (i - 0.5)\Delta y\,.$$

图 5-9 给出了在区域 D 中设计的网格及每个网格的中心点.

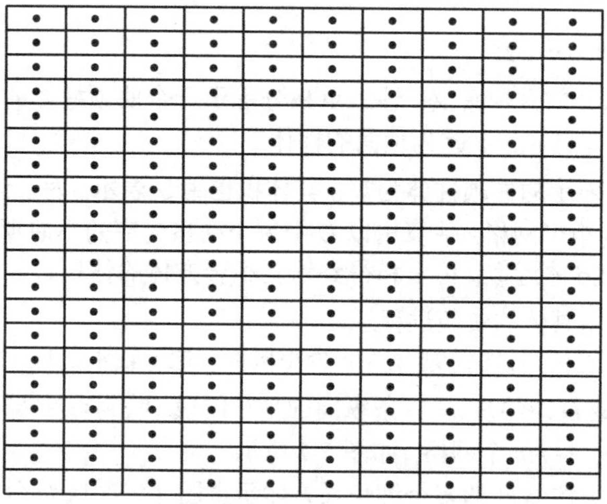

图 5-9　矩形网格及其中心点示意图

所有这些小曲顶柱体的体积则由这些小的长方体体积之和 V_1 近似. 则有

$$V_1 = \sum_{i=1}^{m}\sum_{j=1}^{n}((x_j^c)^2 + x_j^c y_i^c + (y_i^c)^2)\cdot \Delta x \cdot \Delta y\,.$$

编写程序如下：

```
clear all
m = 20;     n = 10; %  设置网格数量
x0 = 0;   xn = 1;   %  积分区域 D 的设置
y0 = 0;   yn = 2;   %
dx=(xn-x0)/n;     dy=(yn-y0)/m; %  网格长度、宽度
ii = 1:m; jj=1:n;
xc = x0 + (jj-0.5)*dx; %向量---网格中心点的横坐标
yc = y0 + (ii-0.5)*dy; %向量---网格中心点的纵坐标
[mat_xc, mat_yc]=meshgrid(xc, yc); %矩阵---网格中心点坐标
f = @(x, y)x.^2+x.*y+y.^2;
dxy        = dx*dy; %  网格面积
%所有小长方体体积求和近似曲顶柱体体积
```

```
answer1 = sum(sum(f(mat_xc, mat_yc)*dxy))

syms x y   %定义符号变量, 然后求解析解
fun =x*x+x*y+y*y; % 被积函数
% 二重积分化为二次定积分求解:
f1 = int(fun, y, y0, yn); % 先对 y 积分
sol= int(f1, x, x0, xn)   % 再对 x 积分, 得解析解
answer2 = vpa(sol)
```

运行结果如下：

```
answer1 =      4.3300
sol =     13/3
answer2 =   4.3333333333333333333333333333333
```

对比符号计算结果 answer2 和基于几何意义的估算结果 answer1, 发现两个变量的数值非常接近, 从而验证了二重积分的几何意义.

思考题 如果二重积分的积分区域不是矩形区域, 又该如何用例 5.20 的实验思想进行几何意义的验证?

5.7 实验探究

在学习微积分知识的时候, 我们可能需要对一些概念、结论进行分析、验证. 在应用数学知识解决问题时, 也需要对想到的思路、方法进行分析、论证. 这些工作往往需要借助数学软件设计实验进行探究. 本节将围绕微积分课程中的一些知识进行探究. 通过研究这些问题的实践, 更加清楚地认识到深刻理解课程中概念、结论的重要性.

5.7.1 寻找拐点的问题

如果已经知道连续函数的解析表达式, 则可以利用拐点的定义找出该函数的拐点. 根据拐点定义及判别方法可知：如果函数在一个点两侧二阶导数异号, 则该点对应曲线上的点即为拐点.

现实问题中, 往往没有这种已知条件较为充足、理想的情况. 例如, 如果知道一个函数的某些离散节点的函数值, 能否找出函数的拐点.

问题 5.1（寻找拐点问题） 已知函数 $y = y(x)$ 在若干节点的函数值, 具体数据如表 5-3 所示. 请找出函数在[0, 12]区间上的所有可能的拐点.

表 5-3 函数在若干节点的函数值

k	x_k	y_k	k	x_k	y_k	k	x_k	y_k
1	0.0	2.4051	5	0.8	4.5147	9	1.6	5.3752
2	0.2	2.8759	6	1.0	4.9844	10	1.8	5.0849
3	0.4	3.4072	7	1.2	5.3149	11	2.0	4.6224
4	0.6	3.9690	8	1.4	5.4541	12	2.2	4.0482

续表

k	x_k	y_k	k	x_k	y_k	k	x_k	y_k
13	2.4	3.4297	29	5.6	0.5064	45	8.8	0.9503
14	2.6	2.8260	30	5.8	0.5748	46	9.0	0.7756
15	2.8	2.2793	31	6.0	0.6648	47	9.2	0.6233
16	3.0	1.8125	32	6.2	0.7776	48	9.4	0.4971
17	3.2	1.4322	33	6.4	0.9129	49	9.6	0.3965
18	3.4	1.1336	34	6.6	1.0671	50	9.8	0.3188
19	3.6	0.9059	35	6.8	1.2324	51	10.0	0.2605
20	3.8	0.7364	36	7.0	1.3961	52	10.2	0.2178
21	4.0	0.6131	37	7.2	1.5416	53	10.4	0.1875
22	4.2	0.5258	38	7.4	1.6501	54	10.6	0.1670
23	4.4	0.4668	39	7.6	1.7052	55	10.8	0.1546
24	4.6	0.4302	40	7.8	1.6966	56	11.0	0.1490
25	4.8	0.4125	41	8.0	1.6234	57	11.2	0.1496
26	5.0	0.4114	42	8.2	1.4945	58	11.4	0.1565
27	5.2	0.4263	43	8.4	1.3263	59	11.6	0.1701
28	5.4	0.4575	44	8.6	1.1387	60	11.8	0.1913

5.7.2 函数的导数与误差分析

为了研究变量间的关系，通常要建立数学模型得到刻画变量间数量关系的数学表达式．有时还需要分析哪一个自变量对因变量影响最大，有多大影响．误差分析就属于这样一类问题．

问题 5.2（导数与误差分析） 某产品的性能指标 y 主要受 4 个零件参数 $x_i(i=1,2,3,4)$ 影响．已知性能指标 y 随四个零件参数的变化规律如下：

$$y = x_1x_2 + \left(\frac{x_1}{x_4}\right)\left(\frac{x_3}{x_2+x_1}\right)^2 .$$

又已知 4 个零件参数的标定值分别为 0.75、1.2、0.9、1.1．由于生产工艺限制，生产的零件参数常常与标定值有一些偏差．请分析 4 个零件当中，哪个零件的参数变化对产品的性能影响最大．

5.7.3 跳伞问题

需要结合事物动态变化过程的内在规律来研究变量的变化规律．这类问题常常可转化为常微分模型．下面给出跳伞问题的描述．

问题 5.3（跳伞问题） 某伞降兵跳伞时的总质量为 100 千克（含武器装备），降落伞张开前的空气阻力为 $0.5v$．该伞降兵的初始下落速度为 0，经 8 秒后降落伞打开，降落伞打开后的空气阻力约为 $0.6v^2$．试求该伞降兵下落的速度 $v(t)$，并求其下落的极限速度．

根据问题描述建立数学模型．该问题可以抽象为常微分模型．求解过程可以使用

MATLAB 符号计算.

5.7.4　傅里叶级数的近似

根据微积分中的级数知识可知：如果 $f(x)$ 是以 2π 为周期的周期函数，如果在区间 $[-\pi,\pi]$ 上连续或只有有限个第一类间断点，而且只有有限个极值点，则 $f(x)$ 的傅里叶级数收敛.

问题 5.4（傅里叶级数的近似分析）　函数 $f(x)$ 是以 2π 为周期的周期函数，它在区间 $[-\pi,\pi)$ 的定义如下：

$$f(x)=\begin{cases}x^2, & -\pi\leqslant x<0,\\ 0, & 0\leqslant x<\pi.\end{cases}$$

请设计实验验证傅里叶级数对函数的近似效果，并对结果进行分析.

5.7.5　药物浓度变化曲线的研究

在研制新药时，需要研究药物浓度在生物体内的变化规律. 在一次服药之后，药物浓度快速上升，然后逐渐下降. 函数 $y=ate^{-bt}$（假设变量 t 的单位为小时）可以用来近似模拟药物浓度随时间的变化规律.

问题 5.5（药物浓度变化曲线）　请围绕药物浓度变化的近似函数 $y=ate^{-bt}$ 研究下列问题.

（1）结合微积分知识分析参数 a 和 b 的含义.

（2）如果服用某种药物 0.5 小时后达到最大药物浓度，且测得最大药物浓度为 $30\,\mu g/mL$，问能否根据这些数据估算出参数 a 和 b.

5.7.6　实验探究提示

围绕微积分的实验探索问题很多，只要我们积极思考，就能找到很多探索性的问题. 可通过已有的实验案例积累实验研究经验，学习其中的方法，不断提高实验动手能力，从而加深对微积分知识的理解，促进对知识的学习效果，让微积分学习变得不再枯燥.

下面就上述实验探索问题给出一定的提示和参考.

1．寻找拐点的问题

假设函数 $f(x)$ 具有二阶连续导数. 如果函数在点 x_0 处的二阶导数为 0，则点 $(x_0,f(x_0))$ 为函数的拐点. 但是现在只知道函数在不同节点的函数值，因此找出拐点对应的 x_0 是本问题的关键. 根据函数的连续性，函数在拐点对应点 x_0 两侧较小邻域内的二阶导数值应该是一侧为正，另一侧为负. 因此，本问题主要转化为如下问题：

已知一个函数在若干点的函数值，估算函数在这些点的导数问题. 这个问题属于数值微分的内容，需要建立二阶导数的数值微分公式. 例如，根据导数的定义及泰勒定理，函数在一个点的一阶导数可采用下列式子计算：

$$f(x_0+\Delta x)\approx f(x_0)+f'(x_0)\Delta x,$$

则有

$$f'(x_0)\approx\frac{f(x_0+\Delta x)-f(x_0)}{\Delta x}.$$

其中 Δx 为自变量的增量. 这是一种函数一阶导数的数值微分计算式. 本问题可以借助泰勒定

理推导二阶导数的估算式.

在现实世界还有类似的问题，如研究脊柱侧弯. 在正常情况下，脊柱的背部投影应该在一条直线上. 如果脊柱有变形，则脊柱有侧弯. 研究脊柱侧弯程度，需要找出脊柱投影曲线上凸性相反的点. 这个问题也归结为找曲线的拐点问题.

2．函数的导数与误差分析

由自变量的误差可以联想到自变量的增量对函数增量的影响. 又由一元函数自变量增量、函数增量与微分的关系，联想到该问题可以利用多元函数的微分定义进行思考. 另外，也可以从多元函数的一阶泰勒多项式的角度进行分析. 可以从这两种不同的角度出发，去寻找误差分析规律.

3．跳伞问题

分两个阶段研究：降落伞打开前、降落伞打开后.

（1）打开降落伞前的降落速度.

符号说明如下.

速度 $v = v(t)$，单位：米/秒.

时间变量 t，单位：秒.

质量 m，单位：千克.

由牛顿第二定律，得 $mg - 0.5v = am$，即 $mg - 0.5v = \frac{\mathrm{d}v}{\mathrm{d}t}m$，则打开降落伞前的降落速度可以用下面的初值问题来表示：

$$\begin{cases} g - 0.5\dfrac{v}{m} = \dfrac{\mathrm{d}v}{\mathrm{d}t}, \\ v(0) = 0. \end{cases}$$

该模型为一阶线性微分方程，可以利用一阶线性微分方程的通解公式求出，也可以用 MATLAB 语言编程求出解析解. 这里编写求解模型的程序如下：

```
v=dsolve('g-0.5*v/m=Dv', 'v(0)=0', 't')
v8=subs(v, {'m', 'g', 't'}, {100, 9.8, 8})
v8_appr=double(v8)
```

运行结果为：

```
v    = 2*g*m - 2*g*m*exp(-t/(2*m))
v8   = 1960 - 1960*exp(-1/25)
v8_appr =     76.8527
```

结果表明该模型的解为 $v(t) = 2mg(1 - \mathrm{e}^{-\frac{t}{2m}})(0 \leqslant t \leqslant 8)$，8 秒后降落速度近似为 76.8527 米/秒.

（2）设打开降落伞后的降落速度为 $v_{\text{open}}(t)$. 以打开降落伞瞬间时刻为初始时刻，此时时间变量 $t = 0$. 建立模型如下：

$$\begin{cases} g - 0.6\dfrac{v_{\text{open}}^2}{m} = \dfrac{\mathrm{d}v_{\text{open}}}{\mathrm{d}t}, \\ v_{\text{open}}(0) = v(8) \approx 76.8527. \end{cases}$$

此模型也可以借助 MATLAB 符号计算函数 dsolve 求解，并进行讨论. 这里留给读者练习.

4．傅里叶级数问题

本问题利用傅里叶级数系数 $a_n(n=0,1,\cdots,N)$ 、$b_n(n=1,\cdots,N)$ 的计算公式，计算前 N 项在区间上的函数值，绘出函数图形进行对比．例如，取 $N=10$（或 20 等）进行计算．

5．药物浓度变化曲线

本问题应结合药物浓度函数与实际问题的联系进行分析．该函数是一个连续光滑曲线，取得最大值点的导数为 0．因此，可以先计算导数等于 0 的点，从而确定该函数的最大值点及其最大值，再从中探究参数 a 和 b 的含义．

5.8 习题

1．用 limit 函数求下列极限．

（1）$\lim\limits_{x\to 1^+}[\ln x\cdot\ln(x-1)]$；　　（2）$\lim\limits_{x\to\frac{\pi}{2}}\dfrac{\ln\sin x}{(\pi-2x)^2}$．

2．已知 $y=\mathrm{e}^{nx}\cos(mx)$，利用求导函数 diff 计算 y''．

3．已知函数 $y=\dfrac{2\mathrm{e}^x}{\sqrt{2^2+x^2}}$，求解该函数在 $x=5$ 处的三阶导数．

编写本问题的函数文件．第一行格式如下(函数名、文件名自己设定)：

```
function r=myfun
%变量 r 存储导数值
```

4．使用符号工具箱计算函数 $y=\dfrac{1}{1+x^2}$ 的 6 阶麦克劳林多项式．

5．求解下列方程组：

$$\begin{cases}4x+5y-6z+3d=11,\\2x+6y+2z-d=10,\\3x-2y+8z+2d=6,\\x+2y+3z+9d=15.\end{cases}$$

编程调用 solve 函数求解方程组．编写函数返回 4 个参数，依次为求得的 x、y、z、d 的值．要求所有输出参数的类型为 double 型．

编写本问题的函数文件．第一行格式如下（函数名、文件名自己设定）：

```
function [x, y, z, d]=myfun
% x, y, z, d 为题目所求的解
```

注：由于本线性方程组问题的系数矩阵，右端项均为数值矩阵，故可以不使用符号计算函数 solve 求解．本问题用左除运算符更实用．

6．用 dsolve 函数求解下列微分方程，并绘制函数曲线．

（1）$y'=0.1(1-0.02y)y, y(0)=20$；　（2）$y''+2y'+y=1, y(0)=15, y'(0)=0$．

7．已知摆线的参数方程($0\leqslant t\leqslant 2\pi$)如下：

$$\begin{cases}x=r(t-\sin t),\\y=r(1-\cos t).\end{cases}$$

请建立计算摆线一拱长度的式子，以及摆线一拱与 x 轴所围成图形面积的式子，然后使用符号函数计算这些式子的值. 通过计算结果证明摆线一拱的长度为动圆直径的 4 倍，摆线一拱与 x 轴所围图形面积为动圆面积的 3 倍.

8. 综合实验.

一件产品由若干零件组装而成，标志产品性能的某个参数取决于这些零件的参数. 零件参数包括标定值和容差两部分. 成批生产时，标定值表示一批零件该参数的平均值，容差则给出了参数偏离其标定值的容许范围. 若将零件参数视为随机变量，则标定值代表期望值，在生产部门无特殊要求时，容差通常规定为均方差的 3 倍.

进行零件参数设计，就是要确定其标定值和容差. 这时要考虑两方面因素：

（1）将各零件组装成产品时，如果产品参数偏离预先设定的目标值，就会造成质量损失，偏离越大，损失越大.

（2）零件容差的大小决定了其制造成本，容差设计得越小，成本越高.

试通过如下的具体问题给出一般的零件参数设计方法：

$$y=174.42\left(\frac{x_1}{x_5}\right)\left(\frac{x_3}{x_2-x_1}\right)^{0.85}\times\sqrt{\frac{1-2.62\left[1-0.36\left(\frac{x_4}{x_2}\right)^{-0.56}\right]^{3/2}\left(\frac{x_4}{x_2}\right)^{1.16}}{x_6x_7}}.$$

式中，y 的目标值(记作 y_0)为 1.50，当 y 偏离 $y_0\pm0.1$ 时，产品为次品，质量损失为 1000 元；当 y 偏离 $y_0\pm0.3$ 时，产品为废品，质量损失为 9000 元.

容差分为 A、B、C 三个等级，用与标定值的相对值表示，A 等为 $\pm1\%$，B 等为 $\pm5\%$，C 等为 $\pm10\%$. 7 个零件参数标定值容许范围及不同容差等级零件的成本（元）见表 5-4（符号/表示无此等级）.

表 5-4　零件参数标定值容许范围及各等级成本

	标定值容许范围	C 等	B 等	A 等
x_1	[0.075, 0.125]	—	25	—
x_2	[0.225, 0.375]	20	50	—
x_3	[0.075, 0.125]	20	50	200
x_4	[0.075, 0.125]	50	100	500
x_5	[1.125, 1.875]	50	—	—
x_6	[12, 20]	10	25	100
x_7	[0.5625, 0.935]	—	25	100

现进行成批生产，每批产量 1000 个，在原设计中，7 个零件参数的标定值为：$x_1=0.1,x_2=0.3,x_3=0.1,x_4=0.1,x_5=1.5,x_6=16,x_7=0.75$.

请综合考虑 y 偏离 y_0 造成的质量损失和零件成本，重新设计零件参数（包括标定值和容差)，并与原设计比较，总费用降低了多少.

本问题源于全国大学生数学建模竞赛 1997 年 A 题.

（1）请编程计算函数 $y=f(x_1,x_2,x_3,x_4,x_5,x_6,x_7)$ 的一阶偏导数 $\frac{\partial f}{\partial x_i},i=1,2,\cdots,7$，并创建

inline 函数或匿名函数，以便于计算这些偏导函数的函数值.

（2）编程计算 y 在点 $x_1 = 0.1, x_2 = 0.3, x_3 = 0.1, x_4 = 0.1, x_5 = 1.5, x_6 = 16, x_7 = 0.75$ 处的一阶泰勒多项式，并计算函数 y 在表 5-5 中各点的函数值.

表 5-5　三个点的数据

	x_1	x_2	x_3	x_4	x_5	x_6	x_7
点 1	0.1	0.3	0.1	0.1	1.5	16	0.75
点 2	0.11	0.36	0.08	0.09	1.6	14	0.65
点 3	0.09	0.25	0.08	0.11	1.7	18	0.9

第 6 章　线性代数实验

在线性代数课程中，我们学习了很多关于矩阵的知识，如矩阵的加法和数乘、矩阵的乘法、矩阵的秩、矩阵的特征值和特征向量，以及线性方程组求解等. 在本章中，我们将调用 MATLAB 工具箱中的相关函数对线性代数中一些相关概念与理论结果进行实验验证，并将得到的更为直观的实验结果与已有的理论结果进行比较.

本章首先介绍一些常用的有关线性代数知识的 MATLAB 工具箱函数，如计算矩阵特征值和特征向量的 eig 函数，求解线性方程组的左除（\）命令等，然后介绍线性代数的一些应用实验.

6.1　常用的矩阵生成函数

首先通过表 6-1 来快速了解相关函数.

表 6-1　常用的矩阵生成函数

函　数	功　能
zeros(m, n)	生成 m 行 n 列的全 0 矩阵
rand(m, n)	生成 m 行 n 列的[0, 1]区间中均匀分布随机矩阵
randn(m, n)	生成 m 行 n 列的正态分布随机矩阵
ones(m, n)	生成 m 行 n 列的全 1 矩阵
eye(n)	生成 n 行 n 列的单位矩阵
compan(v)	多项式的伴随矩阵
magic(n)	生成 n 行 n 列的魔方矩阵
hilb(n)	生成 n 行 n 列的希尔伯特矩阵
gallery	Higham 测试矩阵
wilkinson	Wilkinson 特征值测试矩阵
hankel(c, r)	生成一个以 c 为第一列、r 为第最后一行的 Hankel 矩阵
toeplitz(x, y)	生成一个以 x 为第一列、y 为第一行的托普利兹矩阵
vander(v)	用向量 v 生成一个范德蒙矩阵

例 6.1　编程生成一个 3 阶魔方矩阵 $\boldsymbol{A}$.

解　编写 MATLAB 程序如下：

```
A = magic (3)
```

运行结果如下：

```
A =
     8     1     6
```

```
    3    5    7
    4    9    2
```

魔方矩阵又称幻方、纵横图、九宫图，最早记录于我国古代的洛书. 魔方是将自然数 $1\sim n^2$ 排列成 n 行 n 列的方阵，使每行、每列及主副对角线上 n 个数的和都等于 $n(n^2+1)/2$.

例 6.2　编程生成一个 3 阶希尔伯特矩阵.

解　编写 MATLAB 程序如下：

```
format rat
A = hilb (3)
```

运行结果如下：

```
A =
        1          1/2          1/3
        1/2        1/3          1/4
        1/3        1/4          1/5
```

希尔伯特矩阵是 Hilbert 于 1894 年引入的一个方阵，矩阵在各个位置上的值为 $h_{ij}=1/(i+j-1)$. 它一种数学变换矩阵，正定且高度病态（任何一个元素发生一点变动都将使整个矩阵的行列式的值和逆矩阵发生巨大变化），病态程度和阶数相关.

例 6.3　编程生成一个托普利兹矩阵（Toeplitz Matrix）.

解　编写 MATLAB 程序如下：

```
x=1:6;
A = toeplitz(x)   %用向量 x 生成一个对称的托普利兹矩阵.
```

运行结果如下：

```
A =
     1     2     3     4     5     6
     2     1     2     3     4     5
     3     2     1     2     3     4
     4     3     2     1     2     3
     5     4     3     2     1     2
     6     5     4     3     2     1
```

托普利兹矩阵又叫常对角矩阵（Diagonal-Constant Matrix），指矩阵中每条自左上至右下的斜线上的元素是常数. 与之类似的是汉克尔矩阵（Hankel Matrix），是指每一条副对角线上的元素都相等的方阵. 如 A = hankel (x)，运行结果如下：

```
A =
     1     2     3     4     5     6
     2     3     4     5     6     0
     3     4     5     6     0     0
     4     5     6     0     0     0
     5     6     0     0     0     0
     6     0     0     0     0     0
```

例 6.4 编程生成一个范德蒙矩阵：

解 编写 MATLAB 程序如下：

```
v = 1:1:3
A = vander(v); %用向量 v 生成一个对称的范德蒙矩阵.
fA = fliplr(vander(v));
```

运行结果如下：

```
v =
      1     2     3
A =
      1     1     1
      4     2     1
      9     3     1
fA =
      1     1     1
      1     2     4
      1     3     9
```

范德蒙矩阵是法国数学家范德蒙提出的一种各列元素为几何级数关系的矩阵. 常用的纠错码 Reed-solomon 编码中，冗余块的编码采用的即为范德蒙矩阵.

6.2 常用的矩阵运算函数

首先，通过表 6-2 来快速了解相关函数.

表 6-2 常用的矩阵运算函数

函　数	功　能
A±B	矩阵或数组的加法（减法）
A*B(A.*B)	矩阵的乘法（数组乘）
A'(A.')	矩阵的共轭转置（矩阵的转置）
det(A)	计算方阵 A 的行列式的值
trace(A)	矩阵的迹
rank(A)	计算矩阵 A 的秩
norm(A, p)	矩阵的 P 范数（p 是 1, 2, 或 Inf）
cond(A)	矩阵的条件数
diag(diag(A))	矩阵 A 的对角阵
triu(A)	获取上三角阵（upper）
tril(A)	获取下三角阵（lower）
rref(A)	将矩阵 A 化为行阶梯形并求最大无关组
x=null(A, r)，其中 r=rank(A)	求齐次线性方程 AX=0 的基础解系
inv(A) (pinv(A))	矩阵求逆（广义逆）

续表

函 数	功 能
A\b 或 inv(A)*b	解线性方程组 Ax=b
A/B 或 A*inv(B)	解矩阵方程 XB=A
[V, D]=eig(A)	矩阵的特征值、特征向量

例 6.5 编程对比矩阵和数组的转置的共轭性.

解 编写 MATLAB 程序如下:

```
R=[1 3;5 7];
V=eye(2);
A=R+V*i;
A'          % 矩阵的转置（共轭转置）
A.'         % 数组的转置（非共轭转置）
```

运行结果如下:

```
A'=
        1.0000 - 1.0000i            3.0000
        5.0000                      7.0000 - 1.0000i

A.'=
        1.0000 + 1.0000i            3.0000
        5.0000                      7.0000 + 1.0000i
```

例 6.6 编程随机生成一个 3 阶矩阵 $\boldsymbol{A}$, 并构造与 $\boldsymbol{A}$ 矩阵对角元相等的同型对角矩阵 $\boldsymbol{B}$.

解 编写 MATLAB 程序如下:

```
A = rand(3)
B = diag(diag(A))
```

运行结果如下:

```
A =
    0.8147    0.9134    0.2785
    0.9058    0.6324    0.5469
    0.1270    0.0975    0.9575
B =
    0.8147         0         0
         0    0.6324         0
         0         0    0.9575
```

此处, MATLAB 命令 diag(A)提取出 $\boldsymbol{A}$ 矩阵的对角元而生成一个列向量, 再将此列向量作为输入参数, 再次调用函数 diag 即得到 $\boldsymbol{A}$ 矩阵所对应的对角矩阵.

例 6.7 随机生成一个 4 阶矩阵 $\boldsymbol{A}$, 并提取生成矩阵 $\boldsymbol{A}$ 对应的下三角矩阵 $\boldsymbol{B}$.

解 编写 MATLAB 程序如下:

```
A = rand(4)
B = tril(A)
```

运行结果如下：

```
A =
    0.9649    0.4854    0.9157    0.0357
    0.1576    0.8003    0.7922    0.8491
    0.9706    0.1419    0.9595    0.9340
    0.9572    0.4218    0.6557    0.6787
B =
    0.9649         0         0         0
    0.1576    0.8003         0         0
    0.9706    0.1419    0.9595         0
    0.9572    0.4218    0.6557    0.6787
```

例 6.8 计算魔方矩阵的行阶梯矩阵，并求解其列向量组的一个极大无关组.

解 编写程序如下：

```
A=magic(4)
[R, jb]=rref(A);
R
P=A(:, jb)
```

运行结果如下：

```
A =
    16     2     3    13
     5    11    10     8
     9     7     6    12
     4    14    15     1

R =
     1     0     0     1
     0     1     0     3
     0     0     1    -3
     0     0     0     0
P =
    16     2     3
     5    11    10
     9     7     6
     4    14    15
```

其中, R 为矩阵 A 的“简化的行阶梯型”, P 的列向量组为矩阵 A 的一个极大无关组.

6.2.1 解线性方程组 *Ax=b*

求解线性方程组 ***Ax=b***, 可以调用矩阵 ***A*** 左除右端向量 ***b*** 命令，即 MATLAB 命令 A\b, 或者使用命令 inv(A)*b, 注意求 ***A*** 矩阵的逆矩阵使用函数 inv.

例 6.9 随机生成一个线性方程组，并比较 MATLAB 求出的数值结果与真实解.

解　编写程序如下：

```
A=rand(3);
x_true=rand(3, 1)
b=A* x_true
x_comp=A\b
```

返回结果为：

```
x_true =
     0.9649
     0.1576
     0.9706
x_comp =
     0.9649
     0.1576
     0.9706
```

备注：利用 solve 函数也可求解线性方程组，如输入 MATLAB 命令：

```
s=solve('x+2*y+3*z=0', '4*x+5*y+6*z=1', '7*x+8*y+9*z=2')
```

运行结果为：

```
s.x=2/3
s.y=-1/3
s.z= 0
```

例 6.10　求下列非齐次线性方程组的通解：

$$\begin{cases} x_1+3x_2-x_3+x_4+4x_5=1, \\ x_1-3x_2 \qquad\quad -x_4+x_5=2, \\ -x_1-x_2+x_3-x_4 \qquad\quad =3. \end{cases}$$

解　编写 MATLAB 程序如下：

```
format rat
A=[1 3 -1 1 4;1 -3 0 -1 1;-1 -1 1 -1 0];
b=[1;2;3];
R=rref(A)
r=rank(A);
x0=A\b
y=null(A, 'r')   %计算矩阵 A 的核空间，即对应的齐次线性方程组的基础解系
```

返回结果为：

```
R =

     1     0     0    -1     7
     0     1     0     0     2
     0     0     1    -2     9
```

```
x0 =

    -19/9
     -8/9
       0
       0
     13/9
y =
       1       -7
       0       -2
       2       -9
       1        0
       0        1
```

即该线性方程组的通解为：

$$x=\begin{pmatrix}-19/9\\-8/9\\0\\0\\13/9\end{pmatrix}+k_1\begin{pmatrix}1\\0\\2\\1\\0\end{pmatrix}+k_2\begin{pmatrix}-7\\-2\\-9\\0\\1\end{pmatrix},\quad (k_1,k_2\text{为任意实数}).$$

6.2.2 计算矩阵特征值 eig

首先回忆矩阵特征值和特征向量的定义.

定义 6.1 设 $\boldsymbol{A}$ 是 n 阶方阵，若非零向量 $\boldsymbol{\alpha}$ 和数 λ 满足

$$\boldsymbol{A\alpha}=\lambda\boldsymbol{\alpha},$$

则称 λ 为 $\boldsymbol{A}$ 的一个特征值，称 $\boldsymbol{\alpha}$ 为 $\boldsymbol{A}$ 对应于 λ 的一个特征向量.

基本用法：

- λ =eig(A)——计算 A 的特征值，这里 λ 是由 A 的全部特征值构成的列向量.
- [P, D]=eig(A)——计算 A 的全部特征值和对应的特征向量. 其中，D 是对角矩阵，用于保存 A 的全部特征值；P 是满阵, P 的列向量构成对应于 D 的特征向量组.

例 6.11 计算矩阵

$$\boldsymbol{A}=\begin{pmatrix}-1&1&0\\-4&3&0\\1&0&2\end{pmatrix}$$

的特征值和特征向量.

解 编写一个示例程序：

```
A = [-1 1 0;
-4 3 0;
1 0 2];
lambda = eig(A)
[P, D] = eig(A)
```

运行输出：

```
lambda =
     2
     1
     1
P =
     0          0.4082      0.4082
     0          0.8165      0.8165
     1.0000    -0.4082     -0.4082
D =
     2     0     0
     0     1     0
     0     0     1
```

首先在 MATLAB 命令窗口输入 ***A*** 矩阵；再将 ***A*** 矩阵作为输入参数调用 eig 函数，并将结果赋给变量 lambda. 运行得到的 lambda 是一个 3 维列向量，向量中的每个分量都是 ***A*** 矩阵的特征值. 从结果可以看出，***A*** 矩阵有 3 个特征值，其中 2 是 ***A*** 矩阵的单特征值，1 是 ***A*** 矩阵的二重特征值.

如果使用 ***A*** 矩阵作为输入参数，调用 eig 函数，且输出参数有两个，分别为 ***P*** 和 ***D***，则该命令的计算结果 ***P***、***D*** 都是矩阵. ***D*** 矩阵是一个对角矩阵，它的对角元就是 ***A*** 矩阵的特征值. 而 ***P*** 矩阵中的每一列向量都是对应于 ***D*** 矩阵中对角元的特征向量，如 ***P*** 矩阵的第一列就是对应于 ***D*** 矩阵的第一个对角元的特征向量，也就是说，***P*** 矩阵的第一列就是特征值为 2 的一个特征向量.

6.3 常用的矩阵分解函数

首先通过表 6-3 来快速了解相关函数.

表 6-3 常用的矩阵分解函数

函 数	功 能
[L, U]=lu(A)	将方阵 A 分解成准下三角形矩阵 L×上三角形矩阵 U
[L, U, P]=lu(A)	产生一个上三角阵 U 和一个下三角阵 L 及一个置换矩阵 P，使之满足 PA=LU
R=chol(X)	产生一个上三角阵 R，使 R'R=X. 若 X 为非对称正定矩阵，则输出一个出错信息
[R, p]=chol(X)	当 X 为对称正定矩阵时，p=0，R 与上述格式得到的结果相同；否则 p 为一个正整数. 如果 X 为满秩矩阵，则 R 为一个阶数为 q=p−1 的上三角阵，且满足 R'R=X(1:q, 1:q)
[Q, R] =qr(A)	将矩阵 A 分解成正交矩阵 Q×上三角形矩阵 R
[Q, R, P]=qr(A)	产生一个正交矩阵 Q、一个上三角矩阵 R 及一个置换矩阵 P，使之满足 AP=QR
[U, R]=schur(X)	任意一个 n 阶方阵 X 可以分解为 X=URU'，其中 U 为酉矩阵，R 为上三角 schur 矩阵且其主对角线上的元素为 X 的特征值
[P, H]=hess(X)	任意一个 n 阶方阵 X 可以分解为 X=PHP'，其中 P 为酉矩阵，H 的第一子对角线下的元素均为 0，即 H 为 Hessenberg 矩阵
[U, S, V]=svd(X)	任意一个 m×n 维的矩阵 X 可以分解为 X=USV'，U，V 均为酉矩阵，S 为 m×n 维的对角矩阵，其对角线元素为 X 的从大到小排序的非负奇异值. U 和 V 为正交阵

例 6.12 计算矩阵 $\boldsymbol{A}$ 的 $\boldsymbol{QR}$ 分解：

$$\boldsymbol{A}=\begin{pmatrix}1 & 2 & 0 & -1\\1 & -1 & 3 & 2\\1 & -1 & 3 & 2\\-1 & 1 & -3 & 1\end{pmatrix}.$$

解 简单示例程序：

```
A = [1   2   0 -1;1 -1   3   2;1   -1   3   2;-1   1   -3   1];
[Q, R] = qr(A)
```

运行输出：

```
Q =
    0.5000     0.8660    -0.0000
    0.5000    -0.2887     0.4082
    0.5000    -0.2887     0.4082
   -0.5000     0.2887     0.8165
R =
    2.0000    -0.5000     4.5000     1.0000
         0     2.5981    -2.5981    -1.7321
         0          0          0     2.4495
```

例 6.13 计算矩阵 $\boldsymbol{A}$ 的奇异值分解：

$$\boldsymbol{A}=\begin{pmatrix}1 & 2 & 0 & -1\\1 & -1 & 3 & 2\\1 & -1 & 3 & 2\\-1 & 1 & -3 & 1\end{pmatrix}.$$

解 编写一个简单示例程序：

```
A = [1   2   0 -1; 1 -1   3   2; 1   -1   3   2; -1   1   -3   1];
[U, S, V] = svd(A)
```

运行输出：

```
U =

    0.1209     0.7132    -0.6904     0.0000
   -0.6258    -0.1680    -0.2832     0.7071
   -0.6258    -0.1680    -0.2832    -0.7071
    0.4497    -0.6594    -0.6024     0.0000

S =

    6.0867          0          0          0
         0     2.7228          0          0
         0          0     1.8812          0
         0          0          0     0.0000
```

```
V =

   -0.2596    0.3807   -0.3478   -0.8165
    0.3192    0.4051   -0.7532    0.4082
   -0.8385    0.3563    0.0575    0.4082
   -0.3572   -0.7510   -0.5554   -0.0000
```

6.4　线性代数应用实验

在 6.2 节中，我们学习了一些基本的矩阵运算函数．接下来介绍几个线性代数应用实验．

6.4.1　线性方程组求解在减肥食谱中的应用

著名数学家冯康院士曾说过：“一半以上的科学工程计算问题都可归结为大规模代数系统的求解问题”．线性方程组的理论应用已经渗透到数学的许多分支，如微分方程、概率统计、计算方法等．此外，线性方程组在物理学、经济学、信息科学、工程技术和国民经济的许多领域都有着广泛的应用．我们通过实例来看一下线性方程组求解在减肥食谱中的应用．

例 6.14　表 6-4 列出了某食谱中的 3 种食物及每 100g 食物中含有的某些营养素的数量．

表 6-4　食物中营养素的含量

营　养　素	每 100g 食物所含营养素/g			减肥所要求的每日营养量/g
	脱脂奶粉	大豆粉	乳清蛋白粉	
蛋白质	36	51	13	33
碳水化合物	52	34	74	45
脂肪	0	7	1.1	3

如果将这三种食物作为每天的主要食物，那么它们的用量应各取多少才能全面、准确地实现这个营养要求？

分析　现以 100g 为一个单位．为了保证减肥所要求的每日营养量，设每日需食用脱脂奶粉 x_1 个单位、大豆粉 x_2 个单位、乳清蛋白粉 x_3 个单位，则由所给条件得

$$\begin{cases} 36x_1+51x_2+13x_3=33, \\ 52x_1+34x_2+74x_3=45, \\ \qquad\quad 7x_2+1.1x_3=3. \end{cases}$$

编写求解上述线性方程组的 MATLAB 程序：

```
A=[36 51 13; 52 34 74; 0 7 1.1];
b=[33;45;3];
x=A\b
```

运行结果如下：

```
x =
```

```
        0.2772
        0.3919
    0.2332
```

即为保证减肥所要求的每日营养量，每日需要脱脂奶粉 27.72g，大豆粉 39.19g，乳清蛋白粉 23.32g.

6.4.2 线性方程组求解在化学反应方程式中的应用

众所周知，化学反应是分子破裂成原子，原子重新排列组合生成新分子的过程. 因此在反应前后原子个数应“保持守恒”，可据此获得反应前后的“平衡”等式，进一步获知反应的“内部”原理.

例 6.15 氨水氧化为二氧化碳的化学反应方程式为：

$$\begin{aligned} 4NH_3+5O_2 &= 4NO+6H_2O, \\ 4NH_3+3O_2 &= 2N_2+6H_2O, \\ 4NH_3+6NO &= 5N_2+6H_2O, \\ 2NO+O_2 &= 2NO_2, \\ 2NO &= N_2+O_2, \\ N_2+2O_2 &= 2NO_2. \end{aligned}$$

试求出表述此系统所需的最少独立化学反应式.

分析 首先将上述“等式”写成矩阵形式

$$\begin{pmatrix} 4 & -4 & 0 & -6 & 5 & 0 \\ 4 & 0 & 0 & -6 & 3 & -2 \\ 4 & 6 & 0 & -6 & 0 & -5 \\ 0 & 2 & -2 & 0 & 1 & 0 \\ 0 & 2 & 0 & 0 & -1 & -1 \\ 0 & 0 & -2 & 0 & 2 & 1 \end{pmatrix} \begin{pmatrix} NH_3 \\ NO \\ NO_2 \\ H_2O \\ O_2 \\ N_2 \end{pmatrix} = 0.$$

因此，上述问题即是求解系数矩阵的“简化的”行阶梯型. 其 MATLAB 程序如下：

```
A=[4 -4 0 -6 5 0;4 0 0 -6 3 -2;4 6 0 -6 0 -5; 0 2 -2 0 1 0;0 2 0 0 -1 -1;0 0 -2 0 2 1];
R=rref(A)
```

计算结果如下：

```
R =
    1.0000         0         0   -1.5000    0.7500   -0.5000
         0    1.0000         0         0   -0.5000   -0.5000
         0         0    1.0000         0   -1.0000   -0.5000
         0         0         0         0         0         0
         0         0         0         0         0         0
         0         0         0         0         0         0
```

其秩为 3，此系统所需的最少独立化学反应方程式为 3 个，譬如取反应式中的第 2、第 5、第 6 式（其结果不唯一）.

当然，线性方程组也可用来“配平”化学反应方程式. 如燃烧丙烷时丙烷和氧结合，生成二氧化碳和水，其化学反应方程可写为：

$$x_1C_3H_8 + x_2O_2 == x_3CO_2 + x_4H_2O.$$

因此根据反应前后各原子“守恒”，易得

$$\begin{cases} 3x_1 \quad - x_3 \quad = 0, \\ 8x_1 \quad\quad - 2x_4 = 0, \\ \quad 2x_2 - 2x_3 - x_4 = 0. \end{cases}$$

利用如下程序求解此方程组：

```
format rat
A=[3 0 -1 0;8 0 0 -2;0 2 -2 -1];
R=rref(A)
r=rank(A)
y=null(A, 'r')
```

结果如下：

```
R =
        1          0          0        -1/4
        0          1          0        -5/4
        0          0          1        -3/4
r =
        3
y =
        1/4
        5/4
        3/4
        1
```

由于化学方程式中的系数必须是整数，令自由变量 $x_4 = 4$，得配平后的方程为

$$C_3H_8 + 5O_2 == 3CO_2 + 4H_2O.$$

6.4.3　矩阵的幂与特征值、特征向量

在讲解关于矩阵的幂的应用实验之前，首先回顾一下相关的知识点，如矩阵的相似对角化，当然也会涉及矩阵的特征值、矩阵的特征向量及正交矩阵等知识点.

矩阵的相似对角化研究有着一定的应用背景. 在许多工程计算中，经常遇到计算矩阵的幂的问题，如果直接计算一个方阵 $\boldsymbol{A}$ 的幂次，当幂次比较高、方阵的阶数比较大的时候，直接使用矩阵乘法进行幂次计算代价太大，有些时候甚至无法计算. 那么在这个时候，我们就有一个自然而然的问题了，有没有快速计算矩阵幂的方法？事实上，在满足一定条件的情况下（如矩阵能够相似对角化），我们能够快速计算矩阵的幂.

定义 6.2　若 n 阶矩阵 $\boldsymbol{A}$ 与对角阵 $\boldsymbol{\Lambda}$ 相似，则称 $\boldsymbol{A}$ 可以相似对角化，简称 $\boldsymbol{A}$ 可对角化.

因此，如果矩阵 $\boldsymbol{A}$ 可以相似对角化，即 $\boldsymbol{A}$ 与对角阵 $\boldsymbol{\Lambda}$ 相似，那么存在可逆矩阵 $\boldsymbol{P}$，满足：

$$\boldsymbol{P}^{-1}\boldsymbol{A}\boldsymbol{P} = \boldsymbol{\Lambda}, \tag{6-1}$$

式中，将可逆矩阵 $\boldsymbol{P}$ 按列进行分块，即设 $\boldsymbol{P}=(\boldsymbol{p}_1 \quad \boldsymbol{p}_2 \quad \cdots \quad \boldsymbol{p}_n)$.

设对角阵 $\boldsymbol{\Lambda}$ 的对角元为 λ_1，…，λ_n. 在式（6-1）两端同时左乘 $\boldsymbol{P}$，易得 $\boldsymbol{AP}=\boldsymbol{P\Lambda}$. 即有：

$$\begin{aligned}&\boldsymbol{A}(\boldsymbol{p}_1 \quad \boldsymbol{p}_2 \quad \cdots \quad \boldsymbol{p}_n)\\&=(\boldsymbol{p}_1 \quad \boldsymbol{p}_2 \quad \cdots \quad \boldsymbol{p}_n)\begin{pmatrix}\lambda_1 & & & \\ & \lambda_2 & & \\ & & \ddots & \\ & & & \lambda_n\end{pmatrix}\\&=(\lambda_1\boldsymbol{p}_1 \quad \lambda_2\boldsymbol{p}_2 \quad \cdots \quad \lambda_n\boldsymbol{p}_n),\end{aligned}$$

则 $\boldsymbol{Ap}_i=\lambda_i\boldsymbol{p}_i, i=1,\cdots,n$. 从这个等式可以看出，$\lambda_i$ 为矩阵 $\boldsymbol{A}$ 的特征值，其中 $\boldsymbol{p}_i$ 为对应于特征值 λ_i 的特征向量.

因此，若 $\boldsymbol{A}$ 可对角化，则 $\boldsymbol{A}=\boldsymbol{P\Lambda P}^{-1}$，此时可通过下列公式计算矩阵的幂次：

$$\boldsymbol{A}^k=\boldsymbol{P\Lambda P}^{-1}\boldsymbol{P\Lambda P}^{-1}\cdots\boldsymbol{P\Lambda P}^{-1}=\boldsymbol{P\Lambda}^k\boldsymbol{P}^{-1}. \tag{6-2}$$

这个等式表明：当 $\boldsymbol{A}$ 可以对角化时，计算 $\boldsymbol{A}^k$ 时不需要计算 k 个 $\boldsymbol{A}$ 相乘，而只需要求得 $\boldsymbol{A}$ 的全部特征值和对应的特征向量，再通过式（6-2）进行计算即可.

特别地，如果 $\boldsymbol{P}$ 矩阵是一个正交矩阵，即：$\boldsymbol{PP}^{\mathrm{T}}=\boldsymbol{I}$，则 $\boldsymbol{A}=\boldsymbol{P\Lambda P}^{\mathrm{T}}$. 此时，矩阵的幂有：

$$\boldsymbol{A}^k=\boldsymbol{P\Lambda}^k\boldsymbol{P}^{\mathrm{T}}.$$

这样就大大简化了计算矩阵的幂 $\boldsymbol{A}^k$ 的复杂度.

值得强调的是，在简化计算矩阵的幂时，需要计算矩阵 $\boldsymbol{A}$ 的特征值和对应的特征向量.

例 6.16 设对称矩阵 $\boldsymbol{A}$ 如下，求 $\boldsymbol{A}^5$.

$$\boldsymbol{A}=\begin{pmatrix}2.30 & 0.89 & 0.53 & 1.07\\0.89 & 2.88 & 0.87 & 1.35\\0.53 & 0.87 & 3.62 & 1.11\\1.07 & 1.35 & 1.11 & 3.60\end{pmatrix}$$

分析 由于实对称矩阵一定可以正交相似对角化，因此，可以利用这个性质快速计算 $\boldsymbol{A}^5$. 我们先计算矩阵 $\boldsymbol{A}$ 的特征值和对应的特征向量.

调用 MATLAB 函数 eig，输入 MATLAB 命令：[V, D]=eig(A)，可得：

```
V =
    0.8658    0.1968    0.2961    0.3521
   -0.4463    0.7064    0.2603    0.4837
    0.0822    0.0201   -0.8573    0.5078
   -0.2108   -0.6796    0.3311    0.6198
D =
    1.6310         0         0         0
         0    1.8540         0         0
         0         0    2.7441         0
         0         0         0    6.1709
```

再在 MATLAB 命令行输入 V*V'，得：

```
ans =
    1.0000   -0.0000    0.0000    0.0000
   -0.0000    1.0000    0.0000    0.0000
```

```
   0.0000    0.0000    1.0000         0
   0.0000    0.0000         0    1.0000
```

可知 eig 所计算得到的特征向量矩阵 $\boldsymbol{V}$ 已是正交矩阵，则计算 $\boldsymbol{A}$ 的 5 次幂可用如下 MATLAB 命令完成：

V*D.^5*V'

最后，输入 MATLAB 命令 A^5-V*D.^5*V'，运行结果为：

```
ans=
   1.0e-11 *
   -0.0227   -0.0227   -0.0909   -0.0455
   -0.0227   -0.0455   -0.1364   -0.0455
   -0.0909   -0.1364   -0.1819   -0.1819
   -0.0227   -0.0455   -0.1364         0
```

说明使用 A^5 与 V*D.^5*V' 计算矩阵的幂，所得结果相差很小.

6.4.4　简单人口迁移模型

科学家 Leslie P. H.于 1945 年引进一种数学方法，利用某一初始时刻种群的年龄结构现状，动态地预测种群年龄结构及数量随时间的演变过程. 本小节将介绍一个简单的人口迁移模型.

例 6.17　假设每年甲镇人口的 10%迁往乙镇，乙镇人口的 15%迁往甲镇. 假设某年甲、乙两镇人口各有 120 人和 80 人，问两年后两镇人口数量分布如何.

分析　设两镇总人口不变，人口流动只限于两镇之间. 引入变量：

$x_1^{(k)}$，表示甲镇第 k 年人口数量；

$x_2^{(k)}$，表示乙镇第 k 年人口数量.

则第 k 年到第 k+1 年两镇人口数量变化规律如下：

$$\begin{cases} x_1^{(k+1)} = 0.9x_1^{(k)} + 0.15x_2^{(k)}, \\ x_2^{(k+1)} = 0.1x_1^{(k)} + 0.85x_2^{(k)}. \end{cases}$$

将以上线性方程组改写成矩阵向量乘积的形式，则有

$$\begin{pmatrix} x_1^{(k+1)} \\ x_2^{(k+1)} \end{pmatrix} = \begin{pmatrix} 0.9 & 0.15 \\ 0.1 & 0.85 \end{pmatrix} \begin{pmatrix} x_1^{(k)} \\ x_2^{(k)} \end{pmatrix},$$

其中初值为：$\begin{pmatrix} x_1^{(0)} \\ x_2^{(0)} \end{pmatrix} = \begin{pmatrix} 120 \\ 80 \end{pmatrix}$.

设以上线性方程组的系数矩阵 $\boldsymbol{A} = \begin{pmatrix} 0.9 & 0.15 \\ 0.1 & 0.85 \end{pmatrix}$，设 $\boldsymbol{X}^{(k)} = \begin{pmatrix} x_1^{(k)} \\ x_2^{(k)} \end{pmatrix}$ 表示第 k 年两镇人口数量，初始人口数量 $\boldsymbol{X}^{(0)} = \begin{pmatrix} 120 \\ 80 \end{pmatrix}$，则第 k 年到第 k+1 年两镇人口数量变化规律可简写为：

$$\boldsymbol{X}^{(k+1)} = \boldsymbol{A}\boldsymbol{X}^{(k)}.$$

因此，两年后两镇人口数量应为

$$\boldsymbol{X}^{(2)} = \boldsymbol{A}\boldsymbol{X}^{(1)} = \boldsymbol{A}(\boldsymbol{A}\boldsymbol{X}^{(0)}) = \boldsymbol{A}^2\boldsymbol{X}^{(0)}.$$

现使用 MATLAB 软件计算两年后的两镇人口数量. 在 MATLAB 命令行中依次输入：

```
A=[0.9, 0.15; 0.1, 0.85];
X0=[120;80];
X2=A^2*X0
D=eig(A)
```

程序的运行结果为：

```
X2 =
  120.0000
   80.0000
D =
    1.0000
    0.7500
```

即两年后甲镇有 120 人，乙镇有 80 人. 注意到 X2 等于 X0，说明两年后甲乙两镇人口数量保持不变. 此外，还应注意到$\boldsymbol{A}$矩阵的最大特征值为1. 不妨设$\lambda_1=1$，$\boldsymbol{\alpha}_1$为λ_1对应的特征向量，则有$\boldsymbol{A\alpha}_1=\lambda_1\boldsymbol{\alpha}_1=\boldsymbol{\alpha}_1$.

事实上，通过简单计算可得到：

$$\boldsymbol{AX}^{(0)}=\begin{pmatrix}0.9 & 0.15\\ 0.1 & 0.85\end{pmatrix}\begin{pmatrix}120\\ 80\end{pmatrix}=\begin{pmatrix}120\\ 80\end{pmatrix}=\boldsymbol{X}^{(0)},$$

这就说明$\boldsymbol{X}^{(0)}$是对应于特征值 1 的一个特征向量.

这个案例表明，当两镇初始人口数量为$\boldsymbol{X}^{(0)}$时，随着时间的变迁，两镇的人口数量是保持不变的，或者说两镇的人口数量一直处于一种稳定状态. 那么，产生这种现象的原因是什么呢？由于从第k年到第k+1 年，两镇人口数量的变化仅依赖于矩阵$\boldsymbol{A}$，那么矩阵$\boldsymbol{A}$与两镇人口变化规律有什么关联呢？接下来，我们分析一下两镇人口数量的长期趋势. 所谓长期趋势，即当k趋于无穷时，$\boldsymbol{X}^{(k)}$的变化趋势.

根据 MATLAB 的计算结果可设$\lambda_1=1$，$\lambda_2=0.75$，$\boldsymbol{\alpha}_1$和$\boldsymbol{\alpha}_2$分别为对应于λ_1和λ_2的特征向量，则$\boldsymbol{\alpha}_1$和$\boldsymbol{\alpha}_2$线性无关，因而构成了R^2空间的一组基. 因此两镇初始人口数量$\boldsymbol{X}^{(0)}$可由$\boldsymbol{\alpha}_1$和$\boldsymbol{\alpha}_2$线性表示，即存在数c_1和c_2，使得

$$\boldsymbol{X}^{(0)}=c_1\boldsymbol{\alpha}_1+c_2\boldsymbol{\alpha}_2. \tag{6-3}$$

又因为第k年的人口数量$\boldsymbol{X}^{(k)}$等于$\boldsymbol{A}$乘以第k−1 年的人口数量$\boldsymbol{X}^{(k-1)}$，按此规律计算下去，则有：

$$\boldsymbol{X}^{(k)}=\boldsymbol{AX}^{(k-1)}=\boldsymbol{A}^2\boldsymbol{X}^{(k-2)}=\cdots=\boldsymbol{A}^k\boldsymbol{X}^{(0)},$$

即$\boldsymbol{X}^{(k)}=\boldsymbol{A}^k\boldsymbol{X}^{(0)}$.

将式（6-3）中的$\boldsymbol{X}^{(0)}$代入上式得

$$\begin{aligned}\boldsymbol{X}^{(k)}&=\boldsymbol{A}^k\boldsymbol{X}^{(0)}=\boldsymbol{A}^k(c_1\boldsymbol{\alpha}_1+c_2\boldsymbol{\alpha}_2)\\&=c_1\boldsymbol{A}^k\boldsymbol{\alpha}_1+c_2\boldsymbol{A}^k\boldsymbol{\alpha}_2\\&=c_1\lambda_1^k\boldsymbol{\alpha}_1+c_2\lambda_2^k\boldsymbol{\alpha}_2,\end{aligned}$$

此时，$\lambda_1=1$，$\lambda_2=0.75$，因此当k趋于无穷时，两镇的人口数量$\boldsymbol{X}^{(k)}$趋于$c_1\boldsymbol{\alpha}_1$.

因此得出结论：当$\boldsymbol{A}$的最大特征值$\lambda_1=1$时，两镇人口数量的长期趋势为最大特征值对应特征向量的倍数.

6.5 实验探究

6.5.1 矩阵乘法加速问题

矩阵乘法是线性代数中的基本运算之一，在计算机科学领域有着非常广泛的应用. 矩阵乘法加速对科学计算有着极为重要的意义. 对于两个 n 阶矩阵，其乘积计算往往需要 n^3 次乘法和 n^3 次加法计算，很长时间以来人们对此深信不疑. 然而，1969 年 Strassen 通过对矩阵乘积元素之间的关系分析，构造出了一种只需 $o(n^{\log_2 7}) \approx o(n^{2.81})$ 次乘法的矩阵相乘运算. 其原理是首先将 2^n 阶矩阵 $\boldsymbol{A}$ 和 $\boldsymbol{B}$ 进行 2×2 分块：

$$\boldsymbol{A}=\begin{pmatrix}\boldsymbol{A}_{11} & \boldsymbol{A}_{12}\\ \boldsymbol{A}_{21} & \boldsymbol{A}_{22}\end{pmatrix},\boldsymbol{B}=\begin{pmatrix}\boldsymbol{B}_{11} & \boldsymbol{B}_{12}\\ \boldsymbol{B}_{21} & \boldsymbol{B}_{22}\end{pmatrix}.$$

$$\boldsymbol{C}=\boldsymbol{AB}=\begin{pmatrix}\boldsymbol{A}_{11}\boldsymbol{B}_{11}+\boldsymbol{A}_{12}\boldsymbol{B}_{21} & \boldsymbol{A}_{11}\boldsymbol{B}_{12}+\boldsymbol{A}_{11}\boldsymbol{B}_{22}\\ \boldsymbol{A}_{21}\boldsymbol{B}_{11}+\boldsymbol{A}_{22}\boldsymbol{B}_{21} & \boldsymbol{A}_{21}\boldsymbol{B}_{12}+\boldsymbol{A}_{22}\boldsymbol{B}_{22}\end{pmatrix}=\begin{pmatrix}\boldsymbol{C}_{11} & \boldsymbol{C}_{12}\\ \boldsymbol{C}_{21} & \boldsymbol{C}_{22}\end{pmatrix}.$$

然后采用如下 7 次矩阵乘法和 18 次矩阵加法：

$$\boldsymbol{P}_1=(\boldsymbol{A}_{11}+\boldsymbol{A}_{22})(\boldsymbol{B}_{11}+\boldsymbol{B}_{22}),\quad \boldsymbol{P}_2=(\boldsymbol{A}_{21}+\boldsymbol{A}_{22})\boldsymbol{B}_{11},$$

$$\boldsymbol{P}_3=\boldsymbol{A}_{11}(\boldsymbol{B}_{12}-\boldsymbol{B}_{22}),\quad \boldsymbol{P}_4=\boldsymbol{A}_{22}(\boldsymbol{B}_{21}-\boldsymbol{B}_{11}),$$

$$\boldsymbol{P}_5=(\boldsymbol{A}_{11}+\boldsymbol{A}_{12})\boldsymbol{B}_{22},\quad \boldsymbol{P}_6=(\boldsymbol{A}_{21}-\boldsymbol{A}_{11})(\boldsymbol{B}_{11}+\boldsymbol{B}_{12}),\quad \boldsymbol{P}_7=(\boldsymbol{A}_{12}-\boldsymbol{A}_{22})(\boldsymbol{B}_{21}+\boldsymbol{B}_{22}).$$

$$\boldsymbol{C}_{11}=\boldsymbol{P}_1+\boldsymbol{P}_4-\boldsymbol{P}_5+\boldsymbol{P}_7,\boldsymbol{C}_{12}=\boldsymbol{P}_3+\boldsymbol{P}_5,$$

$$\boldsymbol{C}_{21}=\boldsymbol{P}_2+\boldsymbol{P}_4,\boldsymbol{C}_{22}=\boldsymbol{P}_1+\boldsymbol{P}_3-\boldsymbol{P}_2+\boldsymbol{P}_6.$$

在上述计算中，对各子块递归使用该 Strassen 算法，最后获得乘积矩阵 $\boldsymbol{C}$.

探究 1. 请仔细分析上述过程，编写上述 Strassen 算法相关程序，并用具体例子进行正确性检验.

自 1969 年 Strassen 算法开始，人们意识到了快速算法的存在，开始了长达数十年的探索研究. 1981 年，Arnold Schönhage 利用这种方法证明了矩阵乘法的计算复杂度可以降低至 $o(n^{2.522})$，Strassen 后来将此方法称为 Laser 方法[6].

2020 年 10 月，来自哈佛大学与 MIT 的两位研究者发表了一篇论文 *A Refined Laser Method and Faster Matrix Multiplication*[7]，他们创建了有史以来矩阵相乘的最快算法，相比于之前（2014 年 François Le Gall 创造）的最快算法，计算复杂度达到 $o(n^{2.3728596})$. 尽管这种方法为矩阵乘法的速度带来了一定的改进，但可以看到，改进的幅度越来越小.

探究 2. 请参考文献[6, 7]，归纳总结 2020 年所获最快算法的迭代策略，并编程实现. 思考“对特殊的矩阵类型”有没有新型的矩阵乘法计算方案，使得计算总量更少.

除上述从“软件角度”进行算法改进以外，最近也有人致力于“硬件”的实现. 近年来，内存计算兴起，在存储单元内完成计算将显著提高计算效率. 一个典型内存计算的例子是利用阻变存储器（或称忆阻器）的交叉阵列一步完成矩阵-向量乘法的运算，从而快速完成包括训练神经网络在内的大数据任务. 2019 年，在美国 *PNAS* 杂志上，Zhong Sun 等人发表了 *Solving matrix equations in one step with cross-point resistive arrays* 一文[8]，报道了利用交叉存储阵列，通过引入反馈电路，可以一步解线性方程组和矩阵的特征向量，进而实现一步解微分方程，包括傅里叶方程、薛定谔方程，以及一步完成谷歌的网页排序等.

探究 3. 请参考上述 PNAS 中的文献及其附录，调研其是如何用“交叉存储阵列”实现矩阵元素的存储和矩阵乘法计算的.

6.5.2 行列式的计算与混沌

正如前面所述. 矩阵分块的好处是使得矩阵的结构变得更加清楚，由于在合适的条件下仍能保持很好的运算性质，把大矩阵的运算转化为其子块的运算，这样充分体现了数学的“降阶”思想，方便了一些问题的处理，那么行列式能否进行分块计算呢？

1. 二阶子式降阶奇奥（Chiò）方法

定理 6.1 设 $\boldsymbol{A}\begin{pmatrix} i_1 & i_2 & \cdots & i_k \\ j_1 & j_2 & \cdots & j_k \end{pmatrix}$ 表示 $\boldsymbol{A}=(a_{ij})_{n\times n}$ 中取第 $i_1,i_2,\cdots,i_k$ 行和第 $j_1,j_2,\cdots,j_k$ 列构成的 k 阶子矩阵，记

$$\Delta_k=\left|\boldsymbol{A}\begin{pmatrix} 1 & 2 & \cdots & k \\ 1 & 2 & \cdots & k \end{pmatrix}\right|$$

为 $\boldsymbol{A}$ 的 k 阶顺序主子式，$k=1,2,\cdots,n$. 则

$$|\boldsymbol{A}|=\frac{1}{\Delta_1^{n-2}}\begin{vmatrix} d_{22} & d_{23} & \cdots & d_{2n} \\ d_{32} & d_{33} & \cdots & d_{3n} \\ \vdots & \vdots & \ddots & \vdots \\ d_{n2} & d_{n3} & \cdots & d_{nn} \end{vmatrix}, \tag{6-4}$$

其中 $d_{ij}=\left|\boldsymbol{A}\begin{pmatrix} 1 & i \\ 1 & j \end{pmatrix}\right|$，$i,j=2,3,\cdots,n$. 即

$$|\boldsymbol{A}|=\frac{1}{a_{11}^{n-2}}\begin{vmatrix} \begin{vmatrix} a_{11} & a_{12} \\ a_{21} & a_{22} \end{vmatrix} & \begin{vmatrix} a_{11} & a_{13} \\ a_{21} & a_{23} \end{vmatrix} & \cdots & \begin{vmatrix} a_{11} & a_{1n} \\ a_{21} & a_{2n} \end{vmatrix} \\ \vdots & \vdots & \ddots & \vdots \\ \begin{vmatrix} a_{11} & a_{12} \\ a_{n1} & a_{n2} \end{vmatrix} & \begin{vmatrix} a_{11} & a_{13} \\ a_{n1} & a_{n3} \end{vmatrix} & \cdots & \begin{vmatrix} a_{11} & a_{1n} \\ a_{n1} & a_{nn} \end{vmatrix} \end{vmatrix}.$$

上述方法最早由 F. Chiò 于 1853 年提出，故称之奇奥（Chiò）方法. 事实上，该方法也可推广到任意 k 阶子式的情况.

例 6.18 用奇奥方法计算 4 阶行列式

$$|\boldsymbol{A}|=\begin{vmatrix} 1 & -2 & 3 & 1 \\ 4 & 2 & -1 & 0 \\ 0 & 2 & 1 & 5 \\ -3 & 3 & 1 & 2 \end{vmatrix}.$$

解 选用（4, 4）位置上的 2 作为主元素，得

$$|A|=\frac{1}{2^{4-2}}\begin{Vmatrix}\begin{vmatrix}1&1\\-3&2\end{vmatrix}&\begin{vmatrix}-2&1\\3&2\end{vmatrix}&\begin{vmatrix}3&1\\1&2\end{vmatrix}\\\begin{vmatrix}4&0\\-3&2\end{vmatrix}&\begin{vmatrix}2&0\\3&2\end{vmatrix}&\begin{vmatrix}-1&0\\1&2\end{vmatrix}\\\begin{vmatrix}0&5\\-3&2\end{vmatrix}&\begin{vmatrix}2&5\\3&2\end{vmatrix}&\begin{vmatrix}1&5\\1&2\end{vmatrix}\end{Vmatrix}=\frac{1}{4}\begin{vmatrix}5&-7&5\\8&4&-2\\15&-11&-3\end{vmatrix}. \tag{6-5}$$

对式（6-5）中 3 阶行列式再次降阶，得

$$|A|=\frac{1}{4}\frac{1}{(-3)^{3-2}}\begin{Vmatrix}\begin{vmatrix}5&5\\15&-3\end{vmatrix}&\begin{vmatrix}-7&5\\-11&-3\end{vmatrix}\\\begin{vmatrix}8&-2\\15&-3\end{vmatrix}&\begin{vmatrix}4&-2\\-11&-3\end{vmatrix}\end{Vmatrix}=-\frac{1}{12}\begin{vmatrix}-90&76\\6&-34\end{vmatrix}=-217.$$

注意，对于式（6-5）右边的 3 阶行列式，如果选用（3, 2）位置上的−11 作为主元素也可进行降阶，得

$$|A|=\frac{1}{4}\frac{1}{(-11)^{3-2}}\begin{Vmatrix}\begin{vmatrix}5&-7\\15&-11\end{vmatrix}&\begin{vmatrix}-7&5\\-11&-3\end{vmatrix}\\\begin{vmatrix}8&4\\15&-11\end{vmatrix}&\begin{vmatrix}4&-2\\-11&-3\end{vmatrix}\end{Vmatrix}=-\frac{1}{44}\begin{vmatrix}50&76\\-148&-34\end{vmatrix}=-217.$$

2．奇奥（Chiò）算法的改进

定理 6.2 对 n 阶矩阵 $A=(a_{ij})_{n\times n}$，令 A_{ij} 为去掉矩阵 A 的第 i 行和第 j 列后剩余的矩阵，$A_{ij,sk}$ 为去掉矩阵 A 的第 i 行和第 j 列，以及第 s 行和第 k 列后剩余的矩阵，则

$$|A|=\begin{Vmatrix}|A_{11}|&|A_{1n}|\\|A_{n1}|&|A_{nn}|\end{Vmatrix}\times\frac{1}{|A_{11,nn}|}.$$

证明： 可使用 Laplace 展开定理证明，证明略.

例 6.19 用定理 6.2 计算 4 阶行列式

$$|A|=\begin{vmatrix}10&1&3&-7\\5&4&1&12\\0&2&10&1\\4&3&20&11\end{vmatrix}.$$

解 由定理 6.2，可以直接化成如下 2 阶行列式

$$|A|=\begin{vmatrix}360&-325\\202&461\end{vmatrix}\times\frac{1}{38}=6095.$$

探究 1. 请参考上述两个定理，用 MATLAB 完成相关算法的设计，并比较这两种算法的计算复杂度. 与传统的 Laplace 展开定理相比，这两种算法有没有优越性？

3．Dodgson 降阶算法与混沌

Dodgson 的行列式压缩算法也被称为 Lewis 方法. 这个算法是一个相当简单的计算方法，它将自己完全限制在 2 阶行列式的计算中. 若对一个 $n\times n\,(n>3)$ 矩阵 A 定义其“内部 (interior of A)”（记为 $\operatorname{int}A$）为：删除第一行和最后一行，以及第一列和最后一列后产生的 $(n-2)\times(n-2)$ 阶行列式. 则该算法的具体计算过程可概括如下：

算法 6.1 Dodgson 的行列式压缩算法[9]

1. 首先，运用矩阵的行交换或列交换，使得“$\boldsymbol{A}$ 内部”（即 int $\boldsymbol{A}$）中的所有元素非零.
2. 然后，依次把每 2 个上下相邻元素形成一个 2×2 行列式，计算这些 2 阶行列式的值，形成一个新的 $(n-1)\times(n-1)$ 矩阵 $\boldsymbol{A}$.
3. 重复步骤 2 以生成一个 $(n-2)\times(n-2)$ 矩阵，然后将此矩阵中每个元素除以步骤 1 中 int $\boldsymbol{A}$ 矩阵的对应元素，获得矩阵 $\boldsymbol{A}$.
4. 重复上述步骤 1～3，继续“压缩”矩阵，直到得到单个数字 $\boldsymbol{A}^{(1)}$，这个最后的数字即是所求行列式 $|\boldsymbol{A}|$.

上述算法的计算策略比较简单，可将高阶行列式不断进行降阶. 对一些矩阵来说，该算法不一定能“顺畅”地进行下去. 文献[10]曾指出下列矩阵，不能经过简单的行交换或列交换使得 int $\boldsymbol{A}$ 矩阵中元素非零.

$$\boldsymbol{A}=\begin{vmatrix}1&0&3&0\\0&-1&0&1\\1&1&2&0\\0&2&0&1\end{vmatrix}.$$

因此，如何改进上述 Dodgson 的行列式压缩算法，使其具有“普适性”，是个值得探究的问题.

探究 2. 请仔细分析上述算法过程，并尝试分析其相关“理论基础”；编写上述 Dodgson 的行列式压缩算法相关程序，并用下列具体例子进行检验是否正确.

$$\boldsymbol{A}_1=\begin{vmatrix}1&-2&1&2\\3&4&4&1\\6&3&3&4\\7&5&2&-1\end{vmatrix},\ \boldsymbol{A}_2=\begin{vmatrix}0.25&9&12&4.75\\-1&4&4&1\\3&3&3&4\\2&5&2&-1\end{vmatrix},\ \boldsymbol{A}_3=\begin{vmatrix}3&-2&1&0.25\\-1&4&4&-6\\3&3&3&-1.25\\2&5&2&-4.5\end{vmatrix},$$

$$\boldsymbol{A}_4=\begin{vmatrix}-45&-5&-2&0.5\\-7&-1&2&3\\-8&1&-2&3.5\\-25&2&-13&28.25\end{vmatrix},\ \boldsymbol{A}_5=\begin{vmatrix}0&1&5&-8.5\\-10&2&-2&2\\-7.5&3&-3&-3.5\\-8&2&-5&\dfrac{-13}{6}\end{vmatrix},\ \boldsymbol{A}_6=\begin{vmatrix}0&1&4&\dfrac{31}{12}\\-10&6&12&6\\\dfrac{35}{12}&-\dfrac{1}{4}&-\dfrac{1}{2}&\dfrac{5}{6}\\-34&6&48&-58\end{vmatrix}.$$

探究 3. 通过对上述行列式的计算，会发现由于中间矩阵皆为

$$\text{int}\,\boldsymbol{A}=\boldsymbol{A}^{(3)}=\begin{pmatrix}10&-12&-7\\-15&0&13\\9&-9&-11\end{pmatrix},$$

使得计算并不能“如期”进行，根据行列式是关于“元素的连续函数”这一性质，请在出现 2 阶“行列式为 0”的情况时，将原始行列式中对应位置中的某个元素设为临时变量 x，并借助 MATLAB 中的符号变量和求极限操作，考察 Dodgson 的行列式压缩算法的计算过程. 例如，对矩阵 $\boldsymbol{A}_1$，$a_{3,3}=3$，引入符号变量 x，即 $a_{3,3}=3+x$，再进行计算

$$\overline{\boldsymbol{A}}_1=\begin{pmatrix}1&-2&1&2\\3&4&4&1\\6&3&3+x&4\\7&5&2&-1\end{pmatrix}\Rightarrow\overline{\boldsymbol{A}}_1^{(3)}=\begin{pmatrix}10&-12&-7\\-15&4x&13-x\\9&-9-5x&-11-x\end{pmatrix}$$

$$\Rightarrow\overline{\boldsymbol{A}}_1^{(2)}=\begin{pmatrix}10x-45&10x-39\\45+13x&39-9x\end{pmatrix}\Rightarrow\overline{\boldsymbol{A}}_1^{(1)}=\frac{852x-220x^2}{4x}=213-55x;$$

$$\lim_{x\to 0}\det(\overline{\boldsymbol{A}}_1)=\lim_{x\to 0}(213-55x)=213.$$

利用上述思想，重新计算 $A_1, A_2, \cdots, A_6$，并验证其计算结果是否正确，这样改变后，Dodgson 的行列式压缩算法呈现出了对初始条件的敏感性[11]，可被称为混沌系统. 混沌是貌似复杂的、无模式的行为，但它实际上表现出了简单的、确定性的解释，这就是数学或自然界的神奇之处.

探究 4. 注意到行列式的行初等变换或列初等变换，在“轻微”改变行列式的值时，可以使得“$\boldsymbol{A}$ 内部”（即 $\text{int}\,\boldsymbol{A}$）中的所有元素变非零. 例如对前面行列式：

$$\boldsymbol{A}=\begin{vmatrix}1&0&3&0\\0&-1&0&1\\1&1&2&0\\0&2&0&1\end{vmatrix}.$$

由于内部 $\text{int}\,\boldsymbol{A}=\begin{pmatrix}-1&0\\1&2\end{pmatrix}$，有 0 元素，因此，将第一行加到第二行得到：

$$\boldsymbol{A}^{(4)}=\begin{pmatrix}1&0&3&0\\1&-1&3&1\\1&1&2&0\\0&2&0&1\end{pmatrix},\ \text{int}\,\boldsymbol{A}^{(4)}=\begin{pmatrix}-1&3\\1&2\end{pmatrix}.$$

依次把每 2 个上下相邻元素形成一个 2×2 行列式，进行“压缩降阶”：

$$\boldsymbol{A}^{(3)}=\begin{pmatrix}-1&3&3\\2&-5&-2\\2&-4&2\end{pmatrix}\Rightarrow\boldsymbol{B}^{(2)}=\begin{pmatrix}-1&9\\2&-18\end{pmatrix},\ \text{int}\,\boldsymbol{A}^{(3)}=[-5].$$

将 $\boldsymbol{B}^{(2)}$ 中元素与 $\text{int}\,\boldsymbol{A}^{(4)}$ 中元素“对应相除”得

$$\boldsymbol{A}^{(2)}=\begin{pmatrix}1&3\\2&-9\end{pmatrix}.$$

再压缩一次得到一阶 $\boldsymbol{A}^{(1)}=|\boldsymbol{A}^{(2)}|/(-5)=3$，即为原始行列式的值 3.

请探究上述做法的“可行性”. 特别是 4 阶以上的行列式，若可行的话，对算法 6.1，应做“如何修正”？并做相关理论分析，编写相关程序，探讨其正确性.

6.5.3　线性变换探究

矩阵是线性代数的一个主要内容，又是解决众多问题的有力工具. 其实一个 $m\times n$ 阶矩阵 $\boldsymbol{A}=(a_{ij})_{m\times n}$ 也可看成从一个 n 维向量空间到 m 维向量空间的映射：

$$\boldsymbol{y}=\boldsymbol{A}\boldsymbol{x}=\begin{pmatrix}a_{11}&a_{12}&\cdots&a_{1n}\\a_{21}&a_{22}&\cdots&a_{2n}\\\vdots&\vdots&\ddots&\vdots\\a_{m1}&a_{m2}&\cdots&a_{mn}\end{pmatrix}\begin{pmatrix}x_1\\x_2\\\vdots\\x_n\end{pmatrix}=\begin{pmatrix}y_1\\y_2\\\vdots\\y_m\end{pmatrix}$$

例如，令

$$\boldsymbol{A}=\begin{pmatrix}\cos\left(\dfrac{\pi}{4}\right)&-\sin\left(\dfrac{\pi}{4}\right)\\\sin\left(\dfrac{\pi}{4}\right)&\cos\left(\dfrac{\pi}{4}\right)\end{pmatrix},\ x=\begin{pmatrix}3\\1\end{pmatrix}$$

则 $\boldsymbol{y}=\boldsymbol{A}\boldsymbol{x}=\begin{pmatrix}\sqrt{2}\\2\sqrt{2}\end{pmatrix}$.

探究 1. 请用 MATLAB 画出上述向量 $\boldsymbol{x},\boldsymbol{y}$ 并观察向量 $\boldsymbol{x},\boldsymbol{y}$ 之间的“几何”关系.

一般地，对任意角 θ，称下列矩阵为 Givens 旋转矩阵（Rotation Matrix）：

$$\boldsymbol{A}=\begin{pmatrix}\cos(\theta) & -\sin(\theta)\\ \sin(\theta) & \cos(\theta)\end{pmatrix}.$$

旋转矩阵只对向量进行旋转变化（逆时针或顺时针旋转）而没有伸缩变化，因此保持变换前后长度不变.

下面考虑“对称”矩阵

$$\boldsymbol{A}=\begin{pmatrix}1.5 & 0.5\\ 0.5 & 1.0\end{pmatrix},$$

注意到这个矩阵“一定是能够相似对角化”的，令

$$\boldsymbol{P}=\begin{pmatrix}0.5257 & -0.8507\\ -0.8507 & -0.5257\end{pmatrix},$$

注意到 $\boldsymbol{P}$ 是“正交矩阵”，则

$$\boldsymbol{A}=\boldsymbol{P}\begin{pmatrix}0.691 & 0\\ 0 & 1.809\end{pmatrix}\boldsymbol{P}^{\mathrm{T}}\triangleq \boldsymbol{P\Lambda P}^{\mathrm{T}}.$$

下面通过图形实例分析：笑脸图案在[0, 0]和[1, 1]围起来的单位正方形里，同时也用两个箭头标出了特征向量的方向.

图 6-1 中每个点的坐标和这个矩阵做乘法，得到图 6-2.

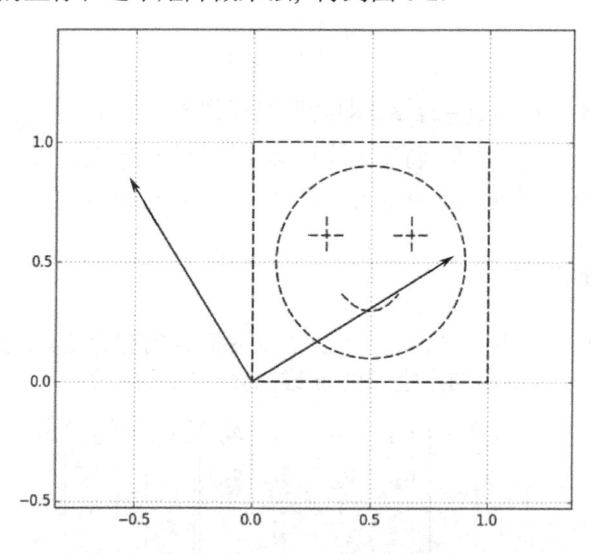

图 6-1　旋转前各向量的位置关系

探究 2. 请用 MATLAB 实现上述变化过程，并尝试给出“几何解释”——从坐标系的旋转和向量的伸缩.

探究 3. 上述是针对“对称”矩阵的情形，采用“相似对角化”原理，进行了分析. 针对“非对称”矩阵，是否也有“类似”的结果.

提示：可考虑一般矩阵（不一定是方阵）的奇异值分解. 请用 MATLAB 实现上述变化过

程，并尝试给出“几何解释”——从坐标系的旋转和向量的伸缩.

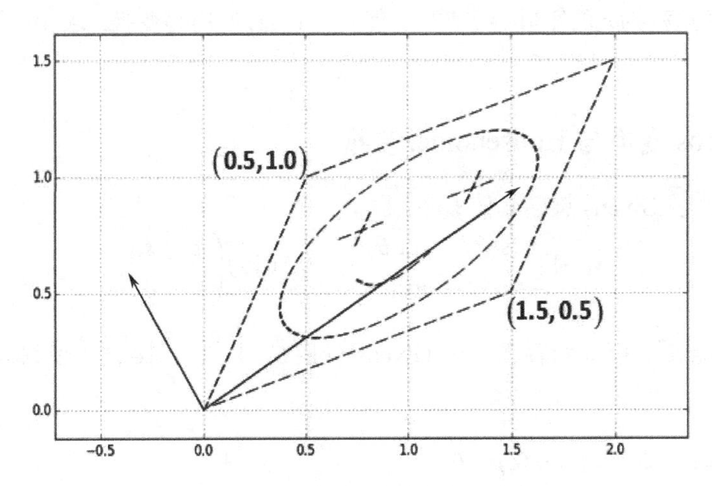

图 6-2　旋转后各向量的位置关系

6.5.4　矩阵四个基本子空间的求解

在线性代数中，对一个非空集合 $\boldsymbol{V}$，在数域 $\boldsymbol{F}$ 上，对定义的加法运算和数乘运算（用于反映集合元素之间的某种“代数结构”），满足八条运算性质和“封闭性”，我们称之为线性空间，记为 $(\boldsymbol{V},\boldsymbol{F},+,\cdot)$. 线性空间是线性代数用来“描述”和“解决”实际问题的“核心思想”之一.

关于矩阵有如下 4 个常用基本子空间：

- 矩阵 $\boldsymbol{A}\in C^{m\times n}$ 的值域空间 $\boldsymbol{R}(\boldsymbol{A})$（又称列空间）：

设 $\boldsymbol{A}$ 的列向量组为 $\boldsymbol{\beta}_1,\boldsymbol{\beta}_2,\cdots,\boldsymbol{\beta}_n$，则

$$\boldsymbol{R}(\boldsymbol{A})=\mathrm{Span}(\boldsymbol{\beta}_1,\boldsymbol{\beta}_2,\cdots,\boldsymbol{\beta}_n)=\{\boldsymbol{y}\mid\boldsymbol{y}=\boldsymbol{A}\boldsymbol{x},\boldsymbol{x}\in C^n\}.$$

- 矩阵 $\boldsymbol{A}\in C^{m\times n}$ 的零空间（又称核空间）

$$N(\boldsymbol{A})=\{\boldsymbol{x}\mid\boldsymbol{A}\boldsymbol{x}=0,\boldsymbol{x}\in C^n\}.$$

对于转置矩阵 $\boldsymbol{A}^{\mathrm{T}}$，也有对应的值域空间 $R(\boldsymbol{A}^{\mathrm{T}})$（称为矩阵 $\boldsymbol{A}$ 的行空间）和核空间 $N(\boldsymbol{A}^{\mathrm{T}})$（称为矩阵 $\boldsymbol{A}$ 的左零空间或左核空间）. 这 4 个关于矩阵的子空间，在今后的学习中非常有用，下面就让我们看看它们的“独特之处”.

例如，设 $\boldsymbol{A}=\begin{pmatrix}1&0&0\\0&0&0\\0&0&1\end{pmatrix}$，显然根据上述 4 个基本子空间的定义：注意到 $\boldsymbol{A}$ 是对称矩阵，因此

$$R(\boldsymbol{A})=R(\boldsymbol{A}^{\mathrm{T}})=\{(x,0,z)^{\mathrm{T}}\mid x,z\in R\}$$

是 R^3 中的 xOz 平面；$N(\boldsymbol{A})=N(\boldsymbol{A}^{\mathrm{T}})=\{(0,y,0)^{\mathrm{T}}\mid y\in R\}$ 是 R^3 中的 y 轴. 因此 $R(\boldsymbol{A}^{\mathrm{T}})\perp N(\boldsymbol{A})$ 和 $R(\boldsymbol{A})\perp N(\boldsymbol{A}^{\mathrm{T}})$.

即当 $\boldsymbol{A}^{\mathrm{T}}=\boldsymbol{A}$ 时，$R^n=R(\boldsymbol{A})+N(\boldsymbol{A})$，且 $R(\boldsymbol{A})\perp N(\boldsymbol{A})$.

探究 1. 试根据上述 4 个基本子空间的定义，证明：对任意秩为 r 的矩阵 $\boldsymbol{A}\in R^{m\times n}$，$R(\boldsymbol{A}^{\mathrm{T}})\perp N(\boldsymbol{A})$ 和 $R(\boldsymbol{A})\perp N(\boldsymbol{A}^{\mathrm{T}})$.

探究 2. 我们知道，通过行初等变换可求得矩阵 $\boldsymbol{A}$ 的列向量组的最大无关组，即列空间的一组基. 那么对任意秩为 r 的矩阵 $\boldsymbol{A}\in R^{m\times n}$，能否通过行/列初等变换，求得上述 4 个基本子空间的基呢？

6.5.5 Givens 变换与 Householder 变换

前面我们讨论了 Givens 旋转矩阵：

$$\boldsymbol{A}=\begin{pmatrix}\cos(\theta) & \sin(\theta)\\ -\sin(\theta) & \cos(\theta)\end{pmatrix},\quad \text{简记为}\begin{pmatrix}c & s\\ -s & c\end{pmatrix}.$$

例如，设 $\boldsymbol{x}=\begin{pmatrix}x_1\\ x_2\end{pmatrix}\in R^2$，可证明存在一个 Givens 变换 $\boldsymbol{G}=\begin{pmatrix}c & s\\ -s & c\end{pmatrix}\in R^{2\times 2}$ 使 $\boldsymbol{Gx}=\begin{pmatrix}\gamma\\ 0\end{pmatrix}$，其中 c,s 和 γ 的值如下：

- 若 $x_1=x_2=0$，则 $c=1,s=0,\gamma=0$；
- 若 $x_1=0$ 但 $x_2\neq 0$，则 $c=0,s=x_2/|x_2|,\gamma=|x_2|$；
- 若 $x_1\neq 0$ 但 $x_2=0$，则 $c=\mathrm{sign}(x_1),s=0,\gamma=|x_1|$；
- 若 $x_1\neq 0$ 且 $x_2\neq 0$，则 $c=x_1/\gamma,s=x_2/\gamma,\gamma=\sqrt{x_1^2+x_2^2}$.

也就是说，通过 Givens 变换，我们可以将向量 $\boldsymbol{x}\in R^2$ 的第二个分量化为 0.

下面将其推广到 n 维空间中，简单起见，我们这里讨论实数域中的 Givens 变换. 设 $\theta\in[0,2\pi]$，称矩阵

$$\boldsymbol{G}(i,j,\theta)=\begin{pmatrix}1 & & & & & & \\ & \ddots & & & & & \\ & & c & & s & & \\ & & & \ddots & & & \\ & & -s & & c & & \\ & & & & & \ddots & \\ & & & & & & 1\end{pmatrix}\in R^{n\times n},(i\leqslant j)$$

为 Givens 变换（或 Givens 旋转、Givens 矩阵），其中 $c=\cos\theta$，$s=\sin\theta$，即将单位矩阵的 (i,i) 和 (i,j) 位置上的元素用 c 代替，而 (i,j) 和 (j,i) 位置上的元素分别用 s 和 $-s$ 代替，所得到的矩阵就是 $\boldsymbol{G}(i,j,\theta)$.

例 6.20 已知正交矩阵 $\boldsymbol{A}=\dfrac{1}{3}\begin{pmatrix}2 & 1 & -2\\ 1 & 2 & 2\\ 2 & -2 & 1\end{pmatrix}$ 表示一个旋转，求其旋转轴与旋转角.

解 由于 $|\lambda\boldsymbol{E}-\boldsymbol{A}|=(\lambda-1)\left(\lambda-\dfrac{1+\sqrt{3}i}{2}\right)\left(\lambda-\dfrac{1-\sqrt{3}i}{2}\right)$，所以 $\boldsymbol{A}$ 在正交相似变换下最简单形式为

$$\frac{1}{2}\begin{pmatrix}1 & \sqrt{3} & 0\\ -\sqrt{3} & 1 & 0\\ 0 & 0 & 2\end{pmatrix}.$$

求出对应于特征值 1 的单位特征向量为$\boldsymbol{\alpha}=\dfrac{1}{\sqrt{3}}(1,1,1)^{\mathrm{T}}$，此即为旋转轴（即旋转前后不变量——特征值 1 所对应的“特征向量”）. 显然旋转角度为$\dfrac{\pi}{3}$（请思考为什么）.

探究 1. 对于任意一个向量$\boldsymbol{x}\in R^n$，我们都可以通过 Givens 变换将其任意一个位置上的分量化为 0. 更进一步，我们也可以通过若干个 Givens 变换，将$\boldsymbol{x}$中除第一个分量以外的所以元素都化为 0.

可看到一次 Givens 旋转可将其任意一个位置上的分量化为 0，是否有正交变换，一次可将多个非零元素化成 0？这就是 Householder 变换.

Householder 变换译为“豪斯霍尔德变换”，或译“豪斯霍德转换”，又称初等反射（Elementary Reflection），最初由 A. C. Aitken 在 1932 年提出. Alston Scott Householder 在 1958 年指出了这一变换在数值线性代数上的意义. 这一变换将一个向量变换为由一个超平面反射的镜像，是一种线性变换.

定义 6.3　我们称矩阵

$$\boldsymbol{H}=\boldsymbol{I}-\frac{2}{\boldsymbol{v}^H\boldsymbol{v}}\boldsymbol{v}\boldsymbol{v}^{\mathrm{H}}=\boldsymbol{I}-\frac{2}{\|\boldsymbol{v}\|_2^2}\boldsymbol{v}\boldsymbol{v}^{\mathrm{H}},\quad 0\neq\boldsymbol{v}\in R^n,$$

为 Householder 矩阵，向量$\boldsymbol{v}$称为 Householder 向量（即镜面（平面）的法向量）. 我们通常将该矩阵记为$\boldsymbol{H}(\boldsymbol{v})$. 特别地，当向量$\boldsymbol{v}$为单位向量时，$\boldsymbol{H}(\boldsymbol{v})=\boldsymbol{I}-2\boldsymbol{v}\boldsymbol{v}^{\mathrm{H}}$.

从几何上看，一个 Householder 变换就是一个关于超平面$\mathrm{span}\{\boldsymbol{v}\}^{\perp}$（即与向量$\boldsymbol{v}$垂直的线性空间）的反射. 对任意一个向量$\boldsymbol{x}\in R^n$，可将其写为

$$\boldsymbol{x}=\frac{\boldsymbol{v}^H\boldsymbol{x}}{\boldsymbol{v}^H\boldsymbol{v}}\boldsymbol{v}+\boldsymbol{y}\triangleq\alpha\boldsymbol{v}+\boldsymbol{y},$$

其中，$\alpha\boldsymbol{v}\in\mathrm{span}\{\boldsymbol{v}\},\boldsymbol{y}\in\mathrm{span}\{\boldsymbol{v}\}^{\perp}$. 则

$$\boldsymbol{H}(\boldsymbol{v})\boldsymbol{x}=\boldsymbol{x}-\frac{2}{\boldsymbol{v}^{\mathrm{H}}\boldsymbol{v}}\boldsymbol{v}\boldsymbol{v}^{\mathrm{H}}\boldsymbol{x}=\boldsymbol{x}-2\alpha\boldsymbol{v}=-\alpha\boldsymbol{v}+\boldsymbol{y},$$

即$\boldsymbol{H}(\boldsymbol{v})\boldsymbol{x}$与$\boldsymbol{x}$在$\mathrm{span}\{\boldsymbol{v}\}^{\perp}$方向有着相同的分量，而在$\boldsymbol{v}$方向的分量正好相差一个符号. 也就是说，$\boldsymbol{H}(\boldsymbol{v})\boldsymbol{x}$是$x$关于超平面$\mathrm{span}\{\boldsymbol{v}\}^{\perp}$的镜面反射，见图 6-3. 因此，Householder 矩阵也称为反射矩阵.

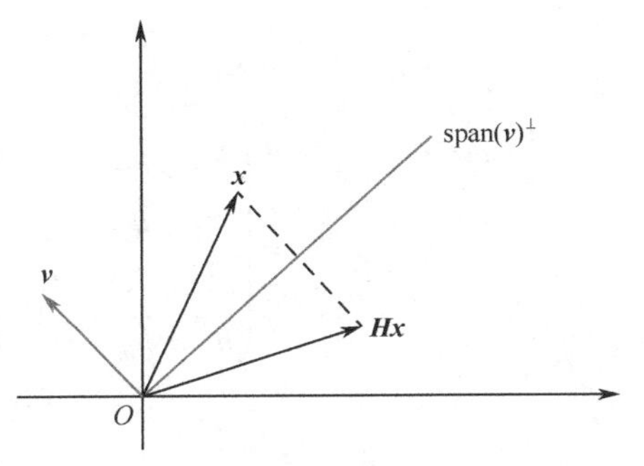

图 6-3　Householder 变换的几何意义

探究 2. 设$\boldsymbol{x}=[x_1,x_2,\cdots,x_n]^{\mathrm{T}}\in R^n$是一个非零向量，则存在 Householder 矩阵$\boldsymbol{H}(\boldsymbol{v})$使得$\boldsymbol{H}(\boldsymbol{v})\boldsymbol{x}=\alpha\boldsymbol{e}_1$，其中$\alpha=\|\boldsymbol{x}\|_2$或$\alpha=-\|\boldsymbol{x}\|_2,\boldsymbol{e}_1=[1,0,\cdots,0]^{\mathrm{T}}\in R^n$.

备注： Householder 变换矩阵乘法运算量：设$\boldsymbol{A}\in R^{m\times n},\boldsymbol{H}(\boldsymbol{v})=\boldsymbol{I}-\beta\boldsymbol{v}\boldsymbol{v}^{\mathrm{H}}$，则

$$\boldsymbol{H}(\boldsymbol{v})\boldsymbol{A}=(\boldsymbol{I}-\beta\boldsymbol{v}\boldsymbol{v}^{\mathrm{H}})\boldsymbol{A}=\boldsymbol{A}-\beta\boldsymbol{v}(\boldsymbol{v}^{\mathrm{H}}\boldsymbol{A}).$$

因此，在做 Householder 变换时，并不需要生成 Householder 矩阵，只需要 Householder 向量即可. 上面矩阵相乘的总运算量大约为$4mn$. 因此，这使得 Householder 变换在很多工程问题中被大量采用，如求解线性方程组的 Krylov 子空间方法、计算小规模矩阵所有特征值和特征向量的 QR 分解法等.

6.5.6 实验探究提示

下面就前面所提个别问题，给出一些简单提示或证明.

1．实验“行列式的计算与混沌”的提示

对 6.5.2 节行列式的计算与混沌一节，给出部分提示.

本实验中的定理 6.1 的证明如下.

证明：先把 $\boldsymbol{A}=(a_{ij})_{n\times n}$ 写成分块矩阵：

$$\boldsymbol{A}=\begin{pmatrix} a_{11} & \boldsymbol{B} \\ \boldsymbol{C} & \boldsymbol{A}\begin{pmatrix} 2 & 3 & \cdots & n \\ 2 & 3 & \cdots & n\end{pmatrix}\end{pmatrix}=\begin{pmatrix} \boldsymbol{A}\begin{pmatrix}1\\1\end{pmatrix} & \boldsymbol{B} \\ \boldsymbol{C} & \boldsymbol{A}\begin{pmatrix} 2 & 3 & \cdots & n \\ 2 & 3 & \cdots & n\end{pmatrix}\end{pmatrix}. \tag{6-6}$$

其中 $\boldsymbol{B}=(a_{12},a_{13},\cdots,a_{1n})$，$\boldsymbol{C}=(a_{21},a_{31},\cdots,a_{n1})^{\mathrm{T}}$，那么可以利用分块矩阵的降阶公式来证明式（6-4）. 这是因为

$$|\boldsymbol{A}|=\left|\boldsymbol{A}\begin{pmatrix}1\\1\end{pmatrix}\right|\left|\boldsymbol{A}\begin{pmatrix} 2 & 3 & \cdots & n \\ 2 & 3 & \cdots & n\end{pmatrix}-\boldsymbol{C}\left(\boldsymbol{A}\begin{pmatrix}1\\1\end{pmatrix}\right)^{-1}\boldsymbol{B}\right|. \tag{6-7}$$

令

$$\begin{aligned}&\boldsymbol{A}\begin{pmatrix} 2 & 3 & \cdots & n \\ 2 & 3 & \cdots & n\end{pmatrix}-\boldsymbol{C}\left(\boldsymbol{A}\begin{pmatrix}1\\1\end{pmatrix}\right)^{-1}\boldsymbol{B}\\ &=\boldsymbol{A}\begin{pmatrix} 2 & 3 & \cdots & n \\ 2 & 3 & \cdots & n\end{pmatrix}-(a_{21},a_{31},\cdots,a_{n1})^{\mathrm{T}}a_{11}^{-1}(a_{12},a_{13},\cdots,a_{1n})\\ &=\begin{pmatrix} h_{22} & h_{23} & \cdots & h_{2n} \\ h_{32} & h_{33} & \cdots & h_{3n} \\ \vdots & \vdots & \ddots & \vdots \\ h_{n2} & h_{n3} & \cdots & h_{nn}\end{pmatrix}.\end{aligned} \tag{6-8}$$

则

$$h_{ij}=a_{ij}-a_{i1}a_{11}^{-1}a_{1j}=\frac{1}{a_{11}}\begin{vmatrix} a_{11} & a_{1j} \\ a_{i1} & a_{ij}\end{vmatrix},\ i,j=2,3,\cdots,n. \tag{6-9}$$

将式（6-8）和式（6-9）代入式（6-7），得式（6-4）.

Dodgson 的行列式压缩算法的理论基础：

定理 6.3（Dodgson 压缩定理[12]）. 记 $\boldsymbol{A}$ 是一个 $n\times n$ 矩阵，则利用 Dodgson 的行列式压缩算法连续压缩，所获的矩阵 $\boldsymbol{A}^{(n-k)}$ 等价于

$$\boldsymbol{A}^{(n-k)}=\begin{pmatrix} |\boldsymbol{A}_{1\cdots k+1,1\cdots k+1}| & |\boldsymbol{A}_{1\cdots k+1,2\cdots k+2}| & \cdots & |\boldsymbol{A}_{1\cdots k+1,n-k\cdots n}| \\ |\boldsymbol{A}_{2\cdots k+2,1\cdots k+1}| & |\boldsymbol{A}_{2\cdots k+2,2\cdots k+2}| & \cdots & |\boldsymbol{A}_{2\cdots k+2,n-k\cdots n}| \\ \vdots & \vdots & \ddots & \vdots \\ |\boldsymbol{A}_{n-k\cdots n,1\cdots k+1}| & |\boldsymbol{A}_{n-k\cdots n,2\cdots k+2}| & \cdots & |\boldsymbol{A}_{n-k\cdots n,n-k\cdots n}|\end{pmatrix},$$

其中 $|\boldsymbol{A}_{i\cdots j,k\cdots l}|$ 是矩阵 $\boldsymbol{A}_{i\cdots j,k\cdots l}$ 的行列式，$\boldsymbol{A}_{i\cdots j,k\cdots l}$ 是由行指标 $i,i+1,\cdots,j$ 和列指标 $k,k+1,\cdots,l$ 所构成的 $(k+1)\times(k+1)$ 阶矩阵.

2. 实验“线性变换探究”的提示

对 6.5.3 节探究 2 的提示：注意到 $\boldsymbol{P}$ 是“正交矩阵”，且

$$\boldsymbol{A}=\boldsymbol{P}\begin{pmatrix}0.691 & 0\\ 0 & 1.809\end{pmatrix}\boldsymbol{P}^{\mathrm{T}}\triangleq\boldsymbol{P}\boldsymbol{\Lambda}\boldsymbol{P}^{\mathrm{T}}.$$

因此，$\boldsymbol{Ax}=\boldsymbol{P}[\boldsymbol{\Lambda}(\boldsymbol{P}^{\mathrm{T}}\boldsymbol{x})]$.

我们也可以分解一下，从旋转和沿轴缩放的角度理解，分成 3 步：

第 1 步，相当于用 $\boldsymbol{P}$ 的转置对两个“坐标轴”一起做了“旋转变换”：把原直角坐标横轴（即向量[1, 0]）和纵轴（即向量[0, 1]），按所指的方向分别转到 $\boldsymbol{P}=[\boldsymbol{P}_1,\boldsymbol{P}_2]$ 中特征向量 $\boldsymbol{P}_1,\boldsymbol{P}_2$ 的方向，如图 6-4 所示.

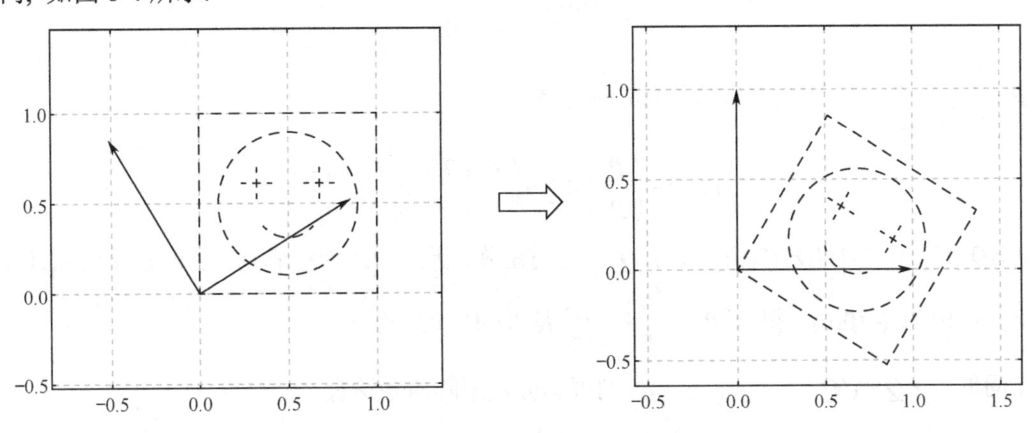

图 6-4　基于正交矩阵 $\boldsymbol{P}$ 的旋转变换

第 2 步，把特征值作为缩放倍数，构造一个缩放矩阵，如图 6-5 所示，即

$$\boldsymbol{\Lambda}=\begin{pmatrix}0.691 & 0\\ 0 & 1.809\end{pmatrix}.$$

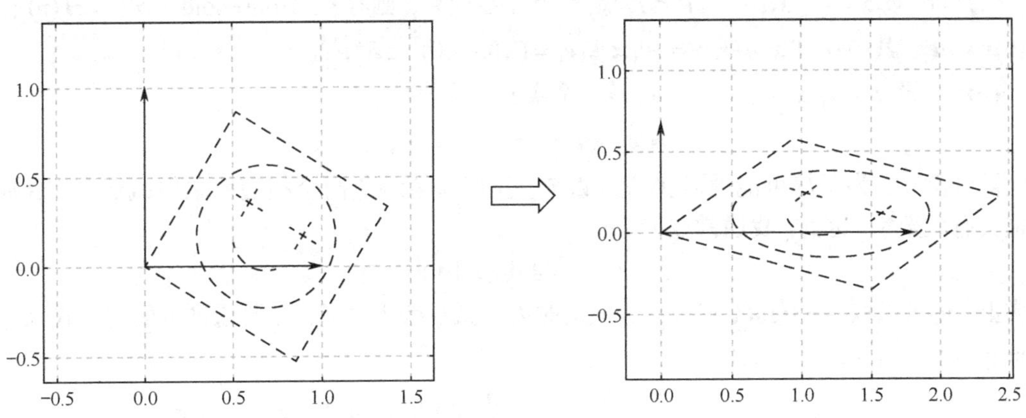

图 6-5　基于对角矩阵 $\boldsymbol{\Lambda}$ 的伸缩变换

第 3 步，类似第 1 步，对坐标系再做“逆变换”，旋转回去.

所以，从旋转和缩放的角度，一个矩阵变换就是，旋转→沿坐标轴缩放→转回来，共三步操作.

3. 实验“矩阵四个基本子空间的求解”的提示

探究 1. 根据 4 个基本子空间的定义，证明：对任意秩为 r 的矩阵 $\boldsymbol{A}\in R^{m\times n}$，

$R(A^{\mathrm{T}}) \perp N(A)$ 和 $R(A) \perp N(A^{\mathrm{T}})$.

提示：设 $\boldsymbol{\alpha} \in N(A)$，则 $A\boldsymbol{\alpha} = 0$，即 $\boldsymbol{\alpha}^{\mathrm{T}} A^{\mathrm{T}} = 0$，从而 $\boldsymbol{\alpha}$ 垂直于 A^{T} 的所有“列向量”，因此 $R(A^{\mathrm{T}}) \perp N(A)$.

同理，将上述过程中的 A 换成 A^{T}，可得 $R(A) \perp N(A^{\mathrm{T}})$.

探究 2. 对任意秩为 r 的矩阵 $A \in R^{m\times n}$，能否通过行/列初等变换，求得矩阵 4 个基本子空间的基呢？

提示： 注意到对任意秩为 r 的矩阵 $A \in R^{m\times n}$，可通过行/列初等变换化为标准型，即存在可逆矩阵 $\boldsymbol{P}$ 和 $\boldsymbol{Q}$ 使得

$$\boldsymbol{PAQ} = \begin{pmatrix} \boldsymbol{I}_r & 0 \\ 0 & 0 \end{pmatrix}$$

令 $\boldsymbol{P} = \begin{pmatrix} (\boldsymbol{P}_1)_{r\times m} \\ (\boldsymbol{P}_2)_{(m-r)\times m} \end{pmatrix}$，则根据分块矩阵的乘法有

$$\boldsymbol{PAQ} = \begin{pmatrix} \boldsymbol{P}_1 \\ \boldsymbol{P}_2 \end{pmatrix} \boldsymbol{AQ} = \begin{pmatrix} \boldsymbol{P}_1\boldsymbol{AQ} \\ \boldsymbol{P}_2\boldsymbol{AQ} \end{pmatrix} = \begin{pmatrix} \boldsymbol{I}_r & 0 \\ 0 & 0 \end{pmatrix}$$

即 $\boldsymbol{P}_1\boldsymbol{AQ}=(\boldsymbol{I}_r,0)$，$\boldsymbol{P}_2\boldsymbol{AQ}=(0,0)$，由于 $\boldsymbol{Q}$ 为可逆矩阵，因此 $\boldsymbol{P}_1\boldsymbol{A}$ 为行满秩，它的 r 行是 $R(A^{\mathrm{T}})$ 的一组基；由 $\boldsymbol{P}_2\boldsymbol{A}=(0,0)$，得 $\boldsymbol{A}^{\mathrm{T}}\boldsymbol{P}_2^{\mathrm{T}}=\begin{pmatrix} 0 \\ 0 \end{pmatrix}$，$\boldsymbol{P}_2^{\mathrm{T}}$ 是 $N(A^{\mathrm{T}})$ 的一组基.

同理，令 $\boldsymbol{Q} = ((\boldsymbol{Q}_1)_{n\times r}, (\boldsymbol{Q}_2)_{n\times(n-r)})$，则根据分块矩阵的乘法有

$$\boldsymbol{PAQ}_1=\begin{pmatrix} \boldsymbol{I}_r \\ 0 \end{pmatrix},\quad \boldsymbol{PAQ}_2=\begin{pmatrix} 0 \\ 0 \end{pmatrix}.$$

因此 $\boldsymbol{AQ}_1$ 为列满秩，它的 r 列是 $R(A)$ 的一组基；由 $\boldsymbol{Q}_2$ 是 $N(A)$ 的一组基.

4．实验“Givens 变换与 Householder 变换”的提示

探究 1. 设 $\boldsymbol{x} = (x_1, x_2, \cdots, x_n)^{\mathrm{T}} \in R^n$ 是一个非零向量，则存在 Householder 矩阵 $\boldsymbol{H}(\boldsymbol{v})$ 使得 $\boldsymbol{H}(\boldsymbol{v})\boldsymbol{x} = a\boldsymbol{e}_1$，其中 $\alpha = \|\boldsymbol{x}\|_2$ 或 $\alpha = -\|\boldsymbol{x}\|_2, \boldsymbol{e}_1 = (1,0,\cdots,0)^{\mathrm{T}} \in R^n$.

提示： 设 $\boldsymbol{x} = (x_1, x_2, \cdots, x_n)^{\mathrm{T}} \in R^n$ 是一个实的非零向量，令

$$\boldsymbol{v} = \boldsymbol{x} - \alpha\boldsymbol{e}_1 = (x_1 - \alpha, x_2, \cdots, x_n)^{\mathrm{T}}$$

在实际计算中，为了尽可能地减少舍入误差，我们通常避免两个相近的数做减运算，否则就会损失有效数字. 因此，我通常取

$$\alpha = -\mathrm{sign}(x_1)\cdot\|\boldsymbol{x}\|_2$$

事实上，也可以取 $\alpha = \mathrm{sign}(x_1)\cdot\|\boldsymbol{x}\|_2$，但此时为了减小舍入误差，需要通过下面的公式来计算 $\boldsymbol{v}$ 的第一个分量 v_1：

$$\alpha = \mathrm{sign}(x_1)\|\boldsymbol{x}\|_2,\quad v_1 = x_1 - \alpha = \frac{x_1^2 - \|\boldsymbol{x}\|_2^2}{x_1 + \alpha} = \frac{-(x_2^2 + x_3^2 + \cdots + x_n^2)}{x_1 + \alpha}$$

$$v_1 = \begin{cases} x_1 - \alpha, & \text{若 } \mathrm{sign}(x_1) < 0 \\ \dfrac{-(x_2^2 + x_3^2 + \cdots + x_n^2)}{x_1 + \alpha}, & \text{否则} \end{cases}$$

无论怎样选取 α，都有 $\boldsymbol{H}(\boldsymbol{v}) = \boldsymbol{I} - \beta\boldsymbol{v}\boldsymbol{v}^{\mathrm{H}}$. 其中

$$\beta = \frac{2}{\boldsymbol{v}^{\mathrm{H}}\boldsymbol{v}} = \frac{2}{(x_1-\alpha)+x_2^2+\cdots+x_n^2} = \frac{2}{2\alpha^2-2\alpha x_1} = -\frac{1}{\alpha v_1}.$$

思考：如果 $\boldsymbol{x}$ 是复向量，则有没有相应的结论?如果有的话，其对应的 Householder 向量是什么?

6.6　习题

1. 设多项式 $f(x)=x^n+a_1x^{n-1}+\cdots+a_{n-1}x+a_n$ 有 n 个不同的根 $\lambda_1,\lambda_2,\cdots,\lambda_n$，其伴随矩阵的转置为

$$\boldsymbol{C}^{\mathrm{T}} = \begin{pmatrix} 0 & 1 & 0 & \cdots & 0 \\ 0 & 0 & 1 & \cdots & 0 \\ \vdots & \vdots & \vdots & & \vdots \\ 0 & 0 & 0 & \cdots & 1 \\ -a_n & -a_{n-1} & -a_{n-2} & \cdots & -a_1 \end{pmatrix}.$$

令变换矩阵

$$\boldsymbol{V} = \begin{pmatrix} 1 & 1 & \cdots & 1 \\ \lambda_1 & \lambda_2 & \cdots & \lambda_n \\ \cdots & \cdots & & \cdots \\ \lambda_1^{n-1} & \lambda_2^{n-1} & \cdots & \lambda_n^{n-1} \end{pmatrix}.$$

（1）请任意选取一个 n 次多项式，编写相关 MATLAB 程序，验证 $\boldsymbol{V}^{-1}\boldsymbol{C}^{\mathrm{T}}\boldsymbol{V}$ 是否为对角矩阵.

（2）若令 $n-1$ 次 Lagrange 插值基函数为

$$L_i(x) = \frac{(x-\lambda_1)\cdots(x-\lambda_{i-1})(x-\lambda_{i+1})\cdots(x-\lambda_n)}{(\lambda_i-\lambda_1)\cdots(\lambda_i-\lambda_{i-1})(\lambda_i-\lambda_{i+1})\cdots(\lambda_i-\lambda_n)}, i=1,2,\cdots,n,$$

请结合（1）的结果，考察其展开系数即 $L_i(x)=a_{i1}+a_{i2}x+\cdots+a_{in}x^{n-1}$ 与 $\boldsymbol{V}^{-1}$ 中元素的关系.

2. 共享单车配置问题：某住宅小区 A，旁边 2 千米处有一地铁站 B. 设周一 A 地有 120 辆共享单车，而 B 地有 150 辆. 统计数据表明，平均每天 A 地的共享单车 10%被顾客骑到 B 地, B 地共享单车的 12%被骑到了 A 地. 假设所有共享单车正常，试计算一周后两地的共享单车数量. 寻找方案使每天共享单车正常流动，而 A 地和 B 地的共享单车数量不增不减（即运营成本最低）；另外，若将上述问题推广到 n 地，是否也存在“最佳”配置方案?

3. 设非零正数 $p<1$，$q<1$. 证明矩阵

$$\boldsymbol{A} = \begin{pmatrix} 1-p & q \\ p & 1-q \end{pmatrix}$$

有 1 特征值，对应的特征向量 $\boldsymbol{\alpha}=[q \quad p]^{\mathrm{T}}$.

4. 设

$$\boldsymbol{a}_1 = \begin{pmatrix} 0 \\ 1 \\ 0 \\ 1 \end{pmatrix}, \quad \boldsymbol{a}_2 = \begin{pmatrix} -2 \\ 3 \\ 0 \\ 1 \end{pmatrix}, \quad \boldsymbol{a}_3 = \begin{pmatrix} 1 \\ 1 \\ 1 \\ 5 \end{pmatrix}, \quad \boldsymbol{A} = (\boldsymbol{a}_1, \boldsymbol{a}_2, \boldsymbol{a}_3).$$

（1）对 3×7 矩阵 $(\boldsymbol{A}^{\mathrm{T}}\boldsymbol{A}\,|\,\boldsymbol{A}^{\mathrm{T}})$ 进行高斯消元法，将 $\boldsymbol{A}^{\mathrm{T}}\boldsymbol{A}$ 化成阶梯形矩阵 $\boldsymbol{U}$，同时将 $\boldsymbol{A}^{\mathrm{T}}$ 化成 $\boldsymbol{Q}^{\mathrm{T}}$，验证 $\boldsymbol{Q}$ 的列向量组（即 $\boldsymbol{Q}^{\mathrm{T}}$ 的行向量组）是与 $\boldsymbol{a}_1,\boldsymbol{a}_2,\boldsymbol{a}_3$ 等价的正交向量组.

（2）试给出一般的从一个线性无关向量组出发，用高斯消元法构造一个与之等价的正交向量组的方法. 由于利用高斯消元法可以将线性无关向量组正交化，因而也能用来求列满秩矩阵的正交分解.

5. 设 n 阶矩阵 $\boldsymbol{A}$ 的各行各列都只有一个元素是 1 或-1，其余均为 0. 是否存在正整数 k，使得 $\boldsymbol{A}^k=\boldsymbol{I}$（单位矩阵）？若是，请给出你的证明；若否，请举出反例.

提示：先观察二、三阶矩阵的情况. 对一般矩阵，可考察 $\boldsymbol{A}^2,\boldsymbol{A}^3$，⋯的元素特点，找其与 $\boldsymbol{A}$ 的关系.

第 7 章　非线性方程求根实验

非线性方程的一般形式是 $f(x)=0$，其中函数 $f(x)$ 是一个非线性函数. 如果函数 $f(x)$ 是多项式函数, 则方程 $f(x)=0$ 称为代数方程. 如果函数 $f(x)$ 中含有三角函数、指数函数、对数函数或其他超越函数, 则方程 $f(x)=0$ 称为超越方程.

引理 7.1　设函数 $f(x)$ 在开区间 (a,b) 内连续, 且 $f(a)f(b)<0$，则方程 $f(x)=0$ 在区间 $[a,b]$ 内至少有一个根.

对于代数方程, 超过 5 次的代数方程不容易求得其解析解, 而超越方程更不容易求其解析解. 因此, 研究非线性方程的数值解法就显得尤为重要.

用数值方法求解非线性方程主要有以下两个步骤:

（1）找出隔根区间. 隔根区间是指只含方程的一个单实根的区间;

（2）做近似根的精确化处理. 从隔根区间内的一个点或多个点出发, 利用某种算法进行逐次逼近, 去寻求满足精度的近似根.

非线性方程求根的常用数值方法主要有二分法、不动点迭代法及牛顿迭代法. 在介绍这几种数值方法之后, 介绍用 MATLAB 软件求解非线性方程根的方法.

7.1　二分法

二分法是非线性方程求根数值方法中比较简单的一种方法, 主要原理是逐步缩小隔根区间, 直到得到满足要求的根的近似值.

7.1.1　二分法的基本思想

假定方程 $f(x)=0$ 在区间 $[a,b]$ 内有唯一的单实根 x^*，先取区间中点 x_0，如果满足 $f(x_0)=0$，则 x_0 就是方程的根;否则, 进行如下判断:

如果 $f(x_0)f(a)>0$，那么 x^* 在 x_0 右侧, 令 $a_1=x_0, b_1=b$；

如果 $f(x_0)f(a)<0$，那么 x^* 在 x_0 左侧, 令 $a_1=a, b_1=x_0$.

此时可以得到新的隔根区间 $[a_1,b_1]$，该区间仅为 $[a,b]$ 的一半, 重复以上过程, 就可以得到一系列的隔根区间, 且后一次的隔根区间都是前一次的一半. 如此二分下去, 每次都取新区间的中点作为方程根的近似值, 这个近似值会越来越接近精确值 x^*.

7.1.2　二分法的算法实现与应用实例

根据以上分析, 可得用二分法求解非线性方程的程序如下:

```
function [x, n]=bisection(f, a, b, d)
%二分法求方程的根, 方程可以是代数方程, 也可以是超越方程
%f 是所要求解的函数
```

```
%a, b 是求解区间
%d 是求解精度
%输出 x 是方程的近似根, n 是迭代步数
fa=f(a);fb=f(b);
n=1;%计数器初始化
if fa*fb>0,
    disp('所给区间内没有实数解！');
end
while 1
    c=(a+b)/2;fc=f(c);
    if abs(fc)<d;
        x=c;
        break;
    elseif fa*fc<0,
        b=c;
        fb=fc;
    else
        a=c;
        fa=fc;
    end
    n=n+1;
end
```

例 7.1（定期年金问题） 以定期存储为基础的储蓄账户的累积值可由定期年金方程确定:

$$A=\frac{P}{i}[(1+i)^n-1]. \tag{7-1}$$

在这个方程中, A 是账户中的数额, P 是定期存储的数额, i 是 n 个存储期间的每期利率. 一个工人想使 20 年后退休时储蓄账户上的数额达到 600000 元, 而为了达到这个目标, 他每个月能存 2000 元. 为实现他的储值目标, 最小利率应是多少?假定利息是月复利的.

分析 根据已知条件及定期年金方程, 可将本问题归结为一个非线性方程求根的问题. 已知 A 、P 和式（7-1）, 求方程（7-1）的零点.

令 $f(i)=A-\frac{P}{i}[(1+i)^n-1]$. 原问题归结为求函数 $f(i)$ 的零点问题. 首先确定月利率 i 的范围.

当期有的储蓄年利率为 5%, 则 5%除以 12 约为 0.0042. 这里取 i 的上限 b=0.004, 下限 a=0.0001. 由于 $f(a)=1.1422\times10^5>0$, $f(b)=-2.0335\times10^5<0$. 因此, 本非线性方程求根问题可以用二分法求解.

编写程序如下:

```
A = 600000; P = 2000; n = 240;
f = @(i)A-(P./i).*((1+i).^n-1);
ivalue = 0.0001:0.0001:0.004;
val      = f(ivalue);
plot(ivalue, val, '-r.') %  绘制函数曲线
[x, n]=bisection(f, 0.0001, 0.004, 1e-6)
```

运行结果为：

```
x =
     0.0018
n =
     37
```

结果表明为实现他的储值目标，最小月利率为 0.0018.n=37 表示二分法的迭代次数.

7.2　不动点迭代法

二分法虽然思想简单，收敛性也能保证，但是收敛速度相对比较慢，非线性方程求根的数值解法中最常用的是迭代法.

7.2.1　不动点迭代法的基本思想

迭代法是一种逐次逼近的方法. 先给定一个初值作为根的近似值，然后用某个固定公式进行迭代，反复校正，最后得到能够满足一定精度要求的根的近似值.

例 7.2　求方程 $x^3-x-1=0$ 在 $x=1.5$ 附近的一个根.

解　将原方程改写成 $x=\sqrt[3]{x+1}$ 的形式.

假设 $x=1.5$ 是方程的根，代入等式 $x=\sqrt[3]{x+1}$ 的右边，若左右两边相等，则 $x=1.5$ 即为方程的根，若不相等，则等式右边可以得到一个新的值，把这个新值继续代入 $x=\sqrt[3]{x+1}$ 的右边，再一次判断，若不成立就继续计算. 一直计算下去可知，如果取小数点后 5 位数字，则第 8 次计算结果与第 7 次相同，$x=1.32472$. 即 $x=1.32472$ 满足 $x=\sqrt[3]{x+1}$，自然就满足原方程 $x^3-x-1=0$，故 $x=1.32472$ 是方程的近似根，此即为迭代法的基本思想.

这种逐步校正方程根的近似值的过程称为迭代过程，所用的公式称为迭代公式.

定义 7.1　将连续函数的方程 $f(x)=0$ 改写为等价形式：$x=\varphi(x)$，其中 $\varphi(x)$ 也是连续函数，如果存在一个 x^* 满足 $f(x^*)=0$，则称 x^* 为 $\varphi(x)$ 的不动点.

以公式 $x_{k+1}=\varphi(x_k)$ 进行迭代求解的方法称为不动点迭代法，$\varphi(x)$ 称为迭代函数.

若用迭代格式 $x_{k+1}=\varphi(x_k)$ 求出的近似根序列 $\{x_k\}$ 收敛于不动点 x^*，则称迭代法收敛;否则称迭代法发散，发散的迭代过程没有意义.

7.2.2　不动点迭代法的算法实现

不动点迭代法的实现过程如下：

```
function [root, n]=stablepoint_solver(phai, x0, tol)
if(nargin==2)
    tol=1.0e-5;
end
err=1;
root=x0;
n=0;
```

```
while(err>tol)
    n=n+1; %迭代次数
    r1=root;
    root=feval(phai, r1); %计算函数值
    err=abs(root-r1);
end
```

7.2.3 不动点迭代法的收敛性分析

方程 $x^3-x-1=0$ 对应的另一个等价形式为 $x=x^3-1$，以此形式建立迭代格式 $x_{k+1}=x_k^3-1$.

仍取初值 $x_0=1.5$，可得 $x_1=2.375, x_2=12.396, x_3=1904$，结果越来越大，离准确值 1.32472 也越来越远，可见此迭代过程是发散的.

假设迭代过程 $x_{k+1}=\varphi(x_k)$ 收敛于方程的根 x^*，在迭代到第 k 步时的误差记为 $e_k=x_k-x_0$，当 $k\to\infty$ 时成立下列渐近关系式：

$$\lim_{k\to\infty}\frac{e_{k+1}}{e_k^r}=c \quad （c 为常数），$$

则称迭代过程是 r 阶收敛的. $r=1$ 时称线性收敛，$r=2$ 时称平方收敛，$r>1$ 时都称为超线性收敛. 而且 r 越大收敛速度越快.

定理 7.1（不动点迭代的收敛性定理） 假设 x^* 为 $x=\varphi(x)$ 的不动点，$\varphi(x)$ 的一阶导数在 x^* 的某邻域内连续，$\varphi(x)$ 在 x^* 这一点的一阶导数小于 1，则不动点迭代法 $x_{k+1}=\varphi(x_k)$ 局部收敛.

定理 7.2（收敛阶判定定理） 假设 x^* 为 $x=\varphi(x)$ 的不动点，若迭代函数 $\varphi(x)$ 满足下面的两个条件：

（1） $\varphi(x)$ 在 x^* 附近是 p 阶连续可微的($p>1$)，也就是说 $\varphi(x)$ 在 x^* 附近具有 p 阶连续导数;

（2） $\varphi(x)$ 在 x^* 这一点从 1 阶到 $p-1$ 阶导数都为零，但 p 阶导数不为零.

则称迭代过程 $x_{k+1}=\varphi(x_k)$ 在 x^* 附近是 p 阶收敛的.

7.2.4 应用实例分析

例 7.3 编程计算方程 $x^3-x-1=0$ 在 $x=1.5$ 附近的一个根.

解 调用不动点迭代法实现函数 stablepoint_solver 求解该方程. 编写程序如下：

```
function testmain
% x^3-x-1=0
% =>x^3=1+x
% =>x=(1+x)^(1/3)
ph=@(x)(1+x)^(1/3);
[root, n]=stablepoint_solver(ph, 1)
```

运行结果为：

```
root =
     1.3247
```

```
n =
     8
```

方程的根为 1.3247，迭代次数为 8 次.

如果对隔根区间 $[a,b]$ 内的任意给定初值 x_0，由不动点迭代格式 $x_{k+1}=\varphi(x_k)$ 求得迭代序列 $\{x_k\}$，该序列以 x^* 为极限，则该迭代过程收敛. 此时 x^* 满足 $x^*=\varphi(x^*)$，即满足 $f(x^*)=0$，故 x^* 为不动点.

例 7.4　用不同的迭代格式求方程 $x^2-3=0$ 在 $x=2$ 附近的根.

解　给出 4 种迭代格式：

（1）$x_{k+1}=x_k^2+x_k-3$，

（2）$x_{k+1}=\dfrac{3}{x_k}$，

（3）$x_{k+1}=x_k-\dfrac{1}{4}(x_k^2-3)$，

（4）$x_{k+1}=\dfrac{1}{2}\left(x_k+\dfrac{3}{x_k}\right)$.

取初值 $x_0=2$，分别用上面 4 种格式进行计算，计算 3 步的结果见表 7-1.

表 7-1　4 种迭代格式初始迭代点和前 3 步迭代结果

步　数	x_k	（1）	（2）	（3）	（4）
0	x_0	2	2	2	2
1	x_1	3	1.5	1.75	1.75
2	x_2	9	2	1.73475	1.732143
3	x_3	87	1.5	1.732361	1.732051

注意：$x^*=1.7320508\cdots$

可以看出，格式（1）和格式（2）不收敛，格式（3）和格式（4）才收敛. 本问题也可以用定理 7.1 给出的收敛条件进行判定.

7.3　牛顿迭代法

非线性方程难以求解的主要原因在于它的非线性性. 若能通过某种途径将非线性问题转化为线性问题，则非线性方程求根的问题就可以简单化，牛顿迭代法即是将非线性方程转化为线性方程进行计算的方法.

7.3.1　牛顿迭代法的基本思想

给定方程 $f(x)=0$，假设 x_k 是方程的近似根，且满足 $f(x_k)$ 的一阶导数不为零，将 $f(x)$ 在 x_k 这一点进行泰勒展开，展开到第三项：

$$f(x)=f(x_k)+f'(x_k)(x-x_k)+\frac{f''(\xi)}{2!}(x-x_k)^2 .$$

当 x 和 x_k 充分接近时，$x-x_k$ 的平方项会比较小，舍去高阶项，可得

$$f(x)\approx f(x_k)+f'(x_k)(x-x_k),$$

则 $f(x)=0$ 可近似表示为

$$f(x_k)+f'(x_k)(x-x_k)=0.$$

这是一个关于 x 的线性方程，求解该线性方程，并将 x 记为 x_{k+1}，可得

$$x_{k+1}=x_k-\frac{f(x_k)}{f'(x_k)}.$$

此即为牛顿迭代格式. 这种求解非线性方程的方法称为牛顿迭代法.

牛顿迭代法的迭代函数为 $\varphi(x)=x-\dfrac{f(x)}{f'(x)}$.

函数 $y=f(x)$ 在 x_k 处的切线方程为

$$y=f(x_k)+f'(x_k)(x-x_k).$$

该切线方程与 x 轴的交点 x 坐标为

$$x_{k+1}=x_k-\frac{f(x_k)}{f'(x_k)}.$$

此式即为牛顿迭代法的迭代格式，故牛顿迭代法又称为“切线法”，如图 7-1 所示.

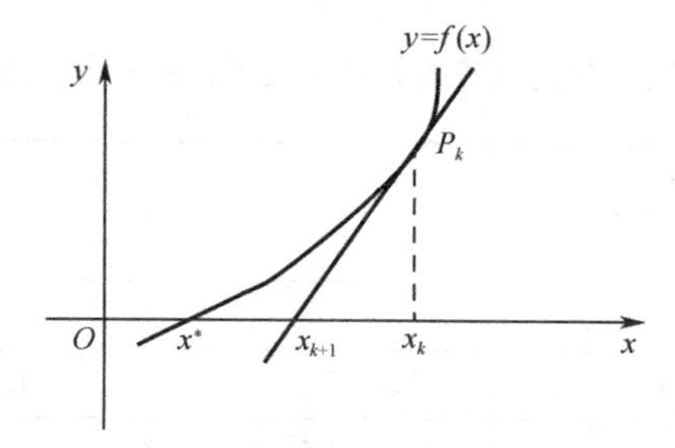

图 7-1　牛顿迭代法的几何意义

7.3.2　牛顿迭代法的算法实现

牛顿迭代法将非线性问题转化为线性问题进行求解，给定非线性方程 $f(x)=0$，根据上述分析，可进行如下的算法设计：

（1）取初值 x_0；

（2）按照迭代公式 $x_1=x_0-\dfrac{f(x_0)}{f'(x_0)}$ 计算 x_1；

（3）若 $|x_1-x_0|$ 满足精度要求，则终止迭代;否则，$x_0=x_1$；转步骤（2)；

（4）输出迭代次数和近似根.

7.3.3　牛顿迭代法的收敛性分析

牛顿迭代法的迭代函数为 $\varphi(x)=x-\dfrac{f(x)}{f'(x)}$，对 $\varphi(x)$ 求一阶导数，可得

$$\varphi'(x)=1-\frac{[f'(x)]^2-f(x)f''(x)}{[f'(x)]^2}=\frac{f(x)f''(x)}{[f'(x)]^2}.$$

假设方程的精确解为 x^*，即 $f(x^*)=0$，且在 x^* 这一点 $f(x^*)$ 的一阶导数不为零，则可得 $\varphi'(x^*)=0$，因此牛顿迭代法在 x^* 附近至少都是平方收敛的.

7.3.4 应用实例分析

例 7.5 给定方程 $x^3-x-1=0$，用牛顿迭代法求解方程在 $x_0=2$ 附近的近似根.

解 $f(x)=x^3-x-1$，则 $f'(x)=3x^2-1$，牛顿迭代法迭代公式 $x_{k+1}=x_k-\dfrac{x_k^3-x_k-1}{3x_k^2-1}$，算法设计如下：

（1）取初值 $x_0=2$；

（2）按照迭代公式 $x_1=x_0-\dfrac{x_0^3-x_0-1}{3x_0^2-1}$ 计算 x_1；

（3）若 $|x_1-x_0|\leqslant 0.00001$，则终止迭代；否则，$x_0=x_1$；转步骤（2）；

（4）输出迭代次数和近似根.

下面给出程序实现过程.

（1）先定义函数及一阶导函数.

```
function [fun, dfun]=fun0(x)
fun=x^3-x-1;%求原函数的值
dfun=3*x^2-1;%求一阶导数的值
```

（2）设计计算主程序.

```
clear
x0=1.5;
[fun, dfun]=fun0(x0);
x1=x0-fun/dfun;i=1;
while abs(x1-x0)>1e-5
    x0=x1;
    [fun, dfun]=fun0(x0);
    x1=x0-fun/dfun;
    i=i+1;
end
disp('the solution is x1=')
x1
disp('the iter time is ')
i
```

程序运行结果为：

```
the solution is x1=
x1 =
    1.3247
the iter time is
i =
    4
```

经过 4 次迭代即到达要求的精度，原方程的一个近似实数根为 1.3247.

若用前述的不动点迭代格式 $x_{k+1}=\sqrt[3]{x_k+1}$，则达到相同的精度需要迭代 8 次. 由此可见牛顿迭代法的迭代速度还是比较快的.

7.4 用 MATLAB 软件求解非线性方程的根

7.4.1 代数方程求根

MATLAB 中求解代数方程的方法是使用 roots 函数，其使用格式是

```
R=roots(P)
```

这里 P 是一维数组，表示 n 次多项式

$$P(x)=a_nx^n+a_{n-1}x^{n-1}+\cdots+a_1x+a_0$$

的 $n+1$ 个系数 $a_n,a_{n-1},\cdots,a_1,a_0$，输出变量 R 中存放了方程 $P(x)=0$ 的全部数值解.

例 7.6 用 roots 函数计算方程 $x^3+1=0$ 的根.

解 编写程序如下：

```
P=[1, 0, 0, 1];
R=roots(P)
```

运行结果为：

```
R=
-1.0000
0.5000+0.8660i
0.5000-0.8660i
```

方程有一个实根和两个共轭复根.

7.4.2 一般非线性方程求根

求解一元非线性方程 $f(x)=0$，实际上是求一元函数 $f(x)$ 的零点. MATLAB 中求函数零点的函数是 fzero，其常用格式为

```
x=fzero(fun, x0)
```

其中，fun 是已经定义的函数文件名或函数句柄，x0 是所求零点的初值，输出变量 x 是最接近 x0 的函数零点.

例 7.7 用 fzero 函数求解非线性方程 $x^2-4\sin x=0$ 在 $\pi/2$ 附近的根.

解 编写程序如下：

```
fun=@(x)(x.^2-4*sin(x));
R=fzero(fun, pi/2)
```

运行结果为：

```
R=
1.9338
```

求解结果表明该方程在 $\pi/2$ 附近的根为 1.9338.

还可以用函数 fsolve 求解非线性方程. 该函数还可以求解非线性方程组. fsolve 函数调用格式如下：

```
[x, fval, exitflag]  = fsolve(fun, x0, options)
```

说明：输入参数、输出参数含义与 fzero 类似. 设一般的非线性方程组形式如下：

$$\begin{cases} f_1(x_1,x_2,\cdots,x_n)=0, \\ f_2(x_1,x_2,\cdots,x_n)=0, \\ \quad\vdots \\ f_n(x_1,x_2,\cdots,x_n)=0. \end{cases}$$

为求解本问题, fsolve 的输入参数 fun 中应返回这 n 个函数 $f_1,f_2,\cdots,f_n$ 的函数值组成的向量. 下面举例说明.

例 7.8　求解方程组在点(0, 0)处的解：

$$\begin{cases} 3x_1+2x_2=\mathrm{e}^{x_1}, \\ x_1^2+2x_2=2x_2^2. \end{cases}$$

解　原问题化为如下形式

$$\begin{cases} 3x_1+2x_2-\mathrm{e}^{x_1}=0, \\ x_1^2+2x_2-2x_2^2=0. \end{cases}$$

第 1 步：写一个函数文件 myfun.m, 计算函数值：

```
function r = myfun(x)
r = [3*x(1)+2*x(2)-exp(x(1))
     x(1)^2+2*x(2)-2*exp(x(2))];
```

第 2 步：编写脚本程序调用函数 fsolve：

```
x0 = [1 1];              % 搜索起点
[x, fval, flag] = fsolve(@myfun, x0)      % call optimizer
```

第 3 步：运行脚本程序, 输出结果：

```
x =      1.4156    -0.0639
fval =     1.0e-06 *
    -0.4142
     0.0107
flag =       1
```

运行结果表明 fsolve 函数求解本问题的算法收敛, 求解出一个解 $x_1=1.4156$, $x_2=-0.0639$.

7.5　实验探究

用牛顿迭代法求解非线性方程虽然收敛速度比较快, 但是计算量相对较大, 因为每迭代一次都要计算函数 $f(x)$ 的一阶导数值, 可以考虑将牛顿迭代法进行简化, 故给出了牛顿迭代法的一种变形——简化的牛顿迭代法.

简化的牛顿迭代法的实现方法是将函数 $f(x)$ 的一阶导数的倒数用一个常数 c 代替，故迭代公式变为

$$x_{k+1}=x_k-cf(x_k).$$

对应的迭代函数为 $\varphi(x)=x-cf(x)$.

分析该迭代函数可得 $\varphi'(x)=1-cf'(x)$，如果在 x^* 附近迭代函数 $\varphi(x)$ 的一阶导数值小于 1，即 $cf'(x)$ 在 x^* 附近大于 0 且小于 2，则迭代格式 $x_{k+1}=x_k-cf(x_k)$ 一定收敛.

一般来说，可取 $c=\dfrac{1}{f'(x_0)}$，此时称上述迭代法为简化的牛顿迭代法.

请用简化的牛顿迭代法求解一些实例. 研究该方法的应用效果.

7.6 习题

1. 方程 $x\sin x=1$ 的根实际上是两个函数 $y_1(x)=\sin x$ 和 $y_2(x)=\dfrac{1}{x}$ 的交点.

（1）用计算机绘出两个函数在区间[0.2, 6]的图形，观察图形，分析它们的交点分布规律及特点，试写出方程的全部实根所在的隔根区间，并给出每一个根的近似值；

（2）用计算机绘出区间[-6, 0.2]上两个函数的图形，观察交点所在位置并验证你的分析结果.

2. 用二分法求解下列方程，要求误差不超过 10^{-5}.

（1）$x-\ln x=2$ 在区间[2, 4]内的根；

（2）$3x^2-\mathrm{e}^x=0$ 的最大正根和最小负根，并分别确定二分区间的次数.

3. 比较以下两种方法求 $\mathrm{e}^x+10x-2=0$ 的根到小数点后三位小数所需要的计算量.

（1）在区间[0, 1]内用二分法；

（2）用不动点迭代法 $x_{n+1}=\dfrac{1}{10}(2-\mathrm{e}^{x_n})$，取初值 $x_0=0$.

4. 用牛顿迭代法计算方程 $x^2-2x\mathrm{e}^x+\mathrm{e}^{-x}=0$ 的根.

第 8 章　插值与拟合实验

在工程计算中，许多实际问题都可以用函数 $y = f(x)$ 来描述其内在的数量关系，有些函数是通过实验或者观测得到的，如果需要研究这类函数的性质或者计算某些点上的函数值，就需要构造函数的近似表达式.

例如，已知 1900 年到 2010 年美国人口数据（单位：百万），见表 8-1，如何预测若干年后美国人口的数量呢？可以根据给定的数据选取合适的函数来刻画美国人口增长的规律，然后利用函数表达式进行预测. 这种利用给定离散数据研究数据背后的数学规律（即函数）的方法具有重要的理论意义和应用价值. 本章主要介绍研究这类数据规律性问题的两种常用方法：插值方法和拟合方法.

表 8-1　1900 年到 2010 年美国人口数据

年份	1900	1910	1920	1930	1940	1950
人口/百万	75.995	91.972	105.711	123.203	131.669	150.697
年份	1960	1970	1980	1990	2000	2010
人口/百万	179.323	203.212	226.505	249.633	281.422	308.746

8.1　插值

插值方法是研究利用已知离散数据确定函数近似表达式的一类重要方法. 该方法的应用目标首先是解决复杂数学函数的近似计算问题，是经典的函数逼近论的重要部分.

插值方法在工程中有广泛的应用，如根据离散数据绘制光滑曲线、将低分辨率数字图像做提高分辨率的数学处理（图像放大）、定积分的数值计算及微分方程的离散化处理等，特别是样条插值方法，为飞机制造和船舶制造提供了强有力的数学工具.

8.1.1　插值问题的基本思想

插值（Interpolation）是一种通过已知离散数据点，寻找既能反映离散数据点规律又便于计算的简单函数的方法. 多项式函数在计算（包括函数值计算、微分和积分计算）上快速简洁，无论是理论还是应用都具有较长的历史. 目前多项式插值已成为一类普遍使用的插值方法.

定义 8.1　设函数 $y = f(x)$ 在区间$[a, b]$上有定义，且已知在点

$$a \leqslant x_0 < x_1 < \cdots < x_n \leqslant b$$

上的函数值 $y_j = f(x_j),(j = 0,1,2,\cdots,n)$，$P(x) = a_0 + a_1 x + \cdots + a_n x^n$

使得

$$P(x_j) = y_j, j = 0,1,2,\cdots,n \tag{8-1}$$

成立，则称 $P(x)$ 为 $f(x)$ 的插值多项式，称 $x_0,x_1,\cdots,x_n$ 为插值节点，$f(x)$ 为被插值函数，式（8-1）为插值条件. 求已知函数的多项式插值问题也称为代数插值问题.

利用插值函数 $P(x)$ 的计算值代替被插值函数 $f(x)$ 称为插值计算，当 x 在 $[x_0,x_n]$ 内取值时，插值计算称为内插；当 x 在 $[x_0,x_n]$ 之外取值时，插值计算称为外插. 代数插值问题的理论基础是如下的插值存在唯一性定理.

定理 8.1 若 $x_0,x_1,\cdots,x_n$ 是 $n+1$ 个互异的插值节点，则满足插值条件

$$P_n(x_j)=y_j, j=0,1,2,\cdots,n$$

的 n 次插值多项式

$$P_n(x)=a_0+a_1x+\cdots+a_nx^n$$

是存在而且唯一的.

证 由插值多项式表达式及插值条件可得线性方程组

$$\begin{cases} a_0+a_1x_0+\cdots+a_nx_0^n=y_0, \\ a_0+a_1x_1+\cdots+a_nx_1^n=y_1, \\ \qquad\vdots \\ a_0+a_1x_n+\cdots+a_nx_n^n=y_n. \end{cases}$$

该方程组的系数矩阵为

$$\boldsymbol{A}=\begin{pmatrix} 1 & x_0 & \cdots & x_0^n \\ 1 & x_1 & \cdots & x_1^n \\ \vdots & \vdots & \ddots & \vdots \\ 1 & x_n & \cdots & x_n^n \end{pmatrix}.$$

由于 $x_0,x_1,\cdots,x_n$ 是互异的插值节点，故 $\boldsymbol{A}$ 的行列式（即 Vandermonde 行列式）

$$|\boldsymbol{A}|=\begin{vmatrix} 1 & x_0 & \cdots & x_0^n \\ 1 & x_1 & \cdots & x_1^n \\ \vdots & \vdots & \ddots & \vdots \\ 1 & x_n & \cdots & x_n^n \end{vmatrix}=\prod_{0\leqslant j\leqslant i\leqslant n}(x_i-x_j)$$

不等于零. 所以，方程组有唯一解. 即系数为 $a_0,a_1,\cdots,a_n$ 的插值多项式

$$P_n(x)=a_0+a_1x+\cdots+a_nx^n$$

存在而且唯一.

8.1.2 插值问题的算法实现

定理 8.1 不仅从理论上保证了多项式插值的存在唯一性，证明过程中还提供了一种构造插值多项式的方法，即通过求解 $n+1$ 阶线性代数方程组获得多项式的系数.

先看一个简单的例子. 已知离散点(1, 1), (2, 2)和(4, 2)，确定满足条件 $P(1)=1$，$P(2)=2$，$P(4)=2$ 的二次多项式 $P(x)$. 假定满足条件的二次多项式为 $P(x)=a_0+a_1x+a_2x^2$，将离散点代入多项式表达式得如下方程组：

$$\begin{cases} a_0+a_1(1)+a_2(1)^2=1, \\ a_0+a_1(2)+a_2(2)^2=2, \\ a_0+a_1(4)+a_2(4)^2=2. \end{cases}$$

求解上述方程组确定待定系数 a_0、a_1 和 a_2，从而确定了满足插值条件的二次多项式.

上述方程组可以通过\(back slash)命令求解，编写程序如下：

```
A = [1 1 1; 1 2 4; 1 4 16] ;
b = [1; 2; 2] ;
A\b
```

上述方法容易推广到更加一般的情况. 已知一组离散点 $(x_0, y_0), \cdots, (x_n, y_n)$，若存在多项式 $P(x)$ 使得 $P(x_0) = y_0, \cdots, P(x_n) = y_n$ 成立，则称 $P(x)$ 为满足插值条件的插值函数，点 $x_0, \cdots, x_n$ 为插值节点. 为确定满足插值条件的 n 次多项式 $P(x) = a_0 + a_1 x + \cdots + a_n x^n$，代入离散点，列出如下方程组（$n+1$ 个方程，$n+1$ 个待定系数）：

$$\begin{cases} a_0 + a_1 x_0 + \cdots + a_n x_0^n = y_0, \\ a_0 + a_1 x_1 + \cdots + a_n x_1^n = y_1, \\ \qquad\vdots \\ a_0 + a_1 x_n + \cdots + a_n x_n^n = y_n. \end{cases}$$

求解上述方程组，确定多项式系数，即确定满足插值条件的插值多项式.

例 8.1　已知函数 $f(x) = 1/(x^2+1)$ 的等距离散点 $(-4, 1/17)$，$(-2, 1/5)$，$(0,1)$，$(2, 1/5)$ 和 $(4, 1/17)$，请确定满足插值条件的插值多项式 $P(x)$. 进一步探索，如果给定更多的等距离散点，插值多项式的阶数更高，那么高阶多项式是否能够更好地近似函数 $f(x)$？

解　假定满足插值条件的四次多项式为 $P(x) = a_0 + a_1 x + a_2 x^2 + a_3 x^3 + a_4 x^4$，将离散点代入多项式得如下方程组（5 个方程和 5 个待定系数）：

$$\begin{cases} a_0 + a_1(-4) + a_2(-4)^2 + a_3(-4)^3 + a_4(-4)^4 = 1/17, \\ a_0 + a_1(-2) + a_2(-2)^2 + a_3(-2)^3 + a_4(-2)^4 = 1/5, \\ a_0 + a_1(0) + a_2(0)^2 + a_3(0)^3 + a_4(0)^4 = 1, \\ a_0 + a_1(2) + a_2(2)^2 + a_3(2)^3 + a_4(2)^4 = 1/5, \\ a_0 + a_1(4) + a_2(4)^2 + a_3(4)^3 + a_4(4)^4 = 1/17. \end{cases}$$

求解上述方程组就是确定待定系数 a_0, a_1, a_2, a_3 和 a_4，从而确定了满足插值条件的四次多项式. 上述方程组可以通过\(back slash)命令求解，编写程序如下：

```
A = [1 -4 (-4)^2 (-4)^3 (-4)^4; 1 -2 (-2)^2 (-2)^3 (-2)^4;......
 1 0 0^2 0^3 0^4; 1 2 2^2 2^3 2^4; 1 4 4^2 4^3 4^4] ;
b = [1/17; 1/5; 1; 1/5; 1/17] ;
A\b
```

从图 8-1 可以看出，离散点越多，高阶多项式在区间左右端点附近的振荡现象越明显（即龙格现象），因此高次插值结果并不可靠，可以通过离散数据点进行分段插值以保持局部特性从而避免龙格现象. 常用方法是分段线性插值和分段三次插值（如样条插值）.

已知一组数据点 $(x_0, y_0), \cdots, (x_n, y_n)$，分段线性插值即在每个子区间线性插值，子区间 $[x_{k-1}, x_k]$ 上线性插值函数为

$$P_k(x) = y_{k-1} + \frac{y_k - y_{k-1}}{x_k - x_{k-1}}(x - x_{k-1}).$$

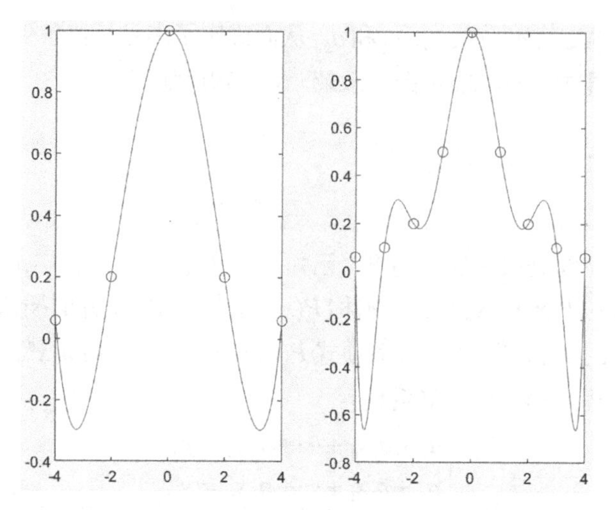

图 8-1　离散数据点（圆圈所示）、四次插值多项式（左）与八次插值多项式（右）

例 8.2　已知离散点$(-1, 1), (0, 0)$和$(1, 1)$, 请确定分段线性插值多项式.

解　易确定子区间$[-1, 0]$和$[0, 1]$上线性多项式分别为

$$P_1(x)=1+\frac{0-1}{0-(-1)}[x-(-1)],$$

$$P_2(x)=0+\frac{1-0}{1-0}(x-0).$$

虽然分段线性插值保持了局部特性但在节点处不光滑（一阶导数在节点处不连续），实际应用中经常采用三次样条插值，即用分段三次多项式插值，这样既能保持局部特性又能保证其光滑性（一阶导数和二阶导数连续）.

例 8.3　已知离散点$(-1, 1), (0, 0)$和$(1, 1)$, 请确定分段三次插值多项式.

解　记子区间$[-1, 0]$和$[0, 1]$上三次多项式分别为

$$S(x)=\begin{cases}a_1+b_1x+c_1x^2+d_1x^3, x\in[-1,0],\\ a_2+b_2x+c_2x^2+d_2x^3, x\in[0,1].\end{cases}$$

其中 8 个待定系数. 代入插值条件, 可得如下 4 个方程:

$$a_1-b_1+c_1-d_1=1,\ a_2+b_2+c_2+d_2=1,\ a_1=0,\ a_2=0.$$

进一步要求分段三次多项式在中间节点满足一阶导数和二阶导数连续，可得如下两个方程$b_1=b_2, c_1=c_2$. 最后要求分段三次多项式满足自然边界条件（即左右端点二阶导数为 0），即

$$2c_1-6d_1=0,\ 2c_2+6d_2=0.$$

联立上述 8 个方程, 求解线性方程组, 确定待定系数, 得分段三次多项式如下:

$$S(x)=\begin{cases}\dfrac{1}{2}x^3+\dfrac{3}{2}x^2, x\in[-1,0],\\ -\dfrac{1}{2}x^3+\dfrac{3}{2}x^2, x\in[0,1].\end{cases}$$

此类分段三次多项式插值既保持了局部特性又保证在节点处的光滑性（一阶导数和二阶导数在节点处连续），通常称为样条插值.

8.1.3　MATLAB 插值函数

MATLAB 一维插值函数是 interp1，其调用格式为：

```
yq = interp1(x, y, xq, 'method')
```

其中向量 x 是样本点，向量 y 是样本点的对应值. 向量 xq 是查询点，向量 yq 是函数在查询点的估计值. 'method'表示采用的插值方法，包括线性插值和样条插值，缺省时默认为线性插值.

类似的, MATLAB 二维插值函数是 interp2，调用格式为：

```
Vq = interp2 (X, Y, V, Xq, Yq, 'method')
```

特别的, Vq = interp2(V, k) 将每个维度上样本值之间的间隔反复分割 k 次，形成优化网格，并在这些网格上返回估计值.

下面来看一个有趣的图像放大的例子（见图 8-2）：

```
load clown %将表示图像的矩阵 X 加载到工作区
V = single(X(1:124, 75:225));
figure, subplot(121), imshow(V, [])
Vq = interp2(V, 2);
subplot(122), imshow(Vq, [])
```

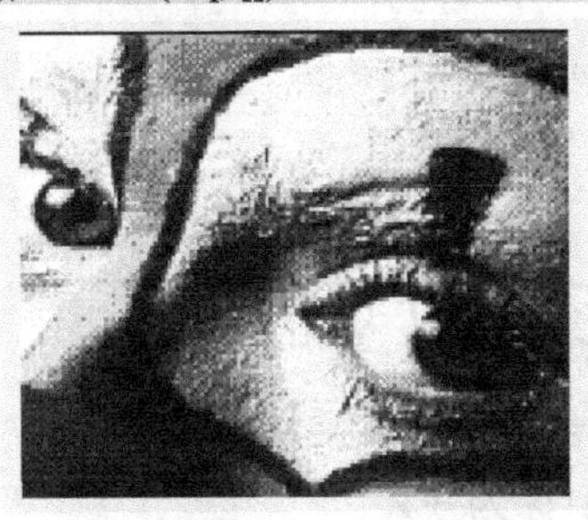
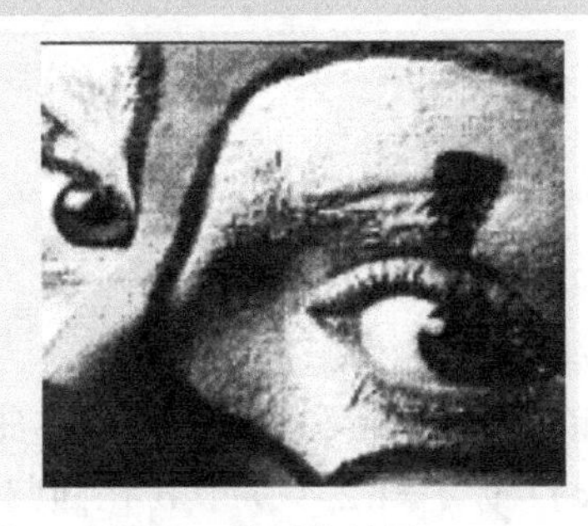

图 8-2 （左）两倍放大后原图与（右图）二维插值结果

从图 8-2 中可以观测到两倍放大后原图具有明显的像素块，而二维插值结果相对光滑.

8.2　拟合

用插值方法建立的函数近似表达式需要通过所有的数据点，如果由于某些外在因素的影响，导致数据存在观测误差或噪声，那么通过插值方法确定的函数可能并不是最佳的函数，可以采用拟合的方法来实现，以消除其局部波动.

8.2.1　拟合问题的基本思想

假设给定一组离散的数据点 $(x_i, y_i), i = 0,1,\cdots,n$，该组数据点逼近一条直线，但也许找不到一条最佳直线(一次多项式)通过所有的点，即如下方程组无解(n 个方程和两个待定系数)：

$$\begin{cases} ax_0 + b = y_0, \\ ax_1 + b = y_1, \\ \quad\vdots \\ ax_n + b = y_n. \end{cases}$$

那么可以退而求其次寻找一条“次佳”的直线 $y = ax + b$，使得直线与所有数据点最为接近即可. 这个过程可以用拟合的方法来实现.

拟合问题的基本思想是从一大堆看上去杂乱无章的数据中找出规律, 即设法构造一条曲线（拟合曲线）来反映所给数据点总的趋势, 以消除其局部波动.

定义 8.2 给定 m 个数据点 (x_1, y_1)，(x_2, y_2)，…，(x_m, y_m)，确定函数 $y = \varphi(x)$，使其对应的曲线能反映给定数据点的数据变化规律（即使离散点集中分布在曲线附近且越接近越好），则函数 $y = \varphi(x)$ 称拟合函数.

拟合函数 $y = \varphi(x)$ 通常可设定为如下形式：

$$\varphi(x) = a_0\varphi_0(x) + a_1\varphi_1(x) + \cdots + a_n\varphi_n(x)$$

其中，$\{\varphi_0(x), \varphi_1(x), \cdots, \varphi_n(x)\}$ 称为拟合函数的函数类. 若函数类选为幂函数类 $\{1, x, x^2, \cdots, x^n\}$，则这种找拟合函数的方法称为多项式拟合.

8.2.2 拟合问题的算法实现

在拟合问题中，取定函数类 $\{\varphi_0(x), \varphi_1(x), \cdots, \varphi_n(x)\}$，求拟合函数

$$\varphi(x) = \sum_{j=0}^{n} a_j \varphi_j(x),$$

使得

$$\sum_{i=1}^{m} [\varphi(x_i) - y_i]^2 = \sum_{i=1}^{m} \left[\sum_{j=0}^{n} a_j \varphi_j(x_i) - y_i \right]^2$$

最小，以此确定拟合函数 $y = \varphi(x)$ 的方法称曲线拟合的最小二乘法.

记 $\delta_i = \varphi(x_i) - y_i, i = 1, 2, \cdots, m$，$\delta_i$ 在回归分析中称为残差.

故残差向量为

$$\boldsymbol{\delta} = \begin{pmatrix} \varphi(x_1) - y_1 \\ \varphi(x_2) - y_2 \\ \vdots \\ \varphi(x_m) - y_m \end{pmatrix}.$$

曲线拟合的最小二乘法即为以残差平方和最小问题的解来确定拟合函数的方法.

记

$$S(a_0, a_1, \cdots, a_n) = \sum_{i=1}^{m} \left[\sum_{j=0}^{n} a_j \varphi_j(x_i) - y_i \right]^2.$$

由多元函数求极值的必要条件

$$\frac{\partial S}{\partial a_k} = 0, \ k = 0, 1, 2, \cdots, n$$

可得

$$2\sum_{i=1}^{m}\varphi_k(x_i)[\sum_{j=0}^{n}a_j\varphi_j(x_i)-y_i]=0,$$

即

$$\sum_{i=1}^{m}[\sum_{j=0}^{n}a_j\varphi_k(x_i)\varphi_j(x_i)-\varphi_k(x_i)y_i]=0,$$

$$\sum_{i=1}^{m}\sum_{j=0}^{n}a_j\varphi_k(x_i)\varphi_j(x_i)=\sum_{i=1}^{m}\varphi_k(x_i)y_i.$$

由

$$\sum_{i=1}^{m}\sum_{j=0}^{n}a_j\varphi_k(x_i)\varphi_j(x_i)=\sum_{i=1}^{m}\varphi_k(x_i)y_i$$

得

$$\sum_{j=0}^{n}[\sum_{i=1}^{m}\varphi_k(x_i)\varphi_j(x_i)]a_j=\sum_{i=1}^{m}\varphi_k(x_i)y_i,$$

即

$$a_0\sum_{i=1}^{m}\varphi_k(x_i)\varphi_0(x_i)+a_1\sum_{i=1}^{m}\varphi_k(x_i)\varphi_1(x_i)+\cdots+a_n\sum_{i=1}^{m}\varphi_k(x_i)\varphi_n(x_i)=\sum_{i=1}^{m}\varphi_k(x_i)y_i,$$

$$k=0,1,2,\cdots,n.$$

上式为由 $n+1$ 个方程组成的方程组，称为正规方程组.

求解正规方程组即可得拟合函数的系数 $a_0,a_1,\cdots,a_n$，拟合函数即可确定.

若考虑一次多项式拟合，定义离散点 (x_i,y_i) 与直线的距离为 ax_i-b-y_i. 直线与离散点拟合程度的好坏可以定量地定义为所有离散点与直线的距离平方之和，即

$$S=(ax_0+b-y_0)^2+\cdots+(ax_n+b-y_n)^2.$$

我们希望极小化所有离散点与直线的距离平方之和，则寻找与所有离散点最为接近的直线的问题转化为二元函数最优化问题，其中极小值点 a 和 b 就是直线的待定系数. 根据多元函数极值的必要条件，对 S 求 a 和 b 的偏导数并令其为 0，得到如下方程组：

$$\begin{cases}(ax_0+b-y_0)+\cdots+(ax_n+b-y_n)=0,\\x_0(ax_0+b-y_0)+\cdots+x_n(ax_n+b-y_n)=0.\end{cases}$$

整理得关于 a 和 b 的方程组：

$$\begin{pmatrix}1+\cdots+1 & x_0+\cdots+x_n\\x_0+\cdots+x_n & x_0^2+\cdots+x_n^2\end{pmatrix}\begin{pmatrix}b\\a\end{pmatrix}=\begin{pmatrix}y_0+\cdots+y_n\\x_0y_0+\cdots+x_ny_n\end{pmatrix}.$$

求解上述方程组即得到与所有数据点最为接近的直线 $y=ax+b$，即拟合离散数据点的直线.

8.2.3　MATLAB 拟合函数

上述烦琐的工作都可以调用 MATLAB 多项式拟合函数 polyfit 完成，其调用格式为：

```
p = polyfit(x, y, n),
```

其中 x 和 y 为数据点，n 为多项式阶数，返回向量 p 为幂次从高到低的多项式系数.

求得拟合函数后可调用多项式求值函数 p = polyval(p, x)计算多项式 p 在 x 处的值. 其中 p 是 n 次多项式的系数（降幂排序）向量，其长度为 $n+1$.

来看一个简单的例子. 给定向量 $\boldsymbol{x}=[1\ 2\ 4\ 5]$ 和 $\boldsymbol{y}=[1\ 2\ 2\ 3]$，通过 plot 函数画出散点图，观察 $\boldsymbol{x}$ 和 $\boldsymbol{y}$ 之间的大致关系（如图 8-3 所示），其中空心圆圈表示离散点.

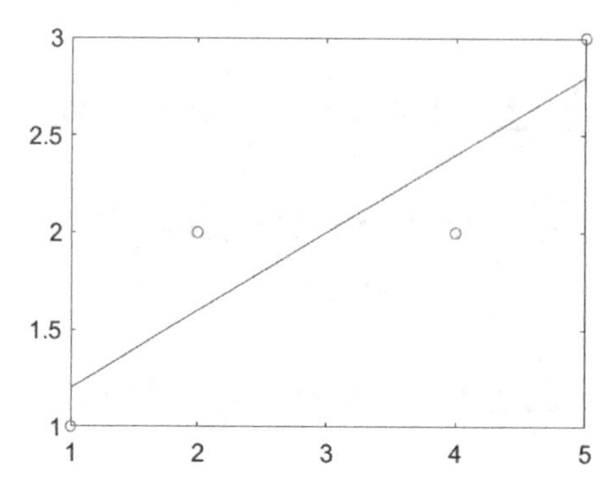

图 8-3　离散数据点及拟合直线

从图 8-3 可以看出，$\boldsymbol{x}$ 和 $\boldsymbol{y}$ 之间接近线性关系，故可以用一次多项式进行拟合. 调用多项式拟合函数 polyfit(x, y, 1)，返回一次多项式的系数 p. 然后调用多项式求值函数 polyval 计算多项式在查询点 xq 处的值，最后画出拟合直线（查询数据点连线）.

编写程序如下：

```
x = [1 2 4 5];
y = [1 2 2 3];
plot(x, y, 'o')
p = polyfit(x, y, 1);
xq = linspace(min(x), max(x));
yq = polyval(p, xq);
hold on, plot(xq, yq, 'r')
```

8.3　实验探究

下面研究 CPU 上晶体管数量的增长规律. 从 20 世纪 70 年代早期开始，英特尔公司 CPU 上晶体管的数量如表 8-2 所示.

表 8-2　英特尔公司 CPU 上晶体管的数量

CPU 型号	年　份	晶体管数目
4004	1971	2250
8008	1972	2500
8080	1974	5000
8086	1978	29000
286	1982	120000
386	1985	275000
486	1989	1180000
Pentium	1993	3100000

续表

CPU 型号	年 份	晶体管数目
Pentium II	1997	7500000
Pentium III	1999	24000000
Pentium 4	2000	42000000
Itanium	2002	220000000
Itanium 2	2003	410000000

指数函数可以用来描述事物增长或衰减的规律，如放射性原子核、血液中药物和酒精的衰变规律．我们采用指数函数来描述晶体管的增长规律：

$$y(x)=c_0\mathrm{e}^{c_1x},$$

其中 c_0 和 c_1 未知．上述问题是非线性拟合问题．我们对上式两端同时取对数：

$$\ln y(x)=\ln c_0+c_1x.$$

记 $k=\ln c_0$，则上述问题转化为我们熟悉的多项式拟合问题

$$\ln y=k+c_1x,$$

其中 k 和 c_1 未知，$x=0$ 对应于 1970 年．

编写程序如下：

```
x=[1 2 4 8 12 15 19 23 27 29 30 32 33];
y=[2250 2500 5000 29000 120000 275000 1180000 3100000 ...
  7500000 24000000 42000000 220000000 410000000];
lny=log(y);
polyfit(x, lny, 1)
```

计算结果为 $k=7.197$ 和 $c_1=0.3546$，则拟合函数为 $y(x)=1335.3\mathrm{e}^{0.3546x}$ ．

可以通过拟合函数来预测晶体管数目需要 $\ln 2/0.3546\approx 1.9547$ 年翻一番．而英特尔创始人之一戈登・摩尔曾经预测：当价格不变时，集成电路上可容纳的晶体管数目约每隔 18（或 24）个月便会增加一倍，性能也将提升一倍．这就是著名的摩尔定律，这与上述预测非常接近．

上述非线性拟合问题是通过线性化技巧转化为我们熟悉的线性拟合问题求解的，也可以通过 MATLAB 非线性拟合函数 lsqcurvefit 直接求解．

lsqcurvefit 函数基本调用格式为：

```
beta = lsqcurvefit(fun, beta0, xdata, ydata)
```

其中 beta 为求解的非线性拟合函数系数，xdata 和 ydata 为给定数据，fun 为自定义的拟合函数, beta0 为待定系数的初始值．

编写程序如下：

```
xdata = [1 2 4 8 12 15 19 23 27 29 30 32 33];
ydata = [2250 2500 5000 29000 120000 275000 1180000 3100000 ...
  7500000 24000000 42000000 220000000 410000000];
beta = lsqcurvefit(@(beta, x)(beta(1)*exp(beta(2)*x)), [1000 0], ...
  xdata, ydata)
```

最后请比较两种方法的结果是否相同并思考其原因.

8.4 习题

1. 计算满足插值条件(−1, 1), (0, 0)和(2, −2)的二次多项式.
2. 计算满足插值条件(−1, 1), (0, 0)和(2, −2)的分段一次多项式.
3. 计算拟合数据(−1, 1), (0, 0)和(2, −2)一次多项式的 MATLAB 命令是什么？

（1）polyfit([−1 1], [0, 0], [2, −2], 1);

（2）polyfit([−1 1], [0, 0], [2, −2]);

（3）polyfit([−1 0 2], [1 0 −2]);

（4）polyfit([−1 0 2], [1 0 −2], 1).

4. 已知拟合实验数据如表 8-3 所示.

表 8-3　拟合实验数据

x	1	2	3	4
y	10	30	50	80

求拟合二次多项式 $P(x)=a+bx^2$.

5. 美国人口 1900—2010 年期间的数据如表 8-4 所示.

表 8-4　人口数据

年份	1900	1910	1920	1930	1940	1950
人口/百万	75.995	91.972	105.711	123.203	131.669	150.697
年份	1960	1970	1980	1990	2000	2010
人口/百万	179.323	203.212	226.505	249.633	281.422	308.746

试用多项式函数对 1900—2000 年间美国人口与年份的规律进行拟合（可尝试用不同阶多项式），并通过拟合多项式预测 2010 年美国人口，并与 2010 年美国统计人口比较.

6. 一家公司在 22 个大小近似相等的城市尝试销售一种新型的运动型饮料，售价（美元）以及在城市中每周的销量如表 8-5 所示.

表 8-5　饮料销售数据

城　市	售价/美元	每周销量/瓶
1	0.59	3980
2	0.80	2200
3	0.95	1850
4	0.45	6100
5	0.79	2100
6	0.99	1700
7	0.90	2000

续表

城　市	售价/美元	每周销量/瓶
8	0.65	4200
9	0.79	2440
10	0.69	3300
11	0.79	2300
12	0.49	6000
13	1.09	1190
14	0.95	1960
15	0.79	2760
16	0.65	4330
17	0.45	6960
18	0.60	4160
19	0.89	1990
20	0.79	2860
21	0.99	1920
22	0.85	2160

请用多项式拟合售价与销量的规律. 如果每件产品的制造成本是 0.23 美元, 公司如何设置全国统一售价以使利润最大化?

第9章　数值积分与数值微分实验

数值积分和数值微分是数值计算中非常重要的一类方法，主要用于求解一些表达式复杂的函数或者以离散数据形式给定的函数，本章主要介绍数值积分和数值微分的基本思想及其在 MATLAB 中的实现.

9.1　数值积分

在工程技术和科学研究中经常需要计算定积分的值. 有些数值方法，如微分方程和积分方程的求解等，也都和积分计算有关，因此研究定积分的计算方法是非常重要的.

9.1.1　数值积分问题

在微积分的理论中，一般利用牛顿-莱布尼茨公式解决定积分的计算问题，即如果知道被积函数 $f(x)$ 的原函数 $F(x)$，则

$$\int_a^b f(x)\mathrm{d}x = F(x)\Big|_a^b = F(b) - F(a).$$

但是在很多实际问题中，函数只能用表格表示，或者虽能用解析式表示，但表达式非常复杂，被积函数的原函数不能被求出，这时就无法利用牛顿-莱布尼茨公式进行计算，因此需要用数值积分的方法计算定积分.

9.1.2　数值积分的基本原理

数值积分方法是一种处理连续问题的离散化方法，具体是指利用积分区间上一些离散点处的函数值的线性组合计算定积分的近似值，不需要找出原函数.

设函数 $f(x)$ 在区间 $[a,b]$ 上连续，将区间 $[a,b]$ 划为 n 等分区间，令 $h=\dfrac{b-a}{n}$，$x_k = a+kh$ ($k=0,1,2,\cdots,n$)，根据定积分的性质可得

$$\int_a^b f(x)\mathrm{d}x \approx \sum_{k=1}^{n} f(x_k)\Delta x_k .$$

注意到 $\Delta x_k = x_k - x_{k-1} = h$，则有定积分近似计算公式

$$S_n = \sum_{k=1}^{n} f(x_k)h ,$$

当 $h\to 0$ 时，它趋于定积分的值 $\int_a^b f(x)\mathrm{d}x$. 故定积分的计算公式可以表示为

$$\int_a^b f(x)\mathrm{d}x = \sum_{k=1}^{n} f(x_k)A_k + R[f].$$

此即为计算定积分值的数值求积公式，其中 $R[f]$ 为求积余项(截断误差)，$x_0, x_1, \cdots, x_n$ 为

求积节点，$A_0, A_1, \cdots, A_n$ 为求积系数. 研究数值求积公式的主要任务是确定求积节点和求积系数，使得在计算量合理的情况下使求积公式的误差尽可能小.

常用的数值求积方法是插值型求积，即利用数据插值的思想找出被积函数 $f(x)$ 的插值多项式，然后对插值多项式进行积分.

比如当 $n=1$ 时，即取两个插值节点，$x_0=a$ 和 $x_1=b$ 来构造线性插值多项式

$$f(x)\approx\frac{x-x_1}{x_0-x_1}f(x_0)+\frac{x-x_0}{x_1-x_0}f(x_1),$$

对两个基函数积分得

$$A_0=\int_a^b\frac{x-x_1}{x_0-x_1}\mathrm{d}x=\int_a^b\frac{x-b}{a-b}\mathrm{d}x=\frac{1}{2}(b-a),$$

$$A_1=\int_a^b\frac{x-x_0}{x_1-x_0}\mathrm{d}x=\int_a^b\frac{x-a}{b-a}\mathrm{d}x=\frac{1}{2}(b-a),$$

所以

$$\int_a^b f(x)\mathrm{d}x\approx\frac{b-a}{2}[f(a)+f(b)].$$

这就是数值积分的梯形公式，其几何意义是用直边梯形的面积代替曲边梯形的面积，如图 9-1 所示.

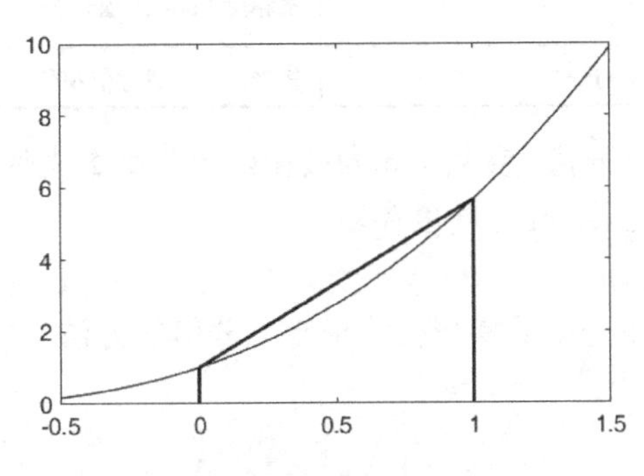

图 9-1　梯形法示意图

根据线性插值公式的余项表示式可得梯形公式的求积余项为

$$R[f]=\int_a^b\frac{f''(\xi)}{2}(x-x_0)(x-x_1)\mathrm{d}x.$$

当 $n=2$ 时，取三个插值节点 $x_0=a, x_1=\dfrac{a+b}{2}, x_2=b$，构造二次插值多项式

$$f(x)\approx\frac{(x-x_1)(x-x_2)}{(x_0-x_1)(x_0-x_2)}f(x_0)+\frac{(x-x_0)(x-x_2)}{(x_1-x_0)(x_1-x_2)}f(x_1)+\frac{(x-x_0)(x-x_1)}{(x_2-x_0)(x_2-x_1)}f(x_2).$$

对三个基函数分别积分得

$$A_0=\int_a^b\frac{(x-x_1)(x-x_2)}{(x_0-x_1)(x_0-x_2)}\mathrm{d}x=\frac{2}{(b-a)^2}\int_a^b(x-x_1)(x-x_2)\mathrm{d}x=\frac{1}{6}(b-a),$$

$$A_1=\int_a^b\frac{(x-x_0)(x-x_2)}{(x_1-x_0)(x_1-x_2)}\mathrm{d}x=-\frac{4}{(b-a)^2}\int_a^b(x-x_0)(x-x_2)\mathrm{d}x=\frac{4}{6}(b-a),$$

$$A_2=\int_a^b\frac{(x-x_0)(x-x_1)}{(x_2-x_0)(x_2-x_1)}\mathrm{d}x=\frac{2}{(b-a)^2}\int_a^b(x-x_0)(x-x_1)\mathrm{d}x=\frac{1}{6}(b-a).$$

所以

$$\int_a^b f(x)\mathrm{d}x \approx \frac{b-a}{6}\left[f(a)+4f\left(\frac{a+b}{2}\right)+f(b)\right].$$

这是数值积分的 Simpson 公式.

若直接在积分区间上利用梯形公式或 Simpson 公式，误差可能会很大，故可将积分区间划分为若干个子区间进行计算以提高精度，由此对应的公式分别称为复合梯形公式和复合 Simpson 公式.

9.1.3 MATLAB 中数值积分的主要函数

MATLAB 中进行数值积分的主要函数见表 9-1.

表 9-1 MATLAB 软件数值积分主要函数

调用格式	功能
Q=trapz(X, Y)	梯形法求解积分
Q=quad(fun, a, b) Q=quad(fun, a, b, tol)	基于变步长 Simpson 法求积分
Q=quadl(fun, a, b) Q=quadl(fun, a, b, tol)	高精度 Lobatto 积分法
Q=dblquad(fun, xmin, xmax, ymin, ymax)	矩形区域二重数值积分

表 9-1 中 Q 为返回定积分值，参数 fun 为被积函数的函数文件名或函数句柄，a 和 b 分别指给定积分区间的下限和上限, tol 为精度参数.

1. 函数 trapz 的使用

trapz 函数是指用数值积分中的梯形公式求定积分值的方法.

函数 trapz 的调用格式为：

```
Q = trapz(X, Y)
```

例 9.1 求函数 $y=\sin(x)$ 在区间 $[0,\pi]$ 上的定积分值.

解 编写程序如下：

```
x=0:pi/100:pi;
y=sin(x);
trapz(x, y)
```

运行结果为：

```
ans =
    1.9998
```

精确的积分结果应该是 2, 对于可以进行符号积分求解精确结果的函数，使用此方法意义并不大. 但是当被积函数不能进行符号积分时，使用数值积分方法可以快速得到比较可靠的计算结果.

2. 函数 quad 和 quadl 的使用

quad 函数是指用数值积分中的变步长 Simpson 公式求定积分值的方法. quadl 采用高精度

Lobatto 积分法估算定积分.

函数 quad 和 quadl 的调用格式为：

```
Q = quad(fun, a, b)
Q = quadl(fun, a, b)
```

例 9.2　计算下列定积分的值：

$$\int_0^2 \frac{1}{x^3-2x-5}\mathrm{d}x .$$

解　编写程序如下：

```
function testmain
format long
Q1 = quad(@myfun, 0, 2)
Q2 = quadl(@myfun, 0, 2)
%定义函数
function y = myfun(x)
y = 1./(x.^3-2*x-5);
```

运行结果为：

```
Q1 =
  -0.460501739742492
Q2 =
  -0.460501538357799
```

通过程序求得该定积分的近似值为−0.4605.

3. 函数 dblquad 的使用

调用格式：

```
Q=dblquad(fun, xmin, xmax, ymin, ymax)
```

其中 xmin, xmax, ymin, ymax 分别为矩形区域变量 x 的取值下限、上限，变量 y 的取值下限、上限.

例 9.3　计算下列二重积分的值：

$$\iint_D (x^2+y^2)\mathrm{d}x\mathrm{d}y\ ,\quad D=\{(x,y)\,|\,0\leqslant x\leqslant 2, 1\leqslant x\leqslant 4\} .$$

解　编写程序如下：

```
f=@(x, y)x.^2+y.^2;
q=dblquad(f, 0, 2, 1, 4)
```

运行结果为：

```
q =
   50.0000
```

运行结果表明该二重积分的值为 50.

如果积分区域 D 不是矩形区域，则可以结合积分区域来定义被积函数，再调用 dblquad 积分.

例 9.4　计算下列二重积分的值：

$$\iint_D (x^2+y^2)\mathrm{d}x\mathrm{d}y\text{，}\quad D=\{(x,y)\,|\,0\leqslant x\leqslant y,1\leqslant y\leqslant 4\}\text{.}$$

解 由 D 的范围可知 D 投影到 x 轴的取值范围为 0～4，投影到 y 轴的取值范围为 1～4. 编写程序如下：

```
f=@(x, y)(x.^2+y.^2). *(0<=x&x<=y);
q=dblquad(f, 0, 4, 1, 4)
```

运行结果为：

```
q =
    85.0000
```

运行结果表明该二重积分的值为 85.

9.2 数值微分

9.2.1 数值微分问题

在实际问题中，很多函数解析式不存在，只能用表格表示，或者虽然函数解析式存在，但是其表达形式非常复杂，不容易计算其导数值，因此需要用数值计算的思想进行求导运算. 数值微分就是用函数值的线性组合作为函数在某点处的近似导数值.

9.2.2 数值微分方法

按照导数的定义，可以简单地用差商近似代替导数，得到下面的数值微分公式：

$$f'(a)\approx\frac{f(a+h)-f(a)}{h},$$

$$f'(a)\approx\frac{f(a)-f(a-h)}{h},$$

$$f'(a)\approx\frac{f(a+h)-f(a-h)}{2h},$$

其中 h 称为步长. 上面的三个公式分别称为向前差商公式、向后差商公式和中点差商公式.

利用泰勒展开式可得（这里假定 $f(x)$ 具有任意阶导数）

$$f(a+h)=f(a)+hf'(a)+\frac{h^2}{2!}f''(a)+\frac{h^3}{3!}f^{(3)}(a)+\frac{h^4}{4!}f^{(4)}(a)+\cdots \tag{9-1}$$

$$f(a-h)=f(a)-hf'(a)+\frac{h^2}{2!}f''(a)-\frac{h^3}{3!}f^{(3)}(a)+\frac{h^4}{4!}f^{(4)}(a)+\cdots \tag{9-2}$$

由式（9-1）可得

$$f'(a)=\frac{f(a+h)-f(a)}{h}+O(h).$$

由式（9-2）可得

$$f'(a)=\frac{f(a)-f(a-h)}{h}+O(h).$$

由式（9-1）和式（9-2）联立可得

$$f'(a) \approx \frac{f(a+h)-f(a-h)}{2h} + O(h^2).$$

由此可知，向前差商和向后差商的截断误差为$O(h)$，中点差商的截断误差为$O(h^2)$，即中点差商方法精度更高一些.

另外，还可以利用插值原理建立插值多项式进行求导. 比如用多项式$P_n(x)$近似代替$f(x)$，就可以取$P_n'(x)$作为$f'(x)$的近似值，这样建立的数值微分公式

$$f'(x) \approx P_n'(x)$$

称为插值型求导公式.

如果仅考虑节点处的导数值，可以由线性插值和抛物插值得到下面数值微分的两点公式和三点公式. 为简化讨论，假设所给的节点是等距的.

1. 两点公式

设已给出两个节点x_0, x_1上的函数值$f(x_0), f(x_1)$，构造线性插值多项式

$$f(x) \approx \frac{x-x_1}{x_0-x_1} f(x_0) + \frac{x-x_0}{x_1-x_0} f(x_1).$$

对上式两端求导，记$x_1 - x_0 = h$，可得

$$f'(x) \approx \frac{1}{h}[-f(x_0)+f(x_1)].$$

于是可得下列近似求导公式：

$$f'(x_0) \approx \frac{1}{h}[f(x_1)-f(x_0)],$$

$$f'(x_1) \approx \frac{1}{h}[f(x_1)-f(x_0)].$$

这就是数值微分的两点公式.

2. 三点公式

设已给出三个节点$x_0, x_1 = x_0 + h, x_2 = x_0 + 2h$上的函数值$f(x_0), f(x_1), f(x_2)$，构造二次插值多项式

$$f(x) \approx \frac{(x-x_1)(x-x_2)}{(x_0-x_1)(x_0-x_2)} f(x_0) + \frac{(x-x_0)(x-x_2)}{(x_1-x_0)(x_1-x_2)} f(x_1) + \frac{(x-x_0)(x-x_1)}{(x_2-x_0)(x_2-x_1)} f(x_2).$$

令$x = x_0 + th$，上式可表示为

$$f(x_0+th) \approx \frac{1}{2}(t-1)(t-2)f(x_0) - t(t-2)f(x_1) + \frac{1}{2}t(t-1)f(x_2).$$

两端对t求导，可得

$$f'(x_0+th) \approx \frac{1}{2h}[(2t-3)f(x_0) - (4t-4)f(x_1) + (2t-1)f(x_2)].$$

上式分别取$t = 0,1,2$，得到三点求导公式：

$$f'(x_0) \approx \frac{1}{2h}[-3f(x_0)+4f(x_1)-f(x_2)],$$

$$f'(x_1) \approx \frac{1}{2h}[-f(x_0)+f(x_2)],$$

$$f'(x_2) \approx \frac{1}{2h}[f(x_0)-4f(x_1)+3f(x_2)].$$

9.2.3 应用实例

例 9.5 设 $f(x)=\sin(5x^2-21)$，分别利用向前差商公式、向后差商公式及中点差商公式计算 $f'(0.79)$ 的近似值，其中步长分别取 0.1, 0.01, 0.001, 0.0001.

解 先计算 $f'(0.79)$ 的精确值.

编写程序如下：

```
x=0.79;
dy=10*cos(5*x^2-21)*x
```

运行结果为：

```
dy=
    4.46550187104484
```

该程序得到该点导数的精确解近似为 4.46550187104484.

下面分别用向前差商公式、向后差商公式及中点差商公式计算 $f'(0.79)$ 的近似值.

编写程序如下：

```
x=0.79;
h=[0.1, 0.01, 0.001, 0.0001];
x1=x+h;
x2=x-h;
y=sin(5.*x.^2-21);
y1=sin(5.*x1.^2-21);
y2=sin(5.*x2.^2-21);
dy_forward=(y1-y)./h
dy_backward=(y-y2)./h
dy_mid=(y1-y2)./(2*h)
```

运行结果为：

```
dy_forward =
    1.4660    4.2285    4.4425    4.4632
dy_backward =
    5.9689    4.6867    4.4883    4.4678
dy_mid =
    3.7174    4.4576    4.4654    4.4655
```

由上述运行结果可知，步长越小，计算结果越准确，并且在相同步长情形下，中点差商公式的精度要更高一些.

9.3 实验探究

设某城市男子的身高 $X\sim N(170, 36)$（单位：cm），应如何选择公共汽车门的高度 H，使男子与车门碰头的机会小于 1%.

问题分析：由题设男子身高数据服从平均值为 170、方差为 6 的正态分布，其分布密度函

数为

$$f(x)=\frac{1}{6\sqrt{2\pi}}\exp\left[\frac{-(x-170)^2}{2\times 36}\right].$$

按正态分布的分布规律，这个城市的男子身高超过 188cm 的人数极少，故可以对 $H=188$, 187, 186, …，求出概率 $P\{X>H\}$ 的值，观察使概率不超过 1%的 H，以确定公共汽车门应该取的高度. 概念值的计算实际上是求定积分

$$P\{X>H\}=\int_H^{+\infty}f(x)\mathrm{d}x\approx\int_H^{194}f(x)\mathrm{d}x\,.$$

（1）选用一种数值求积公式或用数学软件分别计算出 $H=180$, 181, …, 188 时该定积分近似值；

（2）根据上面计算的积分值，按题目要求确定公共汽车门的高度取值（答案 184cm）. 如果将汽车门的高度取 180cm，是否满足大多数市民的利益？

（3）用计算机模拟的方法来检验你的结论，计算机产生 10000 个正态随机数（它们服从均值为 170、方差为 6 的正态分布）来模拟这个城市中 10000 个男子的身高，然后统计出这 10000 人中身高超过 180（cm）的男子数量所占的百分比.

9.4　习题

1. 用下列 4 种不同方法求积分 $\int_0^1\frac{4}{1+x^2}\mathrm{d}x$ 的值.

（1）牛顿-莱布尼茨公式；

（2）梯形公式；

（3）Simpson 公式；

（4）复合梯形公式.

2. 利用复合梯形公式求定积分 $\int_0^1\mathrm{e}^x\mathrm{d}x$ 的近似值.

3. 定积分 $I=\int_0^1\frac{\sin x}{x}\mathrm{d}x$.

（1）利用复合梯形公式求积分值，使其截断误差不超过 $\frac{1}{2}\times10^{-3}$；

（2）取同样的求积节点，改用复合 Simpson 公式计算，判断其截断误差；

（3）要求截断误差不超过 10^{-6}，如果用复合 Simpson 公式计算，应取多少个函数值？

4. 已知单位圆的面积为 $A=\pi$，又已知过原点的单位圆上半部分面积为 $\frac{\pi}{2}$，即 $\frac{\pi}{2}=\int_{-1}^1\sqrt{1-x^2}\mathrm{d}x$，因此可以通过近似该积分来计算 π 的近似值. 试用 Simpson 公式来计算 π 的近似值并解释得到的结果.

第 10 章　微分方程模型实验

微分方程指含有未知函数及其导数的方程. 微分方程在物理、化学、工程学和经济学等领域都有广泛的应用. 然而, 实际应用中仅有少数的微分方程具有解析解（即满足方程的函数）, 因此需要发展计算微分方程数值解（即未知函数在一系列离散点上的近似值）的数值方法.

微分方程模型主要用来刻画连续事物的变化规律. 某些离散的变量在某种条件下也可近似为连续变化问题, 如人口增长模型. 比较常见的微分模型有单种群增长模型、多种群增长模型、传染病模型等. 多种群增长模型又有竞争者模型、捕食者与食饵模型等.

在人口增长或衰减的问题中, 假设人口增长速度或衰减速度与人口本身的数目成正比, 这类模型就是 Malthus 模型. 我们可以用下列常微分方程来描述

$$y'(t)=ky(t).$$

其中, t 为时间变量, $y(t)$ 为 t 时刻人口总数, 参数 k 为常数, 反应了人口增长的变化率 $y'(t)$ 与人口总数 $y(t)$ 的比值. 如果 k 是正数, 则人口总数增加;如果 k 为负数, 则人口总数减少. 该常微分方程的解析解为

$$y(t)=c\mathrm{e}^{rt}.$$

其中, $c=y(0)$.

本章主要介绍利用微积分知识寻找常微分方程的数值解法, 以及 MATLAB 求解常微分方程的工具箱函数.

10.1　常微分方程数值解问题

如果常微分方程没有解析解或难以计算解析解, 则考虑求解常微分方程的数值方法. 本章我们着重考察下列一阶常微分方程初值问题的数值解.

$$\begin{cases} y'(x)=f(x,y),a\leqslant x\leqslant b, \\ y(a)=y_0. \end{cases} \tag{10-1}$$

即函数 $y(x)$ 在一系列离散点的 $a=x_1<x_2<\cdots<x_n<\cdots$ 上的近似值 $y_n(n=1,2,3,4,\cdots)$, 其中 $h_n=x_{n+1}-x_n$ 称为步长. 在实际计算时, 有时采用固定步长. 设步长为 h, 则有 $h_n=h$.

10.2　常微分方程的数值解法

10.2.1　欧拉方法

为了计算 $y(x_n)$ 的近似值 y_n , 应基于问题对方程左端的导数做近似. 这里考虑一阶导数的定义找出近似的方法. 由一阶导数定义得

$$y'(x_n)=\lim_{h\to 0}\frac{y(x_n+h)-y(x_n)}{h}.$$

即 $y'(x_n)=\lim_{h\to 0}\frac{y(x_{n+1})-y(x_n)}{h}$，从而有

$$y'(x_n)\approx\frac{y(x_{n+1})-y(x_n)}{h}. \tag{10-2}$$

根据式（10-1）可知

$$y'(x_n)=f(x_n,y(x_n)). \tag{10-3}$$

联立式（10-2）、式（10-3）可得

$$\frac{y(x_{n+1})-y(x_n)}{h}\approx f(x_n,y(x_n)), \tag{10-4}$$

从而得到 $y(x_{n+1})$、$y(x_n)$ 关联的近似递推式子

$$y(x_{n+1})\approx y(x_n)+hf(x_n,y(x_n)). \tag{10-5}$$

由于已知 $y(x_0)$，因此可以递推得到 $y(x_n)(n=1,2,3,\cdots)$ 的近似值. 根据 $y_n(n=1,2,3,\cdots)$ 的定义，结合式（10-5）可得到递推式子

$$y_{n+1}=y_n+hf(x_n,y_n),\ \ n=0,1,2,\cdots. \tag{10-6}$$

这种方法就是著名的求解常微分方程的欧拉（Euler）公式，简称为欧拉方法.

例 10.1　用欧拉方法求解初值问题

$$\begin{cases} y'=0.01(1-0.2xy)y, & 0<x\leqslant 10,\\ y(0)=2. \end{cases} \tag{10-7}$$

分析　本问题可以用 MATLAB 符号工具箱函数求出解析解. 该模型的解析解为 $y=\dfrac{1}{\dfrac{x-100}{5}+\dfrac{41}{2}\mathrm{e}^{-\frac{x}{100}}}$. 下面先用欧拉方法求出数值解，然后与解析解对比.

解　本问题未知函数 y 的导数为 $f(x,y)=0.01(1-0.2xy)y$. 利用欧拉方法编写程序如下:

```
f =@(x, y)0.01*(1-0.2*x*y).*y;
a =0; b =10; n=100;
h = (b - a) / n;
x = a:h:b;
y(1) = 2;
for i = 1 : length(x)-1
    K1 = f(x(i), y(i));
    y(i+1) = y(i) + h * K1;
end
solfun=@(x)1./((x-100)/5+41/2*exp(-x/100));%函数解析表达式
solval=solfun(x); %真解函数值
h=plot(x, y, '.b', x, solval, 'g');
h2=legend('欧拉方法', '解析解')
```

运行结果对比图见图 10-1.

运行结果表明，当步长 $h=\dfrac{10}{100}=0.1$ 时，欧拉方法求解结果与解析解非常接近.

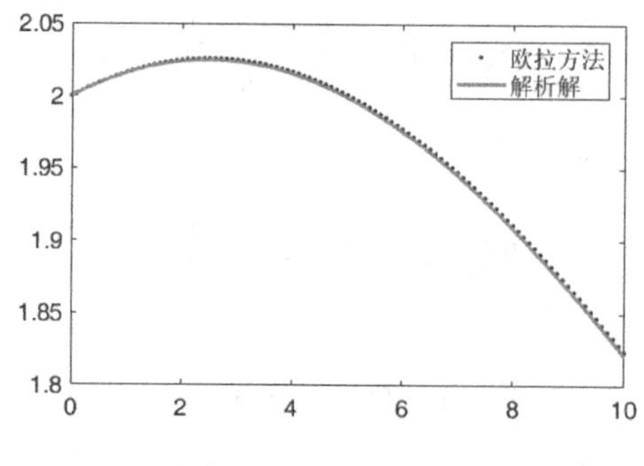

图 10-1　结果对比图

10.2.2　改进的欧拉方法

为了找到近似解，对 $y'(x)=f(x,y)$ 两端在区间 $[x_n,x_{n+1}]$ 积分，得到

$$\int_{x_n}^{x_{n+1}} y'(x)\mathrm{d}x=\int_{x_n}^{x_{n+1}} f(x,y)\mathrm{d}x .$$

右端用梯形积分公式，则有

$$y(x_{n+1})-y(x_n)\approx\frac{1}{2}\cdot h[f(x_n,y(x_n))+f(x_{n+1},y(x_{n+1}))] . \tag{10-8}$$

由式（10-8），用 y_{n+1} 代替 $y(x_{n+1})$，y_n 代替 $y(x_n)$，得到数值解递推计算式子

$$y_{n+1}=y_n+\frac{h}{2}[f(x_n,y_n)+f(x_{n+1},y_{n+1})] . \tag{10-9}$$

式（10-9）表示的解法称为梯形方法. 由于该方法右端有 y_{n+1}，该方法是隐式的.

为了让式（10-9）形成实用的迭代计算式子，对右端 y_{n+1} 采用欧拉方法近似得到一个近似值 $\overline{y}_{n+1}$，称为预测值. 再用式（10-9）计算出 y_{n+1}，这个结果称为校正值. 这种预测-校正的方法称为改进的欧拉方法:

$$\begin{aligned}\overline{y}_{n+1}&=y_n+hf(x_n,y_n),\\ y_{n+1}&=y_n+\frac{h}{2}[f(x_n,y_n)+f(x_{n+1},\overline{y}_{n+1})].\end{aligned} \tag{10-10}$$

令 $y_p=\overline{y}_{n+1}$，则式（10-10）可以化为下列形式

$$\begin{cases}y_p=y_n+hf(x_n,y_n)\\ y_c=y_n+hf(x_{n+1},y_p)\\ y_{n+1}=\dfrac{1}{2}(y_p+y_c)\end{cases}$$

例 10.2　用改进的欧拉方法解例 10.1 初值问题.

解　利用改进欧拉方法编写程序如下：

```
f = @(x, y)0.01*(1-0.2*x*y). *y;
a = 0; b = 10; n=100;
h = (b - a) / n;
x = a : h : b;
y(1) = 2;
for i = 1 : length(x)-1
```

```
        K1 = f(x(i), y(i));
        K2 = f(x(i+1), y(i)+h*K1);
        y(i+1) = y(i) + 0. 5*h *( K1+K2);
    end
    solfun=@(x)1. /((x-100)/5+41/2*exp(-x/100));
    solval=solfun(x);
    plot(x, y, '. b', x, solval, 'g');
    legend('改进的欧拉方法', '解析解')
```

运行结果对比图见图 10-2.

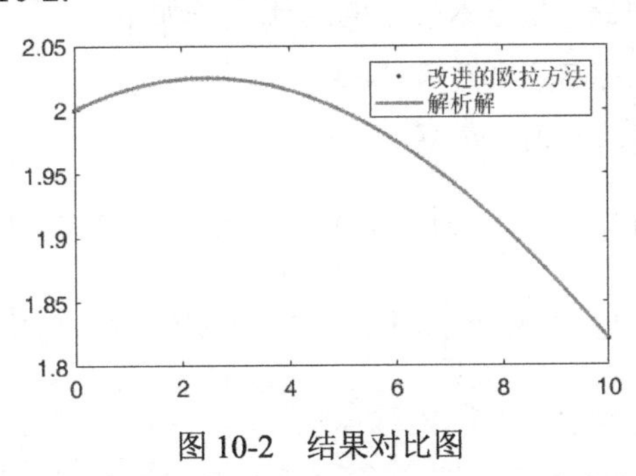

图 10-2　结果对比图

运行结果表明，当步长 $h=\dfrac{10}{100}=0.1$ 时，改进的欧拉方法求解结果比欧拉方法更好，解曲线几乎与解析解重合.

通过实例说明了改进的欧拉方法比欧拉方法求解精度更高.

10.2.3　一阶常微分方程组与高阶常微分方程的解法

一阶常微分方程组也可以用欧拉方法和改进的欧拉方法进行求解. 由于改进的欧拉方法近似效果较好，所以这里主要讨论改进的欧拉方法的应用.

例如，对于下列常微分方程组，有 2 个未知函数 $x(t)$，$y(t)$.

$$\begin{cases} x'(t)=f(t,x,y), \\ y'(t)=g(t,x,y), \\ x(0)=x_0, y(0)=y_0. \end{cases}$$

用改进的欧拉方法求解该常微分方程组的迭代格式为

$$\begin{cases} \overline{x}_{n+1}=x_n+hf(t_n,x_n,y_n), \\ \overline{y}_{n+1}=y_n+hg(t_n,x_n,y_n), \\ x_{n+1}=x_n+\dfrac{h}{2}[f(t_n,x_n,y_n)+f(t_n,\overline{x}_{n+1},\overline{y}_{n+1})], \\ y_{n+1}=y_n+\dfrac{h}{2}[g(t_n,x_n,y_n)+g(t_n,\overline{x}_{n+1},\overline{y}_{n+1})]. \end{cases} \quad (10\text{-}11)$$

其中 $n=0,1,2,3,\cdots$.

例 10.3　已知两个种群数量的变换规律用下列常微分方程模型来刻画，请编程求出 $x(t)$，$y(t)$ 在区间[0, 10]上的数值解，并绘制函数变化曲线.

$$\begin{cases} x'(t) = 0.2(1-0.08x-0.05y)x, \\ y'(t) = 0.1(0.02-0.02y+0.1x)y. \end{cases}$$

其中 $x(0)=20$，$y(0)=10$.

解 设定时间步长 $h=0.01$，令 $t_n = nh(n=0,1,2,\cdots)$．当 $n\geqslant 1$ 时，记 x_n 为 $x(t_n)$ 的近似值，y_n 为 $y(t_n)$ 的近似值．已知 $x_0 = x(0) = 20$，$y_0 = y(0) = 10$．

为便于更简洁地描述本微分模型迭代求解式子，这里令

$$f(t,x,y) = 0.2(1-0.08x-0.05y)x\,,$$

$$g(t,x,y) = 0.1(0.02-0.02y+0.1x)y\,.$$

利用改进的欧拉方法思路，写出本模型的迭代式子如下

$$\begin{cases} x_p = x_n + hf(t_n, x_n, y_n)\,, \\ y_p = y_n + hg(t_n, x_n, y_n), \\ x_{n+1} = x_n + \dfrac{h}{2}[f(t_n, x_n, y_n) + f(t_{n+1}, x_p, y_p)], \\ y_{n+1} = y_n + \dfrac{h}{2}[g(t_n, x_n, y_n) + g(t_{n+1}, x_p, y_p)]. \end{cases}$$

编写程序如下：

```
f=@(t, x, y)0.2*(1-0.08*x-0.05*y)*x;
g=@(t, x, y)0.1*(0.02-0.02*y+0.1*x)*y;
h=0.01;
T=0:h:80; % 确定离散时间节点
x(1) = 20;
y(1) = 10;
for n = 2:length(T) % 按时间节点逐步迭代求解
    xp   = x(n-1) + h*f(T(n-1), x(n-1), y(n-1));
    yp   = y(n-1) + h*g(T(n-1), x(n-1), y(n-1));
    x(n) = x(n-1)+0. 5*h*(f(T(n-1), x(n-1), y(n-1))+f(T(n), xp, yp));
    y(n) = y(n-1)+0. 5*h*(g(T(n-1), x(n-1), y(n-1))+g(T(n), xp, yp));
end
plot(T, x, 'r-', T, y, 'k-');
```

本程序得到两个种群的变化曲线．运行结果见图 10-3.

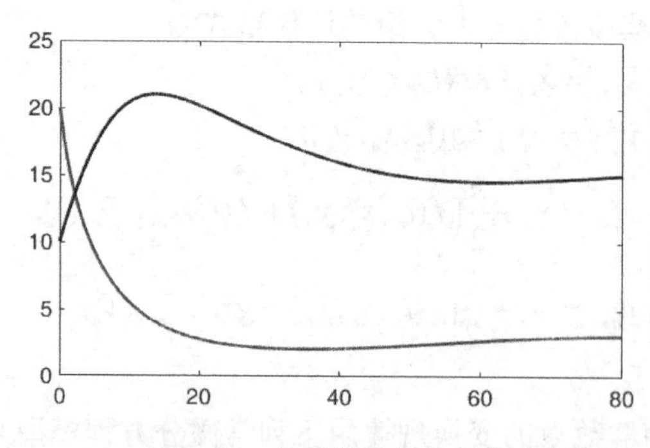

图 10-3　种群数量变化曲线

对于高阶常微分方程，如果要运用欧拉方法、改进的欧拉方法或其他精度更高的算法，应

该将其转化为一阶常微分方程组，进而设计相应的迭代格式. 下面以一个二阶微分方程为例进行说明.

$$\begin{cases} y''(t) = f(t, y, y'), \\ y(0) = y_0, y'(0) = b. \end{cases} \tag{10-12}$$

令 $y'(t) = u(t)$，则式（10-12）化为如下一阶常微分方程组：

$$\begin{cases} y'(t) = u, \\ u'(t) = f(t, y, y'), \\ y(0) = y_0, u(0) = b. \end{cases}$$

由式（10-12）得到求解该模型的改进的欧拉方法迭代格式：

$$\begin{cases} y_p = y_n + hu_n\ , \\ u_p = u_n + hf(t_n, y_n, u_n), \\ y_{n+1} = y_n + \dfrac{h}{2}(u_n + y_p), \\ u_{n+1} = u_n + \dfrac{h}{2}[f(t_n, y_n, u_n) + f(t_{n+1}, y_p, u_p)]. \end{cases}$$

10.3 MATLAB 求解常微分方程函数

MATLAB 常微分方程工具箱提供了若干个求解常微分数值解的函数，见表 10-1.

表 10-1 常用常微分方程工具箱函数

调 用 格 式	功 能 说 明
[T, Y] = ode23(odefun, tspan, y0)	求常微分方程数值解
[T, Y] = ode45(odefun, tspan, y0)	求常微分方程数值解
[T, Y] = ode23s(odefun, tspan, y0)	求常微分方程数值解

MATLAB 常微分工具箱函数调用格式：[T, Y] = solver(odefun, tspan, y0).

solver 为求解函数名; odefun 是表示常微分方程（组）的匿名函数、函数文件名或函数句柄; tspan 表示求解区间，一般为 2 个数组成的数组，如[t0 tn]，也可以是求解区间上的离散点; y0 是初始条件，为常微分方程未知函数在 tspan 的第 1 个元素的初始值. 输出数组 Y 中的每一行都与向量 T 中返回的值相对应. 如果 odefun 只描述了 1 个未知函数的导数，则 Y 只有 1 列，Y 的列数与 odefun 描述的未知函数个数相同，也就是说 Y(i, k)表示第 k 个未知函数在自变量取 T(i)时的近似解.

10.3.1 应用实例：Logistic 模型

例 10.4 设 $y(t)$ 为 t 时刻（单位：年）人口总数（单位：百万）. 已知某地区人口增长模型如下：

$$\begin{cases}\dfrac{dy}{dt}=r\left(1-\dfrac{y}{K}\right)y,\\ y(0)=10.\end{cases}$$

其中 $r=0.05$，$K=20$．请用改进的欧拉方法求解该模型，预测 90 年内人口变化趋势，并与解析解比较．

解 令 $f(y)=r\left(1-\dfrac{y}{K}\right)y$．令 $t_n=nh,n=0,1,2,\cdots$，取 $h=0.2$．设计该模型的改进欧拉方法迭代式子如下：

$$\begin{cases}y_p=y_n+hf(y_n),\\ y_{n+1}=y_n+\dfrac{h}{2}[f(y_n)+f(y_p)].\end{cases}$$

其中 y_n 为 $y(t_n)$ 的近似解．

编写程序如下：

```
syms c y(t)
y0=8
r=0.05; K= 20; h= 0. 2;
%用 dsolve 求解析解
yfun = dsolve(diff(y) == r*(1-y/K)*y, y(0) == y0);

f=@(t, y)r*(1-y/K)*y;
T=0:h:90;
[T2, Y2]=ode23(f, T, y0) %使用工具箱函数求该常微分方程的数值解
yval=double(subs(yfun, 't', T)); %计算各时间节点的真解
plot(T, yval, 'r-'), hold on
plot(T2, Y2, 'b. ') %
```

运行结果见图 10-4．结果表明 MATLAB 常微分方程工具箱函数求解结果与解析解曲线几乎完全重合．

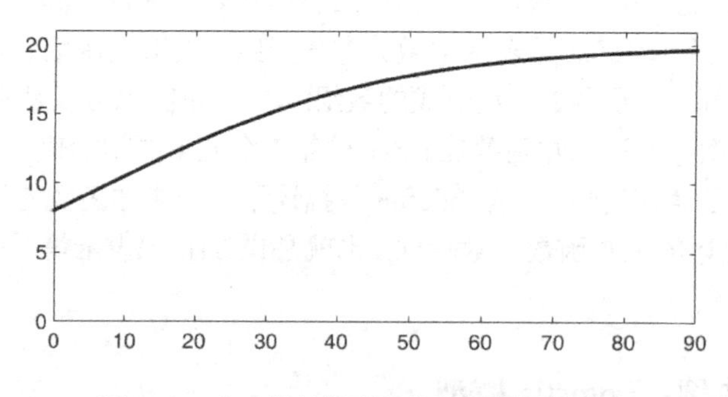

图 10-4 人口增长模型数值解与解析解对比

10.3.2 应用实例：一类战斗模型

考虑一个双方无增援的战斗问题．X 部队、Y 部队为交战的双方部队．希望为无增援的战斗问题建立一个数学模型，以便能够分析和计算下列问题：

（1）预测哪一方将获胜；

（2）估计获胜的一方最后剩下多少士兵；

（3）计算失败的一方开始时必须投入多少士兵才能赢得这场战斗；

（4）战斗的持续时间.

影响一方部队变化的因素主要有对方士兵数量、战斗力. 其中战斗力较难刻画. 为了刻画双方人数的变化规律, 可以找出在一个较短时间内双方人数的变化规律. 另外, 要回答以上 4 个问题, 关键建立双方人数的变化函数.

设 X 部队 t 时刻存活的士兵数为 $x(t)$，而 Y 部队在 t 时刻存活的士兵数为 $y(t)$. 考虑时间区间 $[t,t+\Delta t]$ 上双方人数增量 $\Delta x(t)$ 和 $\Delta y(t)$ 的变化规律. 为了简化建模, 这里假设 $x(t)$ 和 $y(t)$ 是连续可微的变量.

根据机理分析, 对于 $\Delta x(t)$，Δt 越大, $|\Delta x(t)|$ 越大； $y(t)$ 越大, $|\Delta x(t)|$ 越大. 所以不妨假设 $\Delta x=-ay\Delta t$，这里 $a>0$，a 是用来刻画 Y 方部队战斗力的常数.

同理可得 $\Delta y=-bx\Delta t$，这里 $b>0$，b 是用来刻画 X 方部队战斗力的常数. 从而得到

$$\begin{cases}\Delta x=-ay\Delta t,\\ \Delta y=-bx\Delta t.\end{cases}$$

以上方程组两边同除以 Δt，在两端求 $\Delta t\to 0$ 的极限, 则有

$$\begin{cases}\dfrac{\mathrm{d}x}{\mathrm{d}t}=-ay,a>0\\ \dfrac{\mathrm{d}y}{\mathrm{d}t}=-bx,b>0.\end{cases}$$

例 10.5　已知双方无增援的战斗模型如下：

$$\begin{cases}\dfrac{\mathrm{d}x}{\mathrm{d}t}=-0.14y,a>0\\ \dfrac{\mathrm{d}y}{\mathrm{d}t}=-0.1x,b>0\end{cases}$$

初始时刻 X 方部队为 8000 人, Y 方部队为 6000 人. 请研究战斗的持续时间、获胜方还剩余多少人.

解　这里采用 MATLAB 常微分工具箱函数求解. 由于不知道战斗的持续时间, 这里先求出 10 小时后双方人数. 如果双方人数均为正, 则说明战斗还没有结束, 需要增加时间区间再计算.

编写程序如下:

```
function testmainFight
tspan = [0:0.002:10]; %指定求解区间时间节点
[T, Y]=ode23(@deqs, tspan, [9000 5500]); %调用工具箱函数求解
idx1=find(Y(:, 1)<=0);
idx2=find(Y(:, 2)<=0); %看哪方人数首先达到"0"或为负值
I=min([min(idx1), min(idx2)]);
fighttime = T(I)       %  找到战斗持续时间
remainlast = Y(I, :) %  双方最后剩余人数
%人数最少一列表示战斗失败的乙方的数据
plot(T(1:I), Y(1:I, 1), '. r', T(1:I), Y(1:I, 2), 'b-')
```

```
legend('X 方', 'Y 方')
function dy=deqs(t, u)
dy=[-0.14*u(2); %u(1)表示 x(t), u(2)表示 y(t)
     -0.1*u(1)];
```

运行程序的截图见图 10-5. 结果为

```
fighttime =
     7.7260
remainlast =
   1.0e+03 *
     6.2165    -0.0005
```

运行结果表明战斗持续时间为 7.726 小时，战斗结束后，X 方部队有 6215.5 人，Y 方部队人数为 0 人. 本程序第 2 行的时间步长不能取得太大，否则其计算结果有较大误差. 可以尝试采用其他步长代替 0.002，观察程序运行结果之间的差异，可以进一步了解步长设置对求解结果的影响.

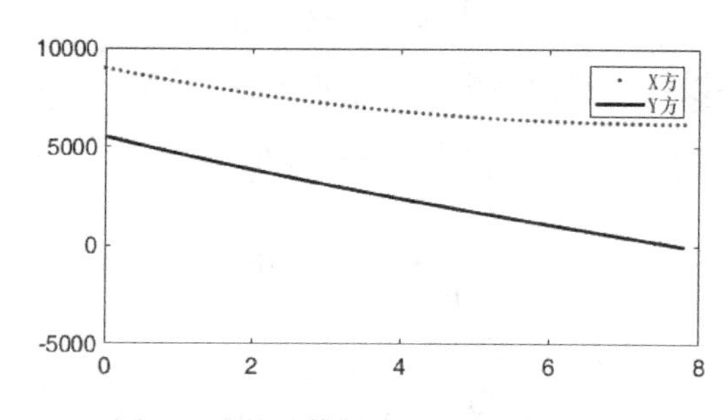

图 10-5　战斗模型双方人数变化曲线

10.4　实验探究

前面我们已经阐述了求解一阶常微分方程的欧拉方法和改进的欧拉方法. 请考虑下列问题的求解.

问题 1　请设计求解如下三元一阶 Lorenz 常微分方程组的数值方法并编程实现，并与 MATLAB 常微分方程工具箱函数 ode45 的求解结果比较.

$$\begin{cases} y_1'(t) = \sigma(y_2(t) - y_1(t)), \\ y_2'(t) = y_1(t)(\rho - y_3(t)) - y_2(t), \\ y_3'(t) = y_1(t)y_2(t) - \beta y_3(t). \end{cases}$$

其中 $\sigma = 10$，$\rho = 28$，$\beta = 8/3$，$y_1(0) = y_2(0) = y_3(0) = 1$.

10.5　习题

1. 调用函数 ode45 求解常微分方程 $y' = 2t$，其中求解区间为 $[0,5]$，初始条件 $y(0) = 0$.
2. 调用函数 ode45 求解常微分方程 $y' = -2y + 2t^2 + 2t$，其中求解区间为 $[0,0.5]$，初始条件

$y(0)=1$.

3. 调用函数 ode45 求解常微分方程组

$$\begin{cases} y_1'(t)=y_2(t), \\ y_2'(t)=(1-y_1^2(t))y_2(t)-y_1(t). \end{cases}$$

其中求解区间为$[0,20]$，初始条件为$y_1(0)=2$，$y_2(0)=0$.

4. 请设计求解如下三阶常微分方程的数值方法：

$$y'''=a(y'')^2-y'+yy''+\sin t .$$

（提示：记$y_1=y, y_2=y', y_3=y''$，将上述三阶常微分方程转换为一阶常微分方程组）.

5. 请用欧拉方法或改进的欧拉方法对下列战斗模型进行求解.

$$\begin{cases} \dfrac{dx}{dt}=-ay, a>0, \\ \dfrac{dy}{dt}=-bx, b>0, \\ x(0)=x_0, y(0)=y_0. \end{cases}$$

已知$a=0.15$，$b=0.1$，$x_0=10000$，$y_0=5000$.

（1）对本模型求解，发现Y部队最后失败. 为了赢得战斗，Y部队决定在战斗开始 2 小时后（含）每 10 分钟增援 100 名士兵. 假设Y部队最多总共增员 2000 人，请问Y部队最能否赢得这场战斗.

（2）假设Y部队在 2 小时后（含）每 10 分钟会增员p名士兵，且Y部队总共增援不超过q名士兵. 如果Y部队要最终赢得这场战斗，请问p和q应该满足什么关系.

第 11 章　最优化模型实验

最优化是近几十年形成的一门学科，它主要运用数学方法寻找待优化问题的最佳决策方案，为决策者提供科学依据. 其已经在数据挖掘、结构优化、网络运输、图像处理、蛋白质结构预测、无线电通信、金融管理等领域得到了广泛应用. 从数学上讲，最优化方法就是求解一元函数或多元函数的极小值或最小值的计算方法.

在第二次世界大战期间，因为迫切需要将各种稀缺资源进行合理分配并有效组织作战问题，所以大批科学家运用科学手段来处理战略与战术问题. 这些科学家小组正是最早的最优化（运筹）小组. 战争结束后，人们在恢复和繁荣工业生产中，遇到各种与战争中曾面临的问题类似的困窘，因此最优化的一些优秀成果被民用化，其中一个典型的案例就是 George Dantzig 提出的求解线性规划的单纯形法. 随着电子计算机的问世及大量理论成果的出现，最优化这门学科快速发展. 世界上不少国家成立了致力于该领域及相关活动的专门学会，至此已经形成了一套比较完备的理论，如数学规划等.

本章主要介绍了线性规划问题、非线性规划问题的 MATLAB 求解函数的基本用法. 一般地讲，求解最优化问题的方法可分为两类：一类是确定性算法，另一类是随机性算法. 确定性算法往往利用问题的解析性质产生一个确定性的有限或无限的点序列使其收敛到最优解，该类算法由于较多地利用了函数的解析性质，搜索具有针对性，收敛速度快，但是容易陷入局部极小，且求解的优化问题规模相对较小. 随机性算法一般是对自然现象或社会行为的模拟，其最大的特点是对优化函数的解析性质要求很低，甚至可以没有显式的解析表达式，可以很好地解决高维、多态、噪声、不可微等问题.

11.1　最优化基础

引例　已知电子元件输出电压 R 和输入电压 t 有下面的关系：$R(t)=\dfrac{x_1}{t+28}$，这里 x_1 为待定参数. 通过实验测得的数据如表 11-1 所示.

表 11-1　输出电压和输入电压

t	1	2	3	4	5	6	7	8	9	10
R	4.27	4.68	4.36	4.26	3.95	3.33	3.37	3.58	3.76	3.70

如何根据这些测量数据来确定参数？

分析　当 x_1 确定后，显然 R 是关于 t 的减函数，即输入电压 t 增大，输出电压 R 减小. 将 10 次实验数据在二维平面中绘出. 这里，横坐标表示输入电压 t，纵坐标表示输出电压 R.

因为 R 是关于 t 的减函数，即对应曲线具有如图 11-1 所示的特征，因此需要找到一条曲线，其对应的参数 x_1 即为所求.

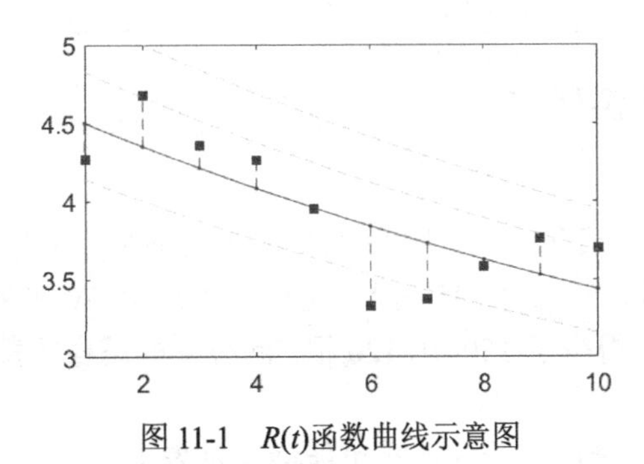

图 11-1　$R(t)$函数曲线示意图

那么，如何选择一条最佳的曲线或对应参数呢？

理论上，输入电压 t 与输出电压 R 之间存在一种确定性关系，我们想用 $R(t)=\dfrac{x_1}{t+28}$ 来近似这种关系，因此，在整体上，这种近似偏差应该越小越好.

当输入电压为 t_i 时，设 R_i 表示输出电压的真实值，x_1 除以 t 加 28 表示输出电压的近似值，那么两者之间的偏差可以用图形中虚线的长度来表示. 要使这种偏差减小，需要选择一条曲线使其尽可能多地穿过图形中的点，而在数学上，就是求下面的优化问题：

$$\min \sum_{1\leqslant i\leqslant 10}\left(R_i-\frac{x_1}{t_i+28}\right)^2.$$

首先回顾一下在微积分中求解一元函数 $f(x)$ 的极小值的方法：

（1）求出 $f(x)$在所讨论区间的所有驻点和不可导点.

（2）考察导函数在这些点左右两侧符号的变化，判定它们是否为极值点.

（3）求出 $f(x)$的极小值.

下面给出了这种方法的代码：

```
clc
clear all
syms x1 t
R = (x1./(t+28));
ti = 1:10;
Ri = [4.27, 4.68, 4.36, 4.26, 3.95, 3.33, 3.37, 3.58, 3.76, 3.70];
F = sum((Ri-subs(R, t, ti)).^2)
Xmin = double(solve(diff(F, x1)))
Fmin = double(subs(F, x1, Xmin))
```

运行结果：

```
Xmin = 130.5342
Fmin =     0.7313
```

可以看出，利用这种方法一味地去追求解析解，过程烦琐，不易实现，若目标函数过于复杂，很可能得不到，或者得到错误的结果，而且程序代码运行时间偏长. 因此，一般采用迭代下降算法.

11.1.1 最优化数学模型

先看两个典型的例子.

例 11.1（下料问题） 某车间有长度为 180 厘米的钢管，现需要将其截成三种不同长度的管料，长度分别为 70 厘米、52 厘米、35 厘米. 生产任务规定，70 厘米的管料只需要 100 根，52 厘米、35 厘米的管料分别不得少于 150 根、120 根，问应采取怎样的截法，才能完成任务，同时使得剩余的余料最少.

解 一根长度为 180 厘米的钢管的所有可能截法见表 11-2.

表 11-2 截法

管 料	截 法								
	一	二	三	四	五	六	七	八	需求
70	2	1	1	1	0	0	0	0	100
52	0	2	1	0	3	2	1	0	≥150
35	1	0	1	3	0	2	3	5	≥120
余料	5	6	23	5	24	6	23	5	

设任务完成时，第 i 种截法被采用了 x_i，$i=1,\cdots,8$ 次，则余料为

$$5x_1+6x_2+23x_3+5x_4+24x_5+6x_6+23x_7+5x_8.$$

因为生产任务规定，70 厘米的管料只需要 100 根，即 $2x_1+x_2+x_3+x_4=100$；52 厘米、35 厘米的管料分别不得少于 150 根、120 根，即 $2x_2+x_3+3x_5+2x_6+x_7\geqslant 150$，$x_1+x_3+3x_4+2x_6+3x_7+5x_8\geqslant 120$.

因此，本问题可以抽象为如下的数学模型：

$$\begin{aligned}
&\min\ 5x_1+6x_2+23x_3+5x_4+24x_5+6x_6+23x_7+5x_8\\
&\text{s.t.}\ 2x_1+x_2+x_3+x_4=100\\
&\quad\ 2x_2+x_3+3x_5+2x_6+x_7\geqslant 150\\
&\quad\ x_1+x_3+3x_4+2x_6+3x_7+5x_8\geqslant 120\\
&\quad\ x_i\in\overline{Z^-},i=1,\cdots,8.
\end{aligned}$$

这里，$\overline{Z^-}$ 表示非负整数集合.

例 11.2（运输问题） 已知某煤炭集团公司有 m 个产地 $A_1,\cdots,A_m$，其年产量分别为 $a_1,\cdots,a_m$ 吨，有 n 个销地 $B_1,\cdots,B_n$，其销售量分别为 $b_1,\cdots,b_n$ 吨，假设产销平衡，即

$$\sum_{i=1}^{m}a_i=\sum_{j=1}^{n}b_j$$

由 A_i 到 B_j 的运费为 c_{ij} 元/吨，问在保障供给的条件下，由每个产地到销地的运输量为多少吨时，年总运费最少.

解 设第 i 个产地运输到第 j 个销地的煤炭为 x_{ij} 吨，所以年总费用为 $\sum_{i=1}^{m}\sum_{j=1}^{n}c_{ij}x_{ij}$，因此需要求此目标函数的最小值；因为要求产销平衡，所以对于第 i 个产地 A_i，年产煤量 a_i 等于运输到每一个销地 $B_1,\cdots,B_m$ 的运输量，即

$$x_{i1}+\cdots+x_{in}=a_i, i=1,\cdots,m.$$

对于第 j 个销地 B_j, 年销售量 b_j 等于来自每一个产地 A_1, …, A_m 的运输量, 即

$$x_{1j}+\cdots+x_{mj}=b_j, j=1,\cdots,n.$$

综上所述, 此问题可以化为如下的数学模型:

$$\min\sum_{i=1}^{m}\sum_{j=1}^{n}c_{ij}x_{ij}$$

$$\text{s. t.} \sum_{j=1}^{n}x_{ij}=a_i, i=1,\cdots m.$$

$$\sum_{i=1}^{m}x_{ij}=b_j, j=1,\cdots,n.$$

$$x_{ij}\geqslant 0, i=1,\cdots,m; j=1,\cdots,n.$$

从上面两个典型案例可以看出, 问题可以通过最优化数学模型来刻画求解. 而最优化数学模型可以统一表述为

$$\min(\text{或}\max)f(\boldsymbol{X})$$

$$\text{s. t. } h_i(\boldsymbol{X})=0, i=1,\cdots,m.$$

$$g_j(\boldsymbol{X})\geqslant 0, j=1,\cdots n.$$

这里 $f(\boldsymbol{X})$ 称为目标函数, $\boldsymbol{X}=(x_1,\cdots,x_n)^{\mathrm{T}}$, min(或 max)表示极小(大)化目标函数, s.t.是 subject to 的缩写, 称为“受限制于”, 两类约束 $h_i(\boldsymbol{X})$、$g_j(\boldsymbol{X})$ 分别称为“等式约束”和“不等式约束”. 因此, 求解最优化数学模型就是在满足两类约束的可行域中选择一个可行点, 使得目标函数在此点处达到极小(大).

11.1.2 迭代下降算法

如何构造算法求出最优化数学模型的最优解或近似解? 一般地, 算法遵循下面的迭代下降准则(框架算法):

(1) 首先给出目标函数 $f(\boldsymbol{X})$ 的一个初始迭代点 X_k, 置 $k=0$;

(2) 然后按照一定规则产生 X_k 处的一个下降方向 P_k;

(3) 再沿方向 P_k 搜索得到下一个迭代点 X_{k+1}, 使得 $f(X_{k+1})<f(X_k)$;

(4) 若满足停机条件则算法终止迭代, 并输出 X_k; 否则置 $k=k+1$, 转步骤(2).

因此, 迭代下降算法(准则)会产生一个使得目标函数值下降的迭代点序列. 在适当的假设下, 一般可以说明算法能够在有限步之内找到最优解或得到一个收敛到最优解的迭代点序列. 在实际计算中, 若满足停机条件, 则将当前迭代点当作原问题准确解的近似解.

算法往往只能得到目标函数的一个局部极小点, 且其与初始迭代点相关. 若目标函数解析性质良好, 算法也可得到全局极小点. 那么, 什么是全局(局部)极小点呢? 下面给出相关定义.

11.1.3 局部极小点和全局极小点

定义 11.1 设 $f:D\subset R^n\to R$, 若存在 $X^*\in D$ 及实数 $\delta>0$, 使得 $\forall X\in N^\circ(X^*,\delta)\cap D$ 都

有 $f(X^*) \leqslant f(X)$，则称 X^* 为 $f(X)$ 的局部极小点；若 $f(X^*) < f(X)$，则称 X^* 为 $f(X)$ 的局部严格极小点.

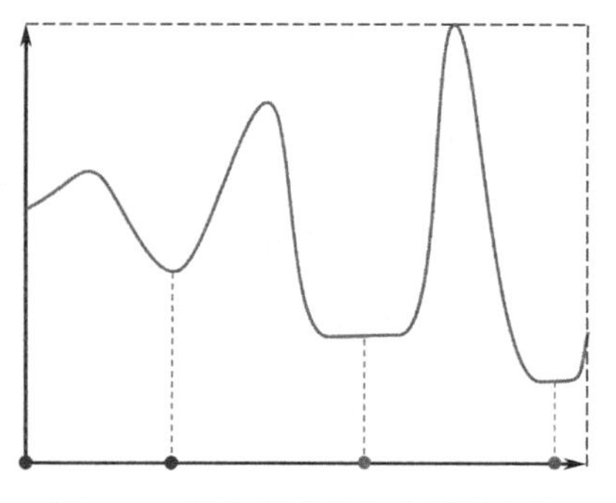

图 11-2　局部极小点和全局极小点

定义 11.2　设 $f: D \subset R^n \to R$，若存在 $X^* \in D$，若对 $\forall X \in D$，都有 $f(X^*) \leqslant f(X)$，则称 X^* 为 $f(X)$ 的全局极小点；若 $f(X^*) < f(X)$，则称 X^* 为 $f(X)$ 的全局严格极小点.

由图 11-2，一元函数 $f(x)$ 在区间上有 4 个局部极小点，其中左面的两个点为严格局部极小点.

显然，最右面的点为全局极小点，而非全局严格极小点.

极小点处的函数值称为极小值，极小点也称为最优解，极小值也称为最优值. 值得注意的是，这里的最优解可能是全局最优解，也可能是局部最优解.

11.1.4　MATLAB 优化工具箱主要求解函数简介

MATLAB 优化工具箱中提供了丰富的求解不同类型最优化数学模型的函数. 表 11-3 中列出了常用求解函数及对应的算法，后续将会详细介绍.

表 11-3　常用求解函数及对应的算法

函　数	算　法	问　题
fminbnd	黄金分割法，抛物线插值法	求单变量无约束（箱约束，边界约束）最优化问题
fminsearch	基于免导数的算法：Nelder-Mead 单纯形方法	求解多变量无约束最优化问题
fminunc	基于导数的算法：拟牛顿方法、信赖域方法	求解多变量无约束最优化问题
linprog	内点法、（对偶）单纯形法、有效集法	求解线性规划问题
intlinprog	分支定界法 Matlab r2014b 及其以后版本	求解混合整数线性规划问题
fmincon	信赖域法、有效集法、内点法、序列二次规划	求解多变量有约束最优化问题
ga	遗传算法 Matlab r2008a 及其以后版本	求解困难、复杂、多态最优化问题的全局（局部）最优解
particleswarm	粒子群优化法	求解困难、复杂、多态最优化问题的全局（局部）最优解
simulannealbnd	模拟退火法	求解困难、复杂、多态最优化问题的全局（局部）最优解

11.2　无约束优化问题

11.2.1　一元函数极值问题与求解函数 fminbnd

对于单变量无约束（边界约束）最优化问题：

$$\min_{x_1 \leqslant x \leqslant x_2} f(x),$$

MATALB 求解函数为 fminbnd，语法如下：

```
[xmin, ymin, exitflag] = fminbnd(fun, x1, x2)
```

这里, fun 是目标函数, [x1, x2]是搜索区间, xmin、ymin 分别是目标函数的极小点、极小值. 第三个参数 exitflag 反映了算法终止时的停机条件, 这个参数对于后续的 MATLAB 优化工具箱函数同样适用, 一般情形下, exitflag=1 表示算法在默认的求解精度下找到了问题的最优解, 后续不再过多解释.

例 11.3　求一元函数 $f(x)=0.5-xe^{-x^2}$ 在区间[0, 2]内的极小值.

解　MATLAB 代码如下:

```
format long
fun = @(x) 0.5-x. *exp(-x.^2);
[xmin, ymin, exitflag] = fminbnd(fun, 0, 2)
[xmin1, ymin1, exitflag1]=fminbnd(fun, 0, 2, optimset('TolX', 1e-12))
ezplot(fun, [0, 2])                              % 图 11-3
```

运行代码, 结果如下:

```
xmin = 0.707113291040051
ymin = 0.071118057555997
exitflag = 1
xmin1 = 0.707106787581570
ymin1 = 0.071118057519647
exitflag1 = 1
```

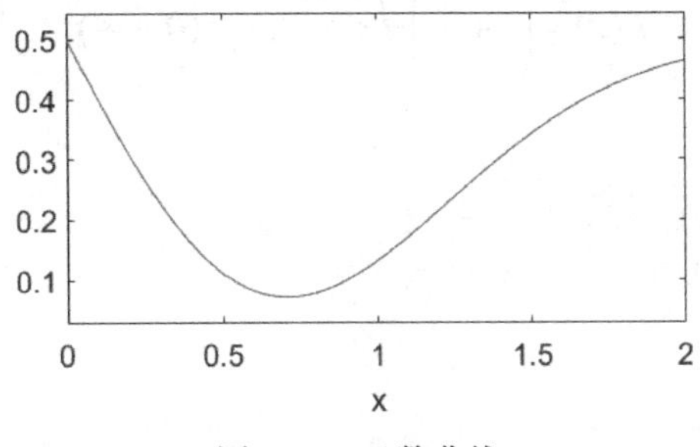

图 11-3　函数曲线

显然, 最优解 $x^*=\dfrac{\sqrt{2}}{2}$, xmin1 的精度更高.

例 11.4　求一元函数 $f(x)=x\sin(3x)$ 在区间[0, 6]内的极小值.

解　MATLAB 代码如下:

```
fun = @(x) sin(3*x).*x;
[xmin, ymin] = fminbnd(fun, 0, 6)
ezplot(fun, [0, 6])                              % 图 11-4
```

运行代码, 结果如下:

```
xmin =       3.6952
ymin =      -3.6802
```

很显然, xmin 为局部最优解.

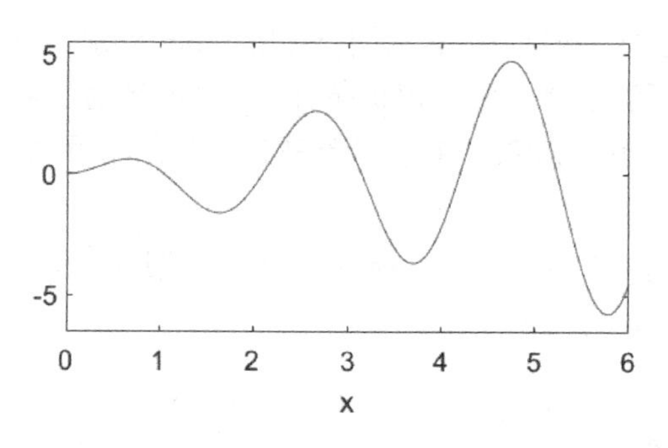

图 11-4　$f(x)=x\sin(x)$ 函数曲线

例 11.5（梯子问题）　花园靠楼房处有一温室，温室伸入花园 2 米，高 3 米. 温室上方是楼房窗台，要将梯子从花园地上放靠在楼房墙上以不损坏温室，梯子长度至少应该为多少米？

分析　如果设梯子与温室之间的距离为 x，即梯子与地面的接触点到温室左墙面的距离（示意图见图 11-5），那么在温室左面的这个直角三角形中，由勾股定理易得，切点左面的梯子长度 $L_1=\sqrt{x^2+9}$，因为这个三角形与温室上方的直角三角形相似，所以切点右面的梯子长度 $L_2=\frac{2}{x}\sqrt{x^2+9}$，所以梯子的总长度为两者之和. 注意 x 的取值范围，显然 x 大于 0.

解　模型 1：设梯子的长度为 L，梯子与温室的距离为 x，则有

$$L(x)=\left(1+\frac{2}{x}\right)\sqrt{x^2+9}, x\in(0,+\infty).$$

MATLAB 代码如下：

```
L = @(x) (1+2/x)*sqrt(x^2+9)
[xmin, Lmin] = fminbnd(L, 0, 500)
```

运行代码，结果如下：

```
xmin   = 2.6207
Lmin   = 7.0235
```

这里需要强调的是，代码中的 x 的范围的上界是 500，而不是正无穷大，当然将 500 改为其他 5000、50000 等都是可以的，只要区间中包含目标函数的极小点即可. 但对有些问题，这种估计是困难的.

模型 2：设梯子的长度为 L，梯子与地面的夹角为 α（示意图见图 11-6）.

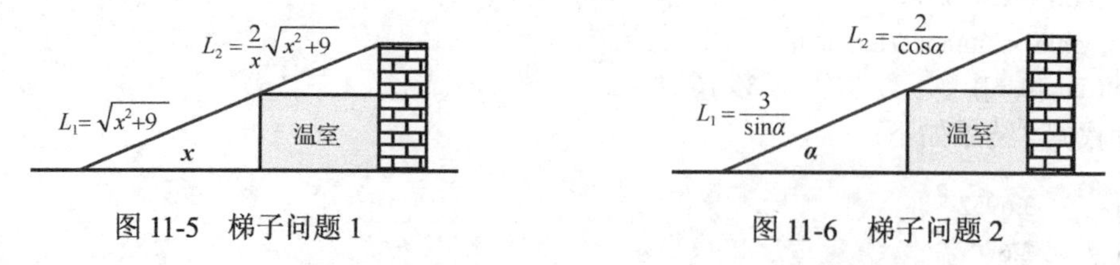

图 11-5　梯子问题 1　　　图 11-6　梯子问题 2

则有

$$L(\alpha)=\frac{3}{\sin\alpha}+\frac{2}{\cos\alpha}, \alpha\in(0,\pi/2).$$

MATLAB 代码如下：

```
L = @(alpha) 3/sin(alpha)+2/cos(alpha)
[alpha, Lmin] = fminbnd(L, 0, pi/2)
```

运行代码，结果如下：

```
alpha  =     0.8528
Lmin   =     7.0235
```

显然，模型 2 的优点在于无须估计自变量 α 取值的上界.

11.2.2 多元无约束极值问题与求解函数 fminsearch、fminunc

fminsearch 和 fminunc 这两个函数均可以求解多变量无约束最优化问题

$$\min_{X\in R^n} f(X)$$

的最优解. 基本用法如下.

```
[Xmin, Fmin] = fminsearch(FUN, X0)
[Xmin, Fmin] = fminunc(FUN, X0)
```

两者之间的差别为：fminsearch 采用了基于免导数的算法，如 Nelder-Mead 单纯形方法，其适用范围广，但处理问题的规模较小，求解速度较慢；fminunc 采用了基于导数的算法，如拟牛顿方法和信赖域方法，其求解更高效.

例 11.6 求香蕉函数 $f(x_1,x_2)=100(x_2-x_1^2)^2+(1-x_1)^2$ 的最优解.

解 MATLAB 代码如下：

```
[X, Y] = meshgrid(-0.5:.02:1.1);
Z = 100*(Y - X.^2).^2 + (1 - X).^2;
contour(X, Y, Z, 0:0.5:10)                    % 图 11-7

fun = @(x) 100*(x(2) - x(1)^2)^2 + (1 - x(1))^2;
x0 = [2;2];
x1 = fminsearch(fun, x0)
x2 = fminunc(fun, x0)
```

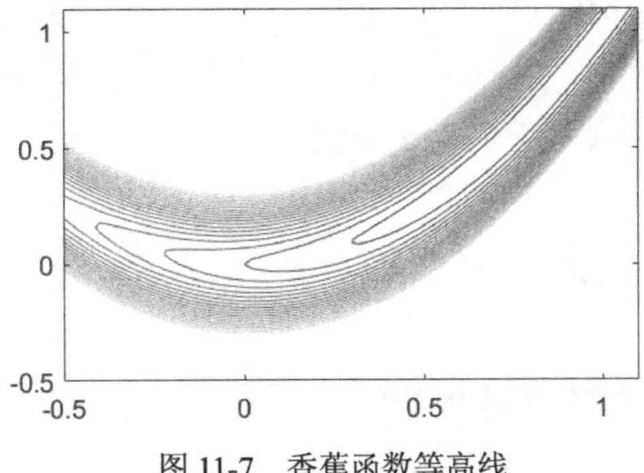

图 11-7 香蕉函数等高线

运行代码，结果如下：

```
x1 =     1.0000     1.0000
```

```
x2 =     1. 0000     1. 0000
```

显然，fminsearch 和 fminunc 均找到了该问题的最优解. 读者可以尝试用这两个函数求 $f(x)=|x|+\text{rand}(0,1)$ 的最优解.

例 11.7 求 $f(\boldsymbol{X})=\sum_{i=1}^{10000}(x_i-i)^2$ 的最优解.

解 MATLAB 代码如下：

```
function main
Dim = 10000;
X0 = ones(Dim, 1);
options = optimoptions('fminunc', 'Algorithm', 'quasi-newton');
tic
[Xmin, Fmin] = fminunc(@fun, X0, options);
Fmin
toc
% 提供梯度信息
options1 = optimoptions('fminunc', 'Algorithm', 'quasi-newton', 'SpecifyObjectiveGradient', true);
tic
[Xmin1, Fmin1] = fminunc(@fun, X0, options1);
toc
Fmin1

function    [f, g] = fun(x)
t = [1:length(x)]';
f = sum(abs(x-t).^2);
g = 2*(x-t);
```

运行代码，结果如下：

```
Local minimum found.
Elapsed time is 19.481707 seconds.
Fmin = 3.4097e-04

Local minimum found.
Elapsed time is 2.733310 seconds.
Fmin1 = 0
```

从结果可以看出，提供导数信息有助于加快算法收敛.

11.3 约束优化问题

11.3.1 线性规划与求解函数 linprog

具有如下结构的最优化模型称为 MATLAB 的标准形式线性规划：

$$\begin{aligned} &\min \boldsymbol{C}^{\mathrm{T}}\boldsymbol{X} \\ \text{s.t. } &\boldsymbol{AX} \leqslant \boldsymbol{b}, \\ &\boldsymbol{A}_{\mathrm{eq}}\boldsymbol{X} = \boldsymbol{b}_{\mathrm{eq}}, \\ &\boldsymbol{L}_b \leqslant \boldsymbol{X} \leqslant \boldsymbol{U}_b. \end{aligned}$$

这里，$\boldsymbol{X}=(x_1,\cdots,x_n)^{\mathrm{T}}$ 为决策变量；$\boldsymbol{C}=(c_1,\cdots,c_n)^{\mathrm{T}}$ 为目标函数系数；$\boldsymbol{A}$, $\boldsymbol{A}_{\mathrm{eq}}$ 分别为不等式、等式约束条件系数矩阵；$\boldsymbol{b}$, $\boldsymbol{b}_{\mathrm{eq}}$ 分别为不等式、等式约束条件常数向量；$\boldsymbol{L}_b$, $\boldsymbol{U}_b$ 分别为决策变量的下边界和上边界.

对于线性规划, MATLAB 求解函数为 linprog，语法如下：

```
[Xmin, Fmin, exitflag] = linprog(C, A, b, Aeq, beq, Lb, Ub)
```

这里, Xmin 表示最优解(点), Fmin 表示最优值, exitflag=1 表示找到了最优解.

注意：若没有某类约束条件，则置相应参数为空矩阵. 比如，若没有线性等式约束，则置输入参数 Aeq=[], beq=[].

例 11.8 某建筑公司计划承建办公楼和住宅楼. 若建办公楼获得利润为 600 元/平方米，建住宅楼获得利润为 500 元/平方米；要求建筑面积不大于 7000 平方米，而办公楼的建筑面积不能大于 2000 平方米，住宅楼的建筑面积不能少于 6000 平方米. 问如何安排计划才能使得建筑公司获得利润最大.

解 设建筑公司计划承建办公楼和住宅楼分别为 x_1 和 x_2 平方米，则所求问题为

$$\max z = 600x_1 + 500x_2,$$

但需要满足下面的约束条件

$$\begin{aligned} &x_1 + x_2 \leqslant 7000, \\ &x_1 \leqslant 2000, \\ &x_2 \geqslant 6000, \\ &x_1, x_2 \geqslant 0. \end{aligned}$$

将此线性规划化为标准形式：

$$\begin{aligned} &\min z = -600x_1 - 500x_2, \\ \text{s.t. } &x_1 + x_2 \leqslant 7000, \\ &x_1 \leqslant 2000, \\ &-x_2 \leqslant -6000, \\ &x_1, x_2 \geqslant 0. \end{aligned}$$

其中：

$$\boldsymbol{C}=\begin{pmatrix}-600\\-500\end{pmatrix}, \boldsymbol{X}=\begin{pmatrix}x_1\\x_2\end{pmatrix}, \boldsymbol{A}=\begin{pmatrix}1&1\\1&0\\0&-1\end{pmatrix}, \boldsymbol{b}=\begin{pmatrix}7000\\2000\\-6000\end{pmatrix}, \boldsymbol{A}_{\mathrm{eq}}=\boldsymbol{b}_{\mathrm{eq}}=[], \boldsymbol{L}_b=\begin{pmatrix}0\\0\end{pmatrix}, \boldsymbol{U}_b=\begin{pmatrix}+\infty\\+\infty\end{pmatrix}.$$

MATLAB 代码如下：

```
C = [-600; -500];
A = [1, 1; 1, 0; 0, -1];
b = [7; 2; -6]*1000;
Aeq = [];
beq = [];
```

```
Lb = [0; 0];
Ub = [inf; inf];
[Xmin, Fmin, exitflag] = linprog(C, A, b, Aeq, beq, Lb, Ub)
z = -Fmin
```

运行代码，结果如下：

```
Xmin   =    1000
            6000
Fmin   =  -3600000
exitflag =   1
z   =    3600000
```

上面的线性规划模型也可以通过如下 MATLAB 代码求解：

```
C = [-600; -500];
A = [1, 1];
b = 7000;
Aeq = [];
beq = [];
Lb = [0; 6000];
Ub = [2000; inf];
[Xmin, Fmin] = linprog(C, A, b, Aeq, beq, Lb, Ub)
z = -Fmin
```

运行代码，结果如下：

```
Xmin   =    1000
            6000
Fmin   =  -3600000
z   =    3600000
```

所以，建筑公司承建办公楼和住宅楼分别为 1000 平方米和 6000 平方米时获利最大，最大利润为 3600000 元.

例 11.9 某工厂生产 A、B 两种产品. 生产每吨 A 产品需要用煤 9 吨、电 4 千瓦、3 个工作日；生产每吨 B 产品需要用煤 5 吨、电 5 千瓦、10 个工作日；若生产每吨 A 产品和 B 产品分别获利 7000 元和 12000 元. 该厂现有可利用资源为：煤 360 吨，电力 200 千瓦，工作日 300 个. 问产品 A 和 B 各生产多少吨时工厂获利最大.

解 设生产产品 A、B 分别 x_1，x_2 吨，由题意得，在满足一定约束条件下需要最大化目标函数 $7x_1+12x_2$，则数学模型如下：

$$
\begin{aligned}
&\max\ 7x_1+12x_2 \\
&\text{s.t.}\ 9x_1+5x_2 \leqslant 360, \\
&\quad 4x_1+5x_2 \leqslant 200, \\
&\quad 3x_1+10x_2 \leqslant 300, \\
&\quad x_1, x_2 \geqslant 0.
\end{aligned}
$$

则 MATLAB 代码如下：

```
C = [-7; -12];
A = [9 5; 4 5; 3 10];
b = [360; 200; 300];
[Xmin, Fmin] = linprog(C, A, b, [], [], [0; 0], [inf; inf])
z = -Fmin
```

运行代码，结果如下：

```
Xmin =     20.0000
           24.0000
Fmin = -428.0000
z = 428.0000
```

所以，该工厂生产产品 A、B 分别为 20 吨、24 吨时获利最大，最大利润为 428000 元.

11.3.2 混合整数线性规划与求解函数 intlinprog

具有如下结构的最优化模型称为 MATLAB 的标准形式混合整数线性规划：

$$\begin{aligned} &\min \boldsymbol{C}^{\mathrm{T}}\boldsymbol{X}, \\ \text{s.t.}\ &\boldsymbol{A}\boldsymbol{X} \leqslant \boldsymbol{b}, \\ &\boldsymbol{A}_{\mathrm{eq}}\boldsymbol{X} = \boldsymbol{b}_{\mathrm{eq}}, \\ &\boldsymbol{L}_b \leqslant \boldsymbol{X} \leqslant \boldsymbol{U}_b, \\ &x_i \in Z, i \in I. \end{aligned}$$

这里，$\boldsymbol{C},\boldsymbol{X},\boldsymbol{A},\boldsymbol{b},\boldsymbol{A}_{\mathrm{eq}},\boldsymbol{b}_{\mathrm{eq}},\boldsymbol{L}_b,\boldsymbol{U}_b$ 的含义与线性规划数学模型中相同；I 表示整数变量指标集合，即 $I=\{i \mid x_i \in Z\}$.

求解混合整数线性规划的 MATLAB 求解函数为 intlinprog，语法如下：

```
[Xmin, Fmin, exitflag] = intlinprog(C, I, A, b, Aeq, beq, Lb, Ub)
```

这里, Xmin 表示最优解（点）, Fmin 表示最优值, exitflag=1 表示找到了整数最优解.

例 11.10 求解下面问题的最优解：

$$\begin{aligned} &\max 3x_1 + 2x_2, \\ \text{s.t.}\ &2x_1 + 3x_2 \leqslant 14, \\ &-2x_1 - x_2 \geqslant -9, \\ &x_1, x_2 \geqslant 0, \\ &x_2 \in Z. \end{aligned}$$

解 将该问题转化成标准形式：

$$\begin{aligned} &\min -3x_1 - 2x_2, \\ \text{s.t.}\ &2x_1 + 3x_2 \leqslant 14, \\ &2x_1 + x_2 \leqslant 9, \\ &0 \leqslant x_1 < +\infty, \\ &0 \leqslant x_2 < +\infty, \\ &x_2 \in Z. \end{aligned}$$

MATLAB 代码如下：

```
C = [-3; -2];
A = [2 3; 2 1];
b = [14; 9];
Aeq = [];
beq = [];
Lb = [0; 0];
Ub = [Inf; Inf];
I = 2;
[Xmin, Fmin, exitflag] = intlinprog(C, I, A, b, Aeq, beq, Lb, Ub)
```

运行代码，结果如下：

```
Xmin =    3.5000
          2.0000
Fmin = -14.5000
exitflag = 1
```

该问题的最优解 $\boldsymbol{X}^* = (3.5,2)^{\mathrm{T}}$，最优值 $f(\boldsymbol{X}^*) = 14.5$.

例 11.11 求解下面问题的最优解：

$$
\begin{aligned}
&\max\ 3x_1 + 2x_2 + x_3, \\
\text{s.t. }\ &4x_1 + 2x_2 + x_3 = 12, \\
&x_1 + x_2 + x_3 \leqslant 7, \\
&x_1, x_2 \geqslant 0, \\
&x_3 \in \{0,1\} \subset Z.
\end{aligned}
$$

解 将该问题转化成标准形式：

$$
\begin{aligned}
&\min -3x_1 - 2x_2 - x_3, \\
\text{s.t. }\ &x_1 + x_2 + x_3 \leqslant 7, \\
&4x_1 + 2x_2 + x_3 = 12, \\
&0 \leqslant x_1, x_2 < +\infty, \\
&0 \leqslant x_3 \leqslant 1, \\
&x_3 \in Z.
\end{aligned}
$$

MATLAB 代码如下：

```
C = [-3; -2; -1];
A = [1, 1, 1];
b = 7;
Aeq = [4, 2, 1];
beq = 12;
Lb = zeros(3, 1);
Ub = [inf; inf; 1];
I = 3;   %迫使 x(3)取值为 0 或 1
[Xmin, Fmin] = intlinprog(C, I, A, b, Aeq, beq, Lb, Ub)
```

运行代码，结果如下：

```
Xmin =
        0
   5.5000
   1.0000
Fmin = -12
```

下面继续考虑例 11.1 中的下料问题，即求解整数线性规划问题.

例 11.12 求解下面问题的最优解：

$$
\begin{aligned}
&\min\ 5x_1+6x_2+23x_3+5x_4+24x_5+6x_6+23x_7+5x_8,\\
&\text{s.t. } 2x_1+x_2+x_3+x_4=100,\\
&\quad 2x_2+x_3+3x_5+2x_6+x_7\geqslant 150,\\
&\quad x_1+x_3+3x_4+2x_6+3x_7+5x_8\geqslant 120,\\
&\quad x_i\in\overline{Z^-}, i=1,\cdots,8.
\end{aligned}
$$

解 将该问题转化成标准形式：

$$
\begin{aligned}
&\min\ 5x_1+6x_2+23x_3+5x_4+24x_5+6x_6+23x_7+5x_8,\\
&\text{s.t. } -2x_2-x_3-3x_5-2x_6-x_7\leqslant -150,\\
&\quad -x_1-x_3-3x_4-2x_6-3x_7-5x_8\leqslant -120,\\
&\quad 2x_1+x_2+x_3+x_4=100,\\
&\quad 0\leqslant x_i<+\infty, x_i\in Z, i=1,\cdots,8.
\end{aligned}
$$

MATLAB 代码如下：

```
C = [5; 6; 23; 5; 24; 6; 23; 5];
A = [0, -2, -1, 0, -3, -2, -1, 0; -1, 0, -1, -3, 0, -2, -3, -5];
b = [-150;-120];
Aeq = [2, 1, 1, 1, 0, 0, 0, 0];
beq = 100;
Lb = zeros(8, 1);
Ub = inf * ones(8, 1);
I = 1：8;
[Xmin, Fmin] = intlinprog(C, I, A, b, Aeq, beq, Lb, Ub)
```

运行代码，结果如下：

```
Xmin =    34   32   0   0   0   43   0   0
Fmin =    620
```

所以仅采用第一、二、六种截法分别 34、32、43 次能保证完成任务，且余料最少为 620 厘米.

例 11.13（背包问题） 一组物品共有 9 件，其中第 i 件物品重 w_i kg，价值 v_i 元，数据见表 11-4. 从这组物品中取出一些进行装包，而背包能够承受物品的最大质量为 30kg. 问如何选择物品，使背包中物品的总价值最大.

表 11-4　物品质量及价值

i	1	2	3	4	5	6	7	8	9
w_i	2	1	1	2. 5	10	6	5	4	3
v_i	10	45	30	100	150	90	200	180	300

分析　这是一个典型的 0-1 整数规划问题. 用 x_i 表示背包中是否装第 i 件物品，$i=1,2,\cdots,9$，即如果 $x_i=0$，则表示不装该物品，如果 $x_i=1$，则表示装该物品. 因此背包中所装物品的总价值函数为 $\sum_{i=1}^{9} v_i x_i$. 数学模型如下：

$$\max \sum_{i=1}^{9} v_i x_i,$$

$$\text{s.t.} \sum_{i=1}^{9} w_i x_i \leqslant 30,$$

$$x_i \in \{0,1\}, i=1,\cdots,9.$$

解　MATLAB 代码如下：

```
C = -[10; 45; 30; 100; 150; 90; 200; 180; 300];
A = [2, 1, 1, 2. 5, 10, 6, 5, 4, 3];
b = 30;
Aeq = [ ];
beq = [ ];
Lb = zeros(9, 1);
Ub = ones(9, 1);
I = 1:9;
[Xmin, Fmin] = intlinprog(C, I, A, b, Aeq, beq, Lb, Ub);
Xmin = Xmin'
Fmin = -Fmin
```

运行代码，结果如下：

```
Xmin =    1    1    1    1    1    0    1    1    1
Fmin =    1015
```

由结果可知，除了第 6 件物品，将其余物品装入背包中，可使得总价值达到最大值 1015 元.

11.3.3　非线性规划与求解函数 fmincon

具有如下结构的最优化模型称为 MATLAB 的标准形式非线性规划：

$$\min f(\boldsymbol{X}),$$

$$\text{s.t. } \boldsymbol{AX} \leqslant \boldsymbol{b},$$

$$\boldsymbol{A}_{\text{eq}}\boldsymbol{X} = \boldsymbol{b}_{\text{eq}},$$

$$\boldsymbol{C}(\boldsymbol{X}) \leqslant 0,$$

$$\boldsymbol{C}_{\text{eq}}(\boldsymbol{X}) = 0,$$

$$\boldsymbol{L}_b \leqslant \boldsymbol{X} \leqslant \boldsymbol{U}_b.$$

这里，$C(X)\leqslant 0$，$C_{eq}(X)=0$ 分别表示非线性不等式约束、等式约束；$f(X)$ 表示线性或非线性目标函数；其余参数的含义与线性规划数学模型中相同.

求解非线性规划的 MATLAB 求解函数为 fmincon，语法如下：

```
[Xmin, Fmin] = fmincon(fun, X0, A, b, Aeq, beq, Lb, Ub, nonlcon)
```

这里, fun 是优化目标函数的函数句柄或文件名, X0 是初始迭代点, nonlcon 是针对非线性约束条件编写的 MATLAB 函数的句柄或文件名.

一般地, 用 MATLAB 求解上述非线性规划问题的基本步骤如下：

（1）首先建立 M 文件或子函数 fun. m，定义优化目标函数 $f(X)$；

```
function f = fun(X)
f =    %计算目标函数的函数值;
```

（2）若约束条件中有非线性约束 $C(X)\leqslant 0$ 或 $C_{eq}(X)=0$，则建立 M 文件或子函数 nonlcon.m；

```
function [C, Ceq] = nonlcon(X)
C = [ ]%计算非线性不等式约束函数的函数值
Ceq = [ ];%计算非线性等式约束函数的函数值
```

（3）建立主程序，利用 fmincon，调用子函数 fun.m 和 nonlcon.m 求解.

例 11.14

$$\min f(X)=-x_1-2x_2+\frac{1}{2}x_1^2+\frac{1}{2}x_2^2,$$
$$\text{s.t. } \begin{aligned}&2x_1+3x_2\leqslant 6,\\&x_1+4x_2\leqslant 5,\\&x_1,x_2\geqslant 0.\end{aligned}$$

解 （1）写成标准形式：

$$\min f(X)=-x_1-2x_2+\frac{1}{2}x_1^2+\frac{1}{2}x_2^2,$$
$$\text{s.t. } \begin{pmatrix}2&3\\1&4\end{pmatrix}\begin{pmatrix}x_1\\x_2\end{pmatrix}\leqslant\begin{pmatrix}6\\5\end{pmatrix},$$
$$\begin{pmatrix}x_1\\x_2\end{pmatrix}\geqslant\begin{pmatrix}0\\0\end{pmatrix}.$$

（2）先建立 M 文件 myfun.m：

```
function f = myfun(X);
f = -X(1)-2*X(2)+(1/2)*X(1)^2+(1/2)*X(2)^2;
```

（3）再建立主程序 main.m：

```
X0 = [1; 1];
A = [2 3; 1 4];
b = [6;5];
Aeq = [];
beq = [];
Lb = [0;0];
```

```
Ub = [];
[Xmin, Fmin] = fmincon(@myfun, X0, A, b, Aeq, beq, Lb, Ub)
```

（4）运算结果为：

```
Xmin =
        0.7647
        1.0588
Fmin =
       -2.0294
```

也可以编写一个程序文件完成该问题求解，程序如下：

```
function main
X0 = [1; 1];
A = [2 3; 1 4];
b = [6; 5];
Aeq = [];
beq = [];
Lb = [0; 0];
Ub = [inf; inf];
[Xmin, Fmin]=fmincon(@myfun, X0, A, b, Aeq, beq, Lb, Ub)

function f = myfun(X)
f = -X(1)-2*X(2)+(1/2)*X(1)^2+(1/2)*X(2)^2;
```

例 11.15　求下面非线性规划的最优解：

$$\begin{aligned} &\max x_1^2 + x_2^2 - x_1x_2 - 2x_1, \\ \text{s. t.}\ & -(x_1-1)^2 + x_2 \geqslant 0, \\ & -2x_1 + 3x_2 \leqslant 6, \\ & 4x_1^2 + x_2 = 1, \\ & x_2 \leqslant 10. \end{aligned}$$

解　将该问题转化成标准形式：

$$\begin{aligned} &\min -x_1^2 - x_2^2 + x_1x_2 + 2x_1, \\ \text{s. t.}\ & -2x_1 + 3x_2 \leqslant 6, \\ & x_2 \leqslant 10, \\ & (x_1-1)^2 - x_2 \leqslant 0, \\ & 4x_1^2 + x_2 - 1 = 0. \end{aligned}$$

MATLAB 代码如下：

```
function main
X0 = [10;10];
A = [-2, 3; 0, 1];
b = [6; 10];
[Xmin, Fmin] = fmincon(@myfun, X0, A, b, [], [], [], [], @mynonlcon)

function f = myfun(X)
```

```
f = -X(1)^2-X(2)^2+X(1)*X(2)+2*X(1);

function    [C, Ceq] = mynonlcon(X)
C = (X(1)-1)^2 - X(2);
Ceq = 4*X(1)^2 + X(2) - 1;
```

运行代码，结果如下：

```
Xmin = 0.0000
         1. 0000
Fmin = -1.0000
```

例 11.16　某公司有 6 个建筑工地，每个工地的位置（用平面坐标系 a,b 表示，单位：km）及水泥日用量 d（单位：t）由表 11-5 给出. 目前有两个临时料场位于 $A(5,1)$, $B(2,7)$处，日储量各有 20t；假设从料场到工地之间均有直线道路相连. 为了进一步减少吨千米数，打算舍弃临时料场，新建两个日储量各为 20t 的料场，问料场建在何处使得吨千米数最小.

表 11-5　工地位置及水泥日用量

	1	2	3	4	5	6
a	1.25	8.75	0.5	5.75	3	7.25
b	1.25	0.75	4.75	5	6.5	7.75
d	3	5	4	7	6	11

解　由题意得，所求就是确定新料场的位置 (α_j,β_j) 和运送量 C_{ij} 使得总吨千米数达到最小，这里，$i=1,\cdots,6; j=1,2$. 这是一个非线性规划问题，数学模型如下：

$$\min\sum_{j=1}^{2}\sum_{i=1}^{6}C_{ij}\sqrt{(\alpha_j-a_i)^2+(\beta_j-b_i)^2},$$

$$\text{s.t.}\ \sum_{j=1}^{2}C_{ij}=d_i,\ i=1,\cdots,6,$$

$$\sum_{i=1}^{6}C_{ij}\leqslant e_j,\ j=1,2,$$

$$0\leqslant C_{ij}.$$

为了便于编写 MATLAB 求解程序，令 $X_{i+6(j-1)}=C_{ij}$，$1\leqslant i\leqslant 6$，$1\leqslant j\leqslant 2$；$X_{13}=\alpha_1$，$X_{14}=\beta_1$，$X_{15}=\alpha_2$，$X_{16}=\beta_2$. 代码如下：

```
function main
clear
clc
d = [3, 5, 4, 7, 6, 11];                                    %需求量
Aeq = [eye(6), eye(6), zeros(6, 4)];                         %等式约束
beq = d';
A= [ones(1, 6), zeros(1, 10);
       zeros(1, 6), ones(1, 6), zeros(1, 4)];                 %不等式约束
```

```
b = [20;20];
Lb = zeros(1, 16);                                    %下限
Ub = [d, d, 10*ones(1, 4)];                           %上限
X0 = [zeros(1, 12), 5, 1, 2, 7];                      %设定初始迭代点
options = optimoptions('fmincon', 'Algorithm', 'sqp')
[Xmin, Fmin] = fmincon(@fun, X0, A, b, Aeq, beq, Lb, Ub, [], options)

function f = fun(X)
a = [1.25, 8.75, 0.5, 5.75, 3, 7.25];
b = [1.25, 0.75, 4.75, 5, 6.5, 7.75];
f = 0;
for i = 1:6
    d1 = sqrt((X(13)-a(i))^2+(X(14)-b(i))^2);
    d2 = sqrt((X(15)-a(i))^2+(X(16)-b(i))^2);
    f = d1*X(i) + d2*X(i+6) + f;
end
```

运行代码，结果如下：

```
Xmin =   0.0000    5.0000    0.0000    7.0000    0.0000    8.0000
3.0000   0.0000    4.0000    0.0000    6.0000    3.0000
5.9059   5.0733    3.0000    6.5000
Fmin =   93.1408
```

将求解结果整理如表 11-6 所示.

表 11-6　求解结果

i	1	2	3	4	5	6	新料厂位置
C_{i1}	0	5	0	7	0	8	A(5.9059, 5.0733)
C_{i2}	3	0	4	0	6	3	B(3.0000, 6.5000)

显然，新设立料场之后的总吨千米数为 93.1408，比原来的临时料场的吨千米数 136.2275 大大减小. 这里 93.1408 不一定是全局最小值，因此可简单改变初始迭代点，如当 X0 = [7*zeros(1, 12), 5, 0, 2, 0]时，运行程序，可以得到一个很好的结果：

```
Xmin =   0.0000   5.0000   0.0000   0.0000   0.0000   11.0000
         3.0000   0.0000   4.0000   7.0000   6.0000    0.0000
         7.2500   7.7500   3.2542   5.6521
Fmin =   85.2660
```

将求解结果整理如表 11-7 所示.

表 11-7　求解结果

i	1	2	3	4	5	6	新料厂位置
C_{i1}	0	5	0	0	0	11	A(7.2500, 7.7500)
C_{i2}	3	0	4	7	6	0	B(3.2542, 5.6521)

这时，新设立料场之后总的吨千米数为 85.2660，相比临时料场节省的吨千米数为 50.9615.

11.4　智能优化方法

11.4.1　遗传算法

遗传算法(Genetic Algorithm, GA)是由美国密执安大学的 Holland 教授于 1969 年提出，后经由 DeJong 和 Goldberg 等人归纳总结所形成的一类人工智能算法. 它是模拟自然界生物进化过程的一类自组织、自适应的全局优化算法，其核心思想源于这样的基本认识：从简单到复杂、从低级到高级的生物进化过程本身是一个自然的、并行发生的、稳健的优化过程，这一优化过程的目标是对环境的适应性，而生物种群通过“优胜劣汰”及遗传变异来达到进化的目的. 依达尔文的自然选择与孟德尔的遗传变异理论，生物的进化是通过繁殖、变异、竞争和选择这 4 种基本形式来实现的.

如果把待解决的问题描述作为对某个目标函数的全局优化，则 GA 求解问题的基本做法是，把待优化的目标函数解释为生物种群对环境的适应性，把优化变量对应为生物种群的个体，而由当前种群出发，利用合适的复制、杂交、变异与选择操作生成新的一代种群，重复这一过程，直至获得合乎要求的种群或规定的进化时限.

若用 $X(t)$ 表示第 t 代种群，则标准遗传算法的基本迭代过程如下：

（1）初始化. 确定选择概率 P_s、种群规模 m、交叉概率 P_c、变异概率 P_m 和终止原则，令 $t=0$，随机产生初始种群 $X(t)$.

（2）评价. 计算种群 $X(t)$ 中 m 个体的适应度.

（3）选择. 从当前种群 $X(t)$ 中选取母体.

（4）交叉. 独立地对所选母体实施杂交生成中间个体.

（5）变异. 独立地对中间个体进行变异得到候选个体.

（6）选择. 从候选个体中按适应度高低选出 m 个个体组成下一代新种群 $X(t+1)$.

（7）若满足终止原则，则停止；否则返回步骤（2）.

GA 通常作用于原问题变量的某个有限长离散编码（常为定长二进制字符串），通常称之为个体；个体全体组成的集合称为个体空间；一对个体常称为母体；母体空间是由所有母体组成的种群集合. GA 由当前种群生成新一代种群的方法通常由一系列繁殖算子决定，这些算子是对自然演化中种群进化机制的类比与模拟，常见的有选择、杂交和变异等. 选择算子是种群空间到母体空间的随机映射，它按照某种准则或概率分布从当前种群中选取那些好的个体组成不同的母体以供生成新的个体. 杂交算子是母体空间到个体空间的随机映射，它的作用方式是：随机地确定一个或多个向量位置作为杂交点，由此将一对母体的两个个体分为有限个截断，再以概率替换相应截断得到新的个体. 变异算子是个体空间到个体空间的随机映射，其作用方式是：独立地以概率改变个体每个分量（基因）的取值以产生新的个体.

遗传算法对应的 MATLAB 函数为 ga，在 MATLAB R2018 及其以后版本中集成，是一种求解困难、复杂、多态最优化问题的全局极小点的有效方法. 这里，“困难、复杂、多态”是指优化问题或高维、或不可导、或具有许多局部极小点、或目标函数不具有显式解析表达式等.

针对一般的约束优化问题（各个参数的含义与非线性规划数学模型中相同）：

$$
\begin{aligned}
&\min\ f(\boldsymbol{X}),\\
\text{s.t. }&\boldsymbol{AX}\leqslant \boldsymbol{b},\\
&\boldsymbol{A}_{\text{eq}}\boldsymbol{X}=\boldsymbol{b}_{\text{eq}},\\
&\boldsymbol{C}(\boldsymbol{X})\leqslant 0,\\
&\boldsymbol{C}_{\text{eq}}(\boldsymbol{X})=0,\\
&\boldsymbol{L}_b\leqslant \boldsymbol{X}\leqslant \boldsymbol{U}_b.
\end{aligned}
$$

求解函数 ga 语法格式如下：

```
[Xmin, Fmin] = ga(fun, n, A, b, Aeq, beq, Lb, Ub, nonlcon)
```

这里, fun 是优化目标函数名, n 是决策变量个数, nonlcon 是针对非线性约束编写的函数的文件名.

例 11.17 试用遗传算法求解 Holder table 函数的全局最优解.

$$\min f(x_1,x_2)=-\left|\sin x_1\cdot\cos x_2\cdot \mathrm{e}^{\left|1-\frac{\sqrt{x_1^2+x_2^2}}{\pi}\right|}\right|,\quad -10\leqslant x_1,x_2\leqslant 10.$$

分析 从该模型目标函数的图像（见图 11-8）中可以直观地看出, 用传统优化方法不易求解.

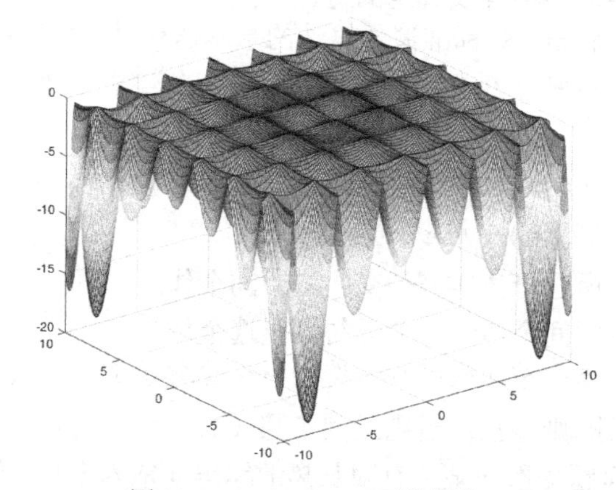

图 11-8 Holder table 函数图像

解 MATLAB 代码如下：

```
function main
n = 2;
Lb = -10*ones(n, 1);
Ub = -Lb;
[Xmin, Fmin] = ga(@Myfun, n, [], [], [], [], Lb, Ub)
function f = Myfun(x)
f=-abs(sin(x(1))*cos(x(2))*exp(abs(1-sqrt(x(1)^2+x(2)^2)/pi)))
```

运行代码, 结果如下：

```
Xmin = 8.0550    9.6646
Fmin = -19.2085
```

因为遗传算法是随机优化算法，所以多次运行程序可以得到 4 个全局最优解，即

$$\min f(\pm 8.0550, \pm 9.6646) = -19.2085.$$

例 11.18　Rastrigin 函数

$$\min f(\boldsymbol{X}) = \sum_{i=1}^{n}(x_i^2 - 10\cos(2\pi x_i) + 10),\quad -5.12 \leqslant x_i \leqslant 5.12.$$

分析　该模型目标函数的全局最优解为 $(0,0,\cdots,0)$，对应最优值为 $f(0,0,\cdots,0)=0$，二维图像如图 11-9 所示.

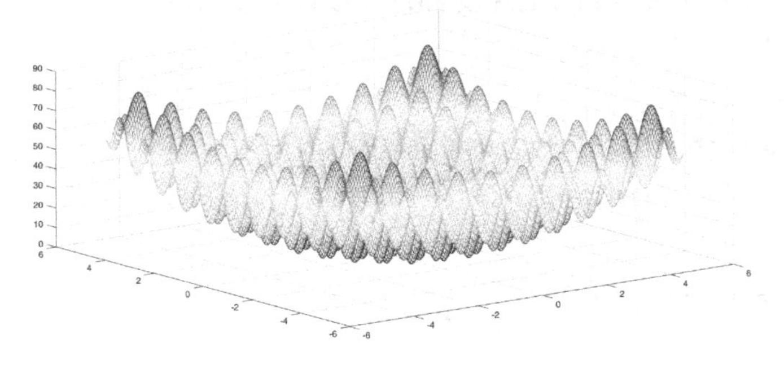

图 11-9　二维 Rastrigin 函数图像

解　MATLAB 代码如下：

```
function main
n = 50;
Lb = -5.12*ones(n, 1);
Ub = -Lb;
[Xmin, Fmin] = ga(@Myfun, n, [], [], [], [], Lb, Ub)

function f = Myfun(x)
f = 10 * size(x, 2) + sum(x . ^2 - 10 * cos(2 * pi * x));
```

独立运行代码 20 次，得到其中最好的函数值为 0.000042，最差的函数值为 2.985046，平均函数值为 0.746312.

11.4.2　粒子群优化

粒子群优化(Particle Swarm Optimization, PSO)算法最初是由 Kennedy 和 Eberhart 于 1995 年受人工生命研究结果启发，在模拟鸟群觅食过程中的迁徙和群集行为时提出的一种基于群体智能的演化计算技术. 其思想来源于对鸟群飞行的研究发现：鸟仅仅追踪它有限数量的邻居，但最终的整体结果是整个鸟群好像在一个中心的控制之下，即复杂的全局行为是由简单规则的相互作用引起的. 不同于达尔文“适者生存，优胜劣汰”进化思想，粒子群优化算法是通过个体之间的协作来寻找最优解的. 生物学家 Wilson 关于生物体曾经说过这样一段话：“至少在理论上，一个生物群体中的一员可以从这个群体中所有其他成员以往在找寻食物过程中积累的经验和发现中获得好处. 只要食物源不可预知地分布于不同地方，这种协作带来的优势就可能变成决定性的，超过群体中个体之间对食物竞争带来的劣势”. 这段话的意思是，生物群体中信息共享会产生进化优势，这也正是粒子群优化算法的基本思想.

为了改善基本 PSO 算法易发散的缺点，Eberhart 和 Shi 提出了一种惯性粒子群优化算法. 该算法通过动态调整惯性系数的方式有效地提高算法的收敛性，因而常被称为标准的 PSO 算法.

标准粒子群优化算法的一般步骤如下.

（1）初始化种群 P、速度 V、认知系数 c_1、社会系数 c_2、惯性权重 w. 令 $t=0$.

（2）计算每一个粒子 $X_i \in P(t)$ 的适应值，个体历史最优位置 $P_i(t)$，种群全局最优位置 $G(t)$.

（3）更新每一个粒子 $X_i \in P(t)$ 的速度 $V_i(t)$ 和位置 $X_i(t+1)$：

for $X_i(t) \in P(t)$

　　for $j=1$ to n

$$V_{i,j}(t+1)=w\cdot X_{i,j}(t)+c_1\cdot\text{rand}(0,1)\cdot(P_{i,j}(t)-X_{i,j}(t))+c_2\cdot\text{rand}(0,1)\cdot(G_j(t)-X_{i,j}(t))$$

　　end

$$X_i(t+1)=X_i(t)+V_i(t+1)$$

end

（4）终止条件是否满足？若是，停机；否则，$t=t+1$，转步骤（2）.

针对一般边界约束优化问题：

$$\min f(\boldsymbol{X}),$$
$$\text{s.t. } \boldsymbol{L}_b \leqslant \boldsymbol{X} \leqslant \boldsymbol{U}_b.$$

粒子群优化算法对应的函数为 particleswarm，语法如下：

```
[Xmin, Fmin] = particleswarm(fun, n, Lb, Ub)
```

这里，各个参数的含义同 ga.

例 11.19 用粒子群优化算法求解下面函数的最优解：

$$\min f(\boldsymbol{X})=x_1\cdot \mathrm{e}^{-\|\boldsymbol{X}\|_2^2},\quad -20\leqslant x_1,x_2\leqslant 20.$$

解 MATLAB 代码如下：

```
[Xmin, Fmin] = particleswarm(@(x)x(1)*exp(-norm(x)^2), 2, [-20;-20], [20;20])
```

运行代码，结果如下：

```
Xmin =     -0.7071     -0.0000
Fmin =     -0.4289
```

例 11.20 编程求解下列最优化模型.

$$\min f(\boldsymbol{X})=\sum_{i=1}^{n}(\lfloor x_i+0.5\rfloor)^2,\quad -100\leqslant x_i\leqslant 100.$$

这里，符号 $\lfloor a \rfloor$ 表示对 a 向下取整.

分析 该模型目标函数的全局最优解为 $x_i=0$，$i=1,\cdots,n$. 二维图像如图 11-10 所示.

解 MATLAB 代码如下：

```
function main
n = 30;
```

```
Lb = -100*ones(n, 1);
Ub = -Lb;
[Xmin, Fmin] = particleswarm(@Myfun, n, Lb, Ub)

function f = Myfun(X)
f = sum(floor(X+0. 5). ^2);
```

多次运行代码, 可以得到问题的最优值 0.

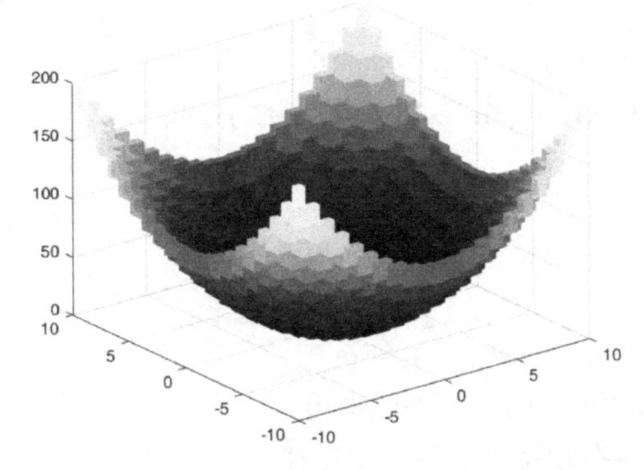

图 11-10 $f(X)=\sum_{i=1}^{2}(\lfloor x_i+0.5\rfloor)^2$ 函数图像

例 11.21 基本 PSO 求解 2 维 Rastrigin 函数（见例 11.19）的演示程序, 该程序形象地演示了 PSO 的求解过程.

解 MATLAB 代码如下:

```
function PSO_DEMO
% 参数设定
Popsize = 20;                    % 种群规模
C1 = 2;                          % 认知系数
C2 = 2;                          % 社会系数
MaxIter = 150;                   % 最大迭代次数
TestFun = @rastrigin             % 测试函数
n = 2;                           % 维数

% 初始化
P = -5+10*rand(Popsize, n);      % 初始化种群
P(:, n+1) = TestFun(P(:, 1:n));  % 计算函数值
gP = P;                          % 粒子已知最好位置
[Best, index] = min(gP(:, 1+n));
GP = P(index, 1:n);              % 种群已知最好位置
V = ones(Popsize, n);            % 速度

% 迭代开始
for t = 1 : MaxIter
    % update
    W = 1 - t/MaxIter;           % 惯性权重
```

```
    V = W * rand(Popsize, n) . * P(:, 1:n)...
        + C1 * rand(Popsize, n) . * (gP(:, 1:n) - P(:, 1:n))...
        + C2 * rand(Popsize, n) . * (GP - P(:, 1:n));
    P(:, 1:n) = P(:, 1:n) + V;
    P(:, 1+n) = TestFun(P(:, 1:n));
    gP = (P(:, 1+n) < gP(:, 1+n)) . * P+(P(:, 1+n) >= gP(:, 1+n)). * gP;
    [Best, index] = min(gP(:, 1+n));
    GP = P(index, 1:n);
    % 绘图
    [X, Y] = meshgrid(-5.12:0.05:5.12);
    Z = X. ^2-10*cos(2*pi*X)+10 + Y. ^2-10*cos(2*pi*Y)+10;
    contour(X, Y, Z);
    xlim([-5.12, 5.12]);
    ylim([-5.12, 5.12]);
    hold on
    plot(P(:, 1), P(:, 2), 'ro', 'Linewidth', 1.2)
    title(['Current Optimal Value is ', num2str(Best)]);
    xlabel(['Iteration: ', num2str(t)]);
    pause(0. 1)
    hold off
end

% rastrigin 测试函数
function SOL = rastrigin(X)
SOL = sum((X. ^2-10*cos(2*pi*X)+10)'. ^2)';
```

图 11-11 给出了代码一次运行时第 1 代、第 60 代和第 120 代的种群分布及当前已知最优值.

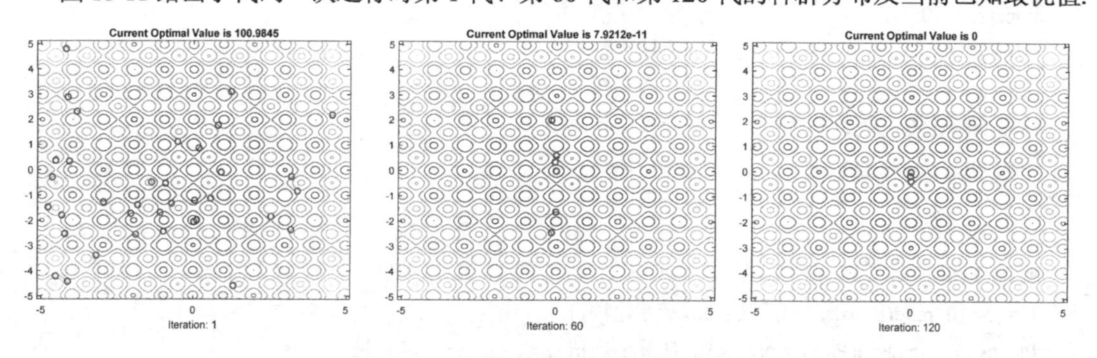

图 11-11　种群分布随迭代次数的变化

初始代时，个体随机地分布在$[-5,5]\times[-5,5]$内，当前已知最优值为 100.9845，当算法进行到第 60 代时，种群逐渐地向全局最优解$[0,0]$靠拢，当前已知最优值降到 7.9212E-11，在第 120 代，种群几乎收敛到坐标原点，最好个体的适应值达到了全局最优值 0.

11.4.3　模拟退火法

1982 年, Kirkpatrick 等将金属热加工中退火工艺的思想应用于组合优化中，提出了一种新的搜索技术：模拟退火（Simulated Annealing, SA）算法. 模拟退火算法采用 Metropolis 接受准则，并使用一组称为冷却进度表的参数控制算法进程，使算法在多项式时间内给出一个近似最优解.

该方法包括两种运算：①当前状态的变化；②变化的接受和舍弃. 模拟退火算法的思想允许以一定的概率从现有解移动到一个较差的解，以期能够跳出局部最小. 这种移动的允许概率随着搜索的进行逐渐减小.

标准模拟退火算法的一般步骤如下.

（1）选定一个初始解 $\boldsymbol{X}_1$、初始温度 T_1、生成次数 L_1，$t=1$.

（2）**for** $k=1$ to L_t

从第 i 个解的邻域 $N^{\circ}(X_i)$ 中随机选取一个解 X_j；

if $f(X_j)<f(X_i)$，$X_i=X_j$；

elseif $\exp\left(\dfrac{f(X_i)-f(X_j)}{T}\right)>\text{rand}$，$X_i=X_j$；

end

end

（3）$T_{t+1}=\text{gen}(T_t,t)$，$L_{t+1}=\text{gen}(T_t,t)$，$t=t+1$；若满足终止条件，则停止计算；否则，转步骤（2）.

这里，$\text{gen}(T_t,t)$ 和 $\text{gen}(L_t,t)$ 分别表示第 t 次迭代时温度 T_t、生成次数 L_t 的函数发生器. 算法从一个初始解和初始温度开始，然后在每一次迭代中，从 X_i 的邻域中随机地抽取一个解 X_j，然后根据其函数值 $f(X_i)$、$f(X_j)$ 及控制参数 T 来决定是否接受这个解. 如果 $f(X_j)<f(X_i)$，则用 X_j 替代 X_i，否则以玻耳兹曼（Boltzmann）概率分布接受 X_j.

针对一般边界约束最优化问题：

$$\min f(\boldsymbol{X}),$$
$$\text{s.t. } \boldsymbol{L}_b \leqslant \boldsymbol{X} \leqslant \boldsymbol{U}_b.$$

模拟退火算法对应的函数为 simulannealbnd，语法如下：

```
[Xmin, Fmin]=simulannealbnd(fun, X0, Lb, Ub)
```

这里, X0 为指定的初始迭代点，其他参数的含义同 ga.

例 11.22　求解 Holder table 函数的全局最优解.

解　MATLAB 代码如下：

```
function main
n = 2;
Lb = -10*ones(n, 1);
Ub = -Lb;
X0 = [10;10]
[Xmin, Fmin] = simulannealbnd(@Myfun, X0, Lb, Ub)

function f = Myfun(x)
f = -abs( sin(x(1))*cos(x(2)) * exp( abs(1-sqrt(x(1)^2+x(2)^2)/pi) ) );
```

运行代码，结果如下：

```
Xmin =     -8.0547     -9.6632
Fmin =    -19.2085
```

11.5 实验探究

问题 11.1（运输问题） 某市根据菜农蔬菜种植情况在 3 处设有蔬菜收购点，每天清晨送往全市 8 个菜市场. 据调查，3 个蔬菜收购点每天的收购量分别为 180（吨）、190（吨）、170（吨），而 8 个菜市场每天的需求量为 65（吨）、50（吨）、70（吨）、60（吨）、90（吨）、45（吨）、80（吨）、70（吨），运送费用为 2（元/（吨·公里）). 该市的市政道路、各路段距离（公里）、收购点（圆圈）及菜市场（五角星）分布图详见图 11-12.

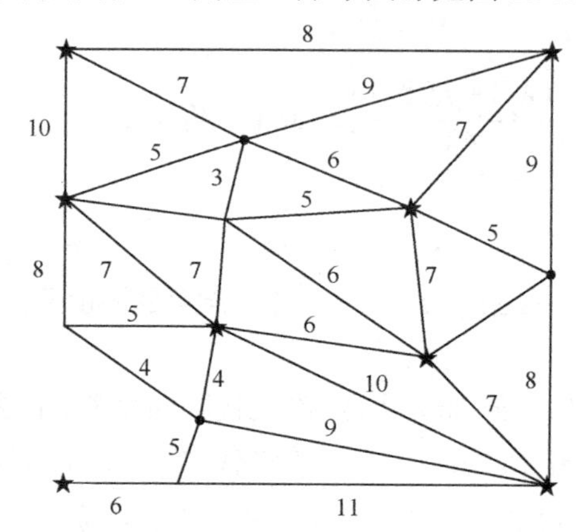

图 11-12 市政道路、各路段距离、收购点及菜市场分布图

假设从第 i 个收购点到第 j 个菜市场的最短距离为 $s_{i,j}$ 公里，从第 i 个收购点运送到第 j 个菜市场的蔬菜为 $x_{i,j}$ 吨，若不考虑中转运输情形，则总运送费用为 $\sum_{i=1}^{3}\sum_{j=1}^{8}2s_{i,j}x_{i,j}$，请为该市设计一个从收购点到菜市场的调度方案，使得总运送费用最少.

问题 11.2（投资组合） 某公司现有 300 万元的投资金，考虑用于 A、B、C、D 四种股票的投资. 已知近 10 年投资年收益率如表 11-8 所示. 若希望今年投资年收益率为达到 4.3%，试给出风险最小的投资方案.

表 11-8 近 10 年投资年收益率（%）

	第 1 年	第 2 年	第 3 年	第 4 年	第 5 年	第 6 年	第 7 年	第 8 年	第 9 年	第 10 年
A	3.2500	4.4590	2.2839	4.3812	4.2906	2.9962	4.5260	4.1455	5.4028	4.0061
B	2.7448	4.0073	2.3278	4.6805	5.4784	4.3016	4.0850	2.758	3.5084	4.6263
C	3.5028	4.7403	3.5019	4.6715	3.1946	2.4887	2.8074	4.2768	4.6380	4.4988
D	4.3447	3.5514	4.4995	3.7895	4.2977	5.5432	4.3029	4.0925	4.2996	4.5224

11.6 习题

1. 求函数 $f(x)=x^3-2x^2+x-1$ 在区间[0, 100]的最优解.

2. 求函数 $f(x)=\mathrm{e}^{-x}\sin x$ 在区间中[0, 8]的最大值和最小值，绘出函数图形并标出最优解.

3. 在一个煤矿的矿道里，矿工扛了一架梯子打算通过交叉矿道口，已知横向矿道宽 1.5 米，纵向矿道宽 2 米，矿道相交呈 120°，问通过矿道的梯子限长多少.

4. 求下面线性规划的最优解：

$$
\begin{aligned}
&\min -4x_1-5x_2-7x_3,\\
&\text{s.t. } 2x_1-x_2+x_3\leqslant 21,\\
&\quad 4x_1+2x_2+4x_3\leqslant 53,\\
&\quad 3x_1+2x_2\leqslant 25,\\
&\quad 0\leqslant x_1,x_2,x_3.
\end{aligned}
$$

5. 某工厂制造 A、B 两种产品，A 每吨用煤 9 吨、电 4 千瓦、3 个工作日；B 每吨用煤 5 吨、电 5 千瓦、10 个工作日；制造 A 和 B 每吨分别获利 7000 元和 12000 元. 该厂可利用资源有煤 360 吨、电力 2000 千瓦、工作日 3000 个. 问 A、B 各生产多少吨获利最大.

6. 长度为 1000 厘米的条材，分别截成长度为 65 厘米、76 厘米与 98 厘米的三种成品. 要求三种成品分别为 1000 根、2000 根与 2000 根. 问如何截割才能使得所需条材数量最少.

7. 甲、乙两煤矿供给 A、B、C 三个城市的用煤，每月各煤矿产量及各城市需求量如表 11-9 所示，问应如何调度，才能在满足供需平衡的前提下，使运输总费用最少.

表 11-9　产量及需求量

	各城市运价/（元/吨）			产量/吨
	A	B	C	
甲	90	70	100	200
乙	80	65	80	250
需求量/吨	100	150	200	

8. 求下面整数线性规划的最优解：

$$
\begin{aligned}
&\max 7x_1+9x_2,\\
&\text{s.t. } -x_1+3x_2\leqslant 6,\\
&\quad 7x_1+x_2\leqslant 35,\\
&\quad x_1,x_2\geqslant 0 \text{且} x_1,x_2\in Z.
\end{aligned}
$$

9. 甲、乙、丙三人完成 6 项任务，每人完成 2 项. 已知每人对各项任务的满意程度如表 11-10 所示，问如何分配任务使得总的满意度最高.

表 11-10　各项任务的满意程度

	任　务					
	A	B	C	D	E	F
甲	8	7	6	5	7	6
乙	9	10	8	8	5	4
丙	7	6	9	6	9	9

10. 求下面非线性规划的最优解：

$$
\begin{aligned}
\min\ & x_1^2-8x_1+x_2,\\
\text{s.t.}\ & x_1+x_2^2\leqslant 5,\\
& -x_1-x_2+5\geqslant 0,\\
& (x_1-4)^2+x_2^2=7.
\end{aligned}
$$

11. 用遗传算法求解下面 Ackley 函数的全局最优解，这里 $-32\leqslant x_i\leqslant 32$，$i=1,2,\cdots,n$.

$$\min f(\boldsymbol{X})=-20\exp\left(-0.2\sqrt{\frac{1}{n}\sum_{i=1}^{3}x_i^2}\right)-\exp\left(\frac{1}{n}\sum_{i=1}^{3}\cos(2\pi x_i)\right)+20+e.$$

第 12 章　随机模拟实验

在工程和社会领域，经常会遇到复杂系统，由于对其运行机制了解不够完全，若用分析方法建立数学模型，需要做许多简化和假设. 这就可能导致所建立的模型与实际问题差距很大，模型所得到的结果也不能帮助我们认识复杂系统. 此时，可用计算机模拟帮助我们对整个系统运行过程进行仿真，在一定条件下，通过对系统进行多次模拟，能够获得系统中的部分参数，这是分析和研究复杂系统非常有效的方法. 用随机模拟解决实际问题，首先需要生成大量的随机数，然后模拟系统的运行过程. 本章先讲解随机数的生成方法，再讲如何运用蒙特卡罗方法进行随机模拟.

12.1　随机数的生成

在自然界中广泛存在一类非确定性现象，这类现象的结果是无法事先准确预知的，但在大量重复的实验中会呈现一定的统计规律，我们称这种不确定现象为随机现象. 为从数量关系上研究随机现象的统计规律，引入了随机变量来描述试验结果. 随机数就是随机变量的取值，不同类型的随机变量会产生不同取值的随机数. 根据取值特点，随机变量主要分为离散型随机变量和连续型随机变量. 典型的离散型随机变量有离散均匀分布、二项分布、泊松分布、几何分布等；典型的连续型随机变量有均匀分布、指数分布、正态分布、χ^2 分布、t 分布、F 分布等.

12.1.1　利用 MATLAB 命令生成随机数

表 12-1 给出了典型随机变量的 MATLAB 随机数生成命令.

表 12-1　典型随机数 MATLAB 生成命令

分　布	随机数命令	注　解
均匀分布	unidrnd unifrnd	生成离散均匀分布随机数 生成连续均匀分布随机数
二项分布 $B(n,p)$	binornd(n, p)	生成二项分布 $B(n,p)$ 随机数
泊松分布 $P(\lambda)$	poissrnd(a)	生成参数为 a 的泊松分布随机数
几何分布 Geo(p)	geornd(p)	生成参数为 p 的几何分布随机数
指数分布 Exp(λ)	exprnd(a)	生成均值为 a 的指数分布随机数
正态分布 $N(\mu,\sigma^2)$	normrnd(a, b)	生成均值为 a、标准差为 b 的正态分布随机数
多维正态分布 $N(A,B)$	mvnrnd(A, B)	生成均值向量为 $\boldsymbol{A}$、协方差矩阵为 $\boldsymbol{B}$ 的正态分布随机数
卡方分布 $\chi^2(n)$	chi2rnd(n)	生成自由度为 n 的卡方分布随机数
t 分布 $t(n)$	trnd(n)	生成自由度为 n 的 t 分布随机数
F 分布 $F(m,n)$	frnd(m, n)	生成自由度为 m 和 n 的 F 分布随机数

例 12.1 模拟 10 次射击结果并统计命中次数.

分析 用数字 1 表示命中, 0 表示不命中, 则每一次射击命中次数服从 0-1 分布. 10 次射击命中次数服从二项分布.

编写程序如下：

```
n=10;  p=0.4;    %设命中的概率为 0.4
x=binornd(1, 0.4, 1, 10)
num=sum(x)
```

运行模拟程序, 得到结果如下：

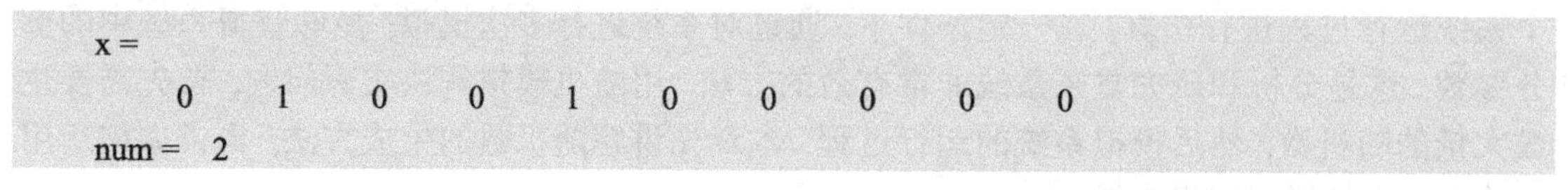

```
x =
     0     1     0     0     1     0     0     0     0     0
num =   2
```

例 12.2 某个系统由 3 个电子元件构成, 假设这 3 个电子元件寿命皆服从指数分布, 平均寿命分别为 50、60、40（单位：小时）. 试模拟该系统正常工作时间.

分析 考虑两种情况：串联系统和并联系统. 串联系统寿命取极小值, 并联系统寿命取极大值.

编写程序如下：

```
n=100;
p=[50, 60, 40]'; life_s=[];
for i=1:n
      life_s=[life_s, exprnd(p)];
end
total_c = min(life_s);   %串联系统
total_b = max(life_s);   %并联系统
plot(1:n, total_c, 'k-*', 1:n, total_b, 'b-o')
legend('串联', '并联')
mean(total_c), mean(total_b)
```

运行结果见图 12-1.

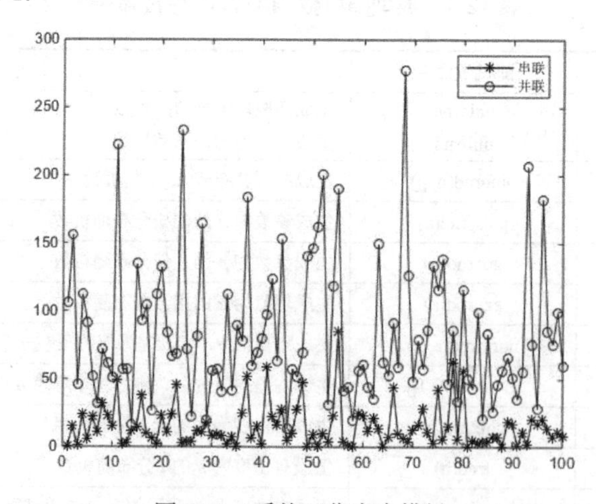

图 12-1 系统工作寿命模拟

串联系统和并联系统正常工作的平均时间分别为：

```
mean(total_c)=15.6069,        mean(total_b)=86.5827.
```

例 12.3　模拟炮击弹着点.

分析　假设弹着点服从二维联合正态分布 $N(\boldsymbol{A},\boldsymbol{B})$，其中 $\boldsymbol{A}$ 为均值向量，$\boldsymbol{B}$ 为协方差矩阵（对称非负定）.

编写程序如下：

```
A=[0, 0];               %A 为均值向量
B=[1, 0.5;0.5, 1];      %B 为协方差矩阵
n=100;
posi=mvnrnd(A, B, n);
plot(posi(:, 1), posi(:, 2), 'r*')
```

运行结果见图 12-2.

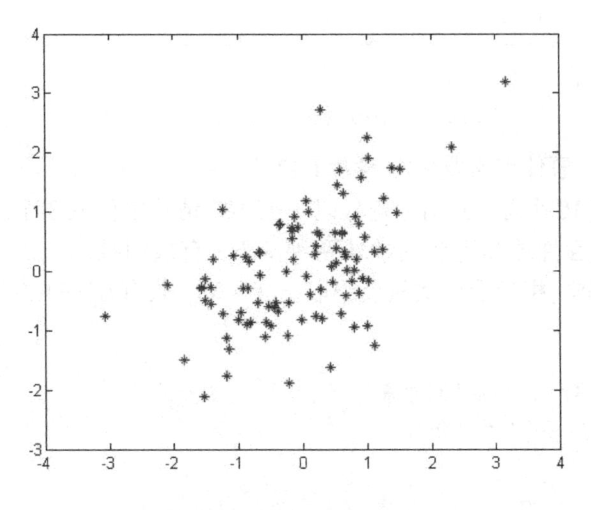

图 12-2　炮击弹着点模拟

例 12.4　模拟泊松过程的一条轨道.

分析　泊松过程作为常用的计数过程, 用于模拟某一稀有事件在一段时间内发生的次数. 它有多种等价定义, 其中一种通过更新过程来定义. 令 $\{T_i,i=1,2,3\cdots\}$ 为独立的随机变量序列, 代表事件发生的时间间隔. 若 $\{T_i,i=1,2,3\cdots\}$ 均服从参数为 λ 的指数分布, 则 $N_t=\sup\{k:T_1+\cdots+T_k\leqslant t\},t\geqslant 0$ 为强度为 λ 的泊松过程.

编写程序如下：

```
lam=1;   k=6;   % λ=1
jian_ge=exprnd(1/lam, 1, k);
time=cumsum(jian_ge)
plot([0, time(1)], [0, 0], 'r');
hold on
for i=1:k-1
      plot([time(i), time(i+1)], [i, i], 'r');
      hold on
```

```
end
hold off
```

运行结果见图 12-3.

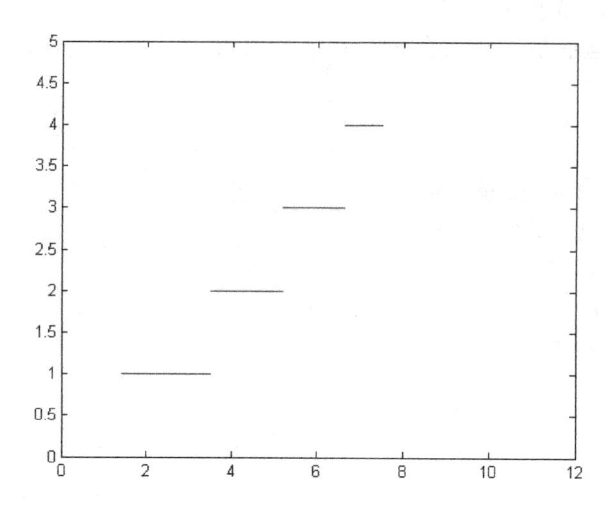

图 12-3　泊松过程的一条轨道（$\lambda=1$）

根据我们的模拟，事件首次发生时刻为 1.4275.

例 12.5　袋中有 10 个球，分别标有号码 1 至 10. 请从中任取 3 个，并记录球的号码.

分析　考虑有放回抽球和无放回抽球两种情形. 有放回抽球，每次抽球时，袋中的球不发生变化；无放回抽球，相当于一次从袋中取出 3 个球，共有 $C_{10}^3=120$ 种组合.

编写程序如下：

```
sto_1=unidrnd(10, 1, 3)        %有放回抽球
zuhe=nchoosek(1:10, 3);        %生成组合
len=size(zuhe, 1);
num=unidrnd(len);
sto_2=zuhe(num, :)             %无放回抽球
```

一次模拟结果为

```
sto_1 =
     4    10     4
sto_2 =
     1     3     9
```

12.1.2　利用函数变换生成随机数

表 12-1 给出了常用随机数的生成命令. 由于命令较多，我们可以先生成简单随机数，如使用 rand 生成区间 [0,1] 上的均匀分布随机数，使用 randn 生成标准正态分布随机数，再利用随机变量的结构分布特征来生成更为复杂的随机数. 比如，使用 a+(b-a)*rand 生成区间 $[a,b]$ 上的均匀分布随机数；使用 a+b*randn 生成均值为 a、标准差为 $b(>0)$ 的正态分布随机数. 而根据统计量的结构分布定理，卡方分布、t 分布和 F 分布随机数都可以由标准正态分布随机数构造. 对任意分布类型，可以通过函数变换的方法生成服从该分布的随机数.

定义分布函数 F 的左连续逆

$$F^{\leftarrow}(t)=\inf\{x\in R:F(x)\geqslant t\},t\in[0,1].$$

令 $U\sim U[0,1]$，即 U 是区间 $[0,1]$ 上均匀分布随机变量，则随机变量 $F^{\leftarrow}(U)$ 的分布函数为 $F(x)$.

例 12.6　生成概率密度函数为 $f(x)=2x,x\in(0,1)$ 的随机数.

分析　由概率密度函数可得分布函数 $F(x)=x^2,x\in(0,1)$，$F^{\leftarrow}(U)=\sqrt{U}$.

编写程序如下：

```
n=10^4;
u=rand(1, n); x=sqrt(u);
[a, b]=hist(x, 100);
bar(b, a/n/(b(2)-b(1)));              % 频率直方图
hold on
t=0:0.01:1;
plot(t, 2*t, 'r', 'linewidth', 2);        % 概率密度函数曲线
hold off
```

运行结果见图 12-4.

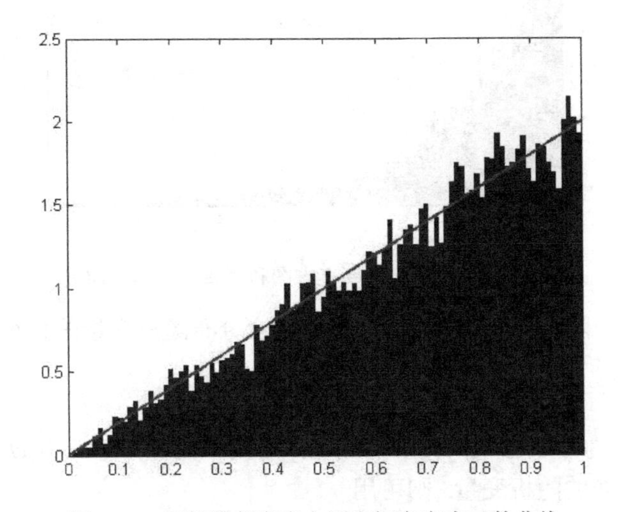

图 12-4　随机数频率直方图和概率密度函数曲线

这里有必要补充一句，产生该随机数的方法不唯一. 比如，若 U_1 和 U_2 是相互独立且均服从 $[0,1]$ 区间上均匀分布的随机变量，则 $\max\{U_1,U_2\}$ 的概率密度函数即为题目中所给出的 $f(x)$.

例 12.7　利用函数变换生成指数分布随机数.

分析　参数为 λ 的指数分布，其分布函数为 $F(x)=1-\mathrm{e}^{-\lambda x},x\geqslant 0$. 因而左连续逆 $F^{\leftarrow}(t)=-\ln(1-t)/\lambda$. 由于 $1-U$ 和 U 有相同的分布函数，可知，$\lambda^{-1}\ln U^{-1}$ 服从参数为 λ 的指数分布.

编写程序如下：

```
x=[]; n=10000; end_p=6;
for i=1:n
    u=rand; x(i)=-log(u);              %λ=1
    while x(i)>end_p                  %生成 n 个点
```

```
            u=rand; x(i)=-log(u);
        end
    end
    [a, b]=hist(x, 400);
    bar(b, a/n/(b(2)-b(1)))                    % 频率直方图
    hold on
    t=0:0.01:end_p;
    plot(t, exp(-t), 'r', 'linewidth', 2.5)     % 概率密度函数曲线
    hold off
```

运行结果见图 12-5.

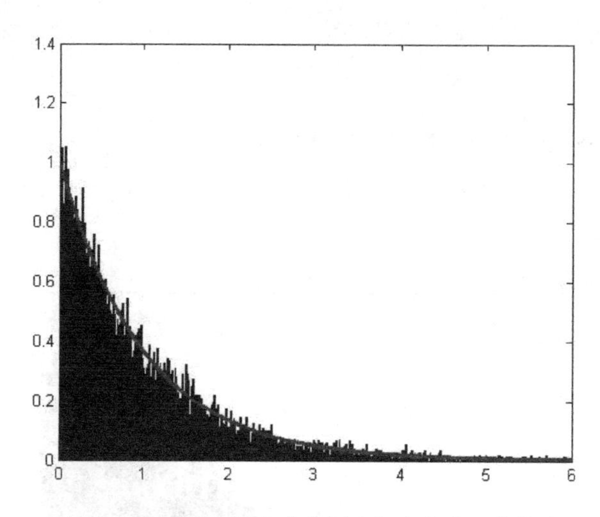

图 12-5　指数分布频率直方图和概率密度函数曲线

下面讨论混合分布随机变量随机数的生成. 混合分布随机变量的分布函数满足

$$F(x)=\sum_{i=1}^{n} p_i F_i(x)\,.$$

其中 $\{F_i(x), i=1,\cdots,n\}$ 为分布函数，$\{p_i, i=1,\cdots,n\}$ 为概率向量. 令 U_1 和 U_2 是相互独立且均服从 $[0,1]$ 区间上均匀分布的随机变量，则可用

$$\sum_{i=1}^{n} F_i^{\leftarrow}(U_2) I_{(s_{i-1},s_i)}(U_1)$$

生成该混合分布随机数. 其中，$s_0=0, s_i=\sum_{i=1}^{i} p_i, i=1,\cdots,n$，$I_A(x)$ 为集合 A 上的示性函数，满足定义

$$I_A(x)=\begin{cases}1, & x\in A,\\ 0, & x\in A.\end{cases}$$

事实上，可以只用一个均匀分布随机数来生成该混合分布随机数：

$$\sum_{i=1}^{n} F_i^{\leftarrow}\left(\frac{U_1-s_{i-1}}{p_i}\right) I_{(s_{i-1},s_i)}(U_1)$$

例 12.8　生成一般离散型随机变量的随机数.

分析　对一般离散型随机变量，它的分布律见表 12-2.

表 12-2　离散型随机变量分布律

X	x_1	x_2	…	x_n	…
$P\{X=x_i\}$	p_1	p_2	…	p_n	…

X 的分布函数满足 $F(x)=\sum\limits_{x_i\leqslant x}P(X=x_i)=\sum\limits_{i=1}^{\infty}p_i I_{(-\infty,x]}(x_i)=\sum\limits_{i=1}^{\infty}p_i F_i(x)$，其中分布函数 $F_i(x)$ 表示在 x_i 处的单点分布随机变量，即

$$F_i(x)=\begin{cases}0, & x<x_i,\\ 1, & x\geqslant x_i,\end{cases}\quad i=1,2,\cdots.$$

因此可将 X 视为混合型随机变量. 此时，$F_i^{\leftarrow}(t)=x_i$，$t\in(0,1]$，$i=1,2,\cdots$，故可用

$$\sum_{i=1}^{\infty}x_i I_{(s_{i-1},s_i)}(U)$$

生成离散型随机数 X，$X=x_i$ 当且仅当 $U\in(s_{i-1},s_i)$. 举例如下，X 有表 12-3 所示的分布律.

表 12-3　X 分布律

X	1	2	3	4	5	6
$P\{X=x_i\}$	0.15	0.1	0.3	0.2	0.08	0.17

编写程序如下（生成 10 个该随机数）：

```
p = [0.15, 0.1, 0.3, 0.2, 0.08, 0.17];
cp = cumsum(p); x=[];
for i=1:10
    u = rand;        uu=find(cp-u>0);
    posi=uu(1);   x=[x, posi];
end
x
```

例 12.9　已知随机变量 X 分布函数满足

$$F(x)=\begin{cases}0, & x<0,\\ \dfrac{1+x}{2}, & x\in[0,1],\end{cases}$$

生成该随机变量的随机数.

分析　分布函数 F 的左连续逆为

$$F^{\leftarrow}(u)=\begin{cases}0, & u\in(0,0.5),\\ 2u-1, & u\in[0.5,1].\end{cases}$$

我们也可以将 F 视为混合分布：

$$p_1=p_2=\frac{1}{2},F_1(x)=\begin{cases}0, & x<0,\\ 1, & x\geqslant 0,\end{cases},F_2(x)=\begin{cases}0, & x<0,\\ x, & 0\leqslant x\leqslant 1.\end{cases}$$

此时，随机数 x 具体生成步骤如下：

（1）生成[0,1]区间上的均匀分布随机数 u_1,u_2；

（2）若 $u_1 < p_1$，则随机数 $x=0$；否则，随机数 $x=u_2$.

编写程序如下（生成 100 个该随机数）：

```
p1=0. 5; n=100; x=[];
for i=1:n
    u=rand(1, 2);
    if u(1)<p1
        x=[x, 0];
    else x=[x, u(2)];
    end
end
```

例 12.10 已知随机变量 X 概率密度函数为

$$f(x)=\begin{cases}\dfrac{1}{3}+\dfrac{4}{9}x, & x\in[1,2],\\ 0, & \text{其他},\end{cases}$$

生成该随机变量的随机数.

分析 随机变量 X 的分布函数为 $F(x)=\dfrac{1}{3}(x-1)+\dfrac{2}{9}(x-1)^2, x\in[1,2]$. 若用 F 的左连续逆生成随机数，需要求解二次方程，表述烦琐. 这里，我们将 X 视为混合分布. 令

$$p_1=\frac{1}{3}, p_2=\frac{2}{3}, f_1(x)=1, f_2(x)=\frac{2}{3}x, x\in[1,2],$$

即，$f(x)=p_1f_1(x)+p_2f_2(x), x\in[1,2]$. 易知，满足概率密度函数 $f_1(x)$ 和 $f_2(x)$ 的随机变量有 $1+U$ 和 $\sqrt{3U+1}$. 随机数 x 具体生成步骤如下：

（1）生成[0, 1]区间上的均匀分布随机数 u_1,u_2；

（2）若 $u_1 < p_1$，则随机数 $x=1+u_2$；否则随机数 $x=\sqrt{3u_2+1}$.

编写程序如下（生成 100 个该随机数）：

```
p1=1/3; n=100; x=[];
for i=1:n
    u=rand(1, 2);
    if u(1)<p1
        x=[x, 1+u(2)];
    else x=[x, sqrt(1+3*u(2))];
    end
end
```

注意，概率密度函数 $f(x)$ 的分解并不唯一，我们再给出另一种分解：

$$p_1=\frac{7}{9}, p_2=\frac{2}{9}, f_1(x)=1, f_2(x)=2(x-1), x\in[1,2].$$

相应地，随机数 x 可按下述步骤生成：

（1）生成[0,1]区间上的均匀分布随机数 u_1,u_2,u_3；

（2）若 $u_1 < p_1$，则随机数 $x=1+u_2$；否则随机数 $x=1+\max\{u_2,u_3\}$.

最后介绍随机向量的随机数生成. 不同于一维随机变量，随机向量有多个变量. 若变量之间是相互独立的，则随机向量的随机数生成等价于各个随机变量独立生成随机数. 对于变量之间不相互独立的情形，可采用条件分布来生成该随机数.

对于 n 维离散型随机向量，其联合分布律满足

$$p(i_1,i_2,\cdots,i_n)=P\{X_1=i_1\}P\{X_2=i_2\mid X_1=i_1\}\cdots P\{X_n=i_n\mid X_{n-1}=i_{n-1},\cdots,X_2=i_2,X_1=i_1\}.$$

对于 n 维连续型随机向量，其联合概率函数满足

$$f(x_1,x_2,\cdots,x_n)=f(x_1)f(x_2\mid x_1)\cdots f(x_n\mid x_{n-1},\cdots,x_2,x_1).$$

这提示我们可按如下步骤生成随机向量的随机数：首先生成边缘分布随机数 x_1，然后在 $X_1=x_1$ 的条件下，依据条件分布律或条件概率密度生成条件分布随机数 x_2，以此类推，生成条件分布随机数 $x_3,\cdots,x_n$．最终，$x=(x_1,x_2,\cdots,x_n)$ 即为所求随机数.

例 12.11　二维随机向量 $X=(X_1,X_2)$ 的联合概率密度函数满足

$$f(x_1,x_2)=\begin{cases}2, & 0\leqslant x_2\leqslant x_1\leqslant 1,\\ 0, & \text{其他}.\end{cases}$$

生成该随机向量的随机数.

分析　由联合概率密度函数可得边缘概率密度函数 $f_{X_1}(x_1)$ 和条件概率密度函数 $f_{X_2|X_1}(x_2\mid x_1)$：

$$f_{X_1}(x_1)=\begin{cases}2x_1, & 0\leqslant x_1\leqslant 1,\\ 0, & \text{其他}.\end{cases}$$

当 $x_1\in[0,1]$ 时：

$$f_{X_2|X_1}(x_2\mid x_1)=\begin{cases}1/x_1, & 0\leqslant x_2\leqslant x_1,\\ 0, & \text{其他}.\end{cases}$$

令 u_1,u_2 表示 $[0,1]$ 区间上相互独立的均匀分布随机数，可知，边缘分布随机数 $x_1=\sqrt{u_1}$ 和条件分布随机数 $x_2=u_2\sqrt{u_1}$ 分别对应上面两个概率密度函数.

编写程序如下：

```
n=1500; x=[];
for i=1:n
    u=rand(1, 2);   % x1
    su=sqrt(u(1));
    x=[x, [su;u(2)*su]];
end
plot(x(1, :), x(2, :), '*')
```

运行结果见图 12-6.

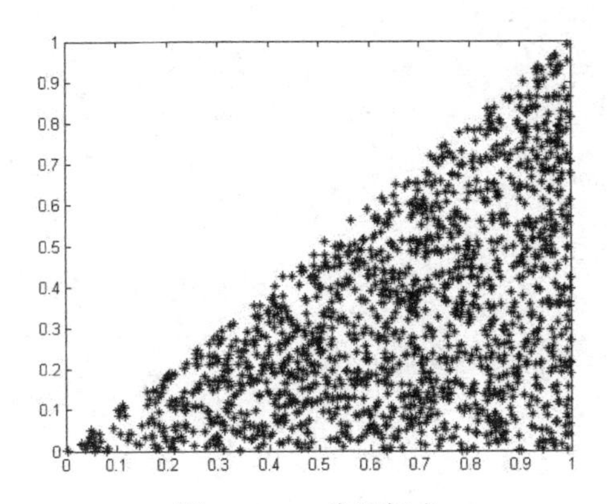

图 12-6　二维随机点

12.2 蒙特卡罗方法

蒙特卡罗（Monte Carlo）方法是一种应用随机数进行计算机模拟的方法，通过产生大量的随机数模拟系统的某些数字特征，进而统计得到实际问题的模拟解. 蒙特卡罗方法源于第二次世界大战期间的“曼哈顿计划”，由该计划主持人之一冯·诺依曼提出，用以解决原子弹设计中大量复杂的数值计算问题.

蒙特卡罗方法的理论支撑是强大数定律：

定理 设 $X_1, X_2, \cdots, X_n, \cdots$ 是独立同分布的随机变量序列且数学期望 $E[X_1]$ 存在，则

$$P\left\{\lim_{n\to\infty}\frac{1}{n}\sum_{i=1}^{n}X_i = E[X_1]\right\} = 1$$

蒙特卡罗方法的基本思想：当所求问题的解是某种事件出现的概率，或者是某个随机变量的期望值时，可以通过某种“试验”的方法，得到这种事件出现的频率或者这个随机变数的平均值，并将它们作为问题的解.

蒙特卡罗方法已广泛应用于各个领域，它既可以计算概率，又可以解决某些确定性问题，如积分运算和优化问题，并且还能用于系统模拟. 下面主要从这三方面来讲解蒙特卡罗方法的应用.

12.2.1 蒙特卡罗方法在概率计算中的应用

概率计算中，经常需要事先得到随机变量分布情况，而这往往是问题的困难之处. 我们可采用蒙特卡罗方法模拟随机变量的随机数，得到问题的模拟解.

例 12.12 三人独立地朝一个目标射击，命中的概率分别为 0.5、0.2、0.3. 求三人各射击一次，目标被击中的概率.

分析 由概率的加法定理，目标被击中的概率为

$$0.5+0.3+0.2-0.5\times0.3-0.5\times0.2-0.2\times0.3+0.5\times0.3\times0.2=0.72.$$

下面利用蒙特卡罗模拟求得其近似解.

编写程序如下：

```
n=10000; p=[0.5, 0.2, 0.3];
x=[]; m=0;
for j=1:n
    for i=1:3
        x(i, j)= binornd(1, p(i));
    end
    if sum(x(:, j)) > 0   % 三人至少有一人击中
        m=m+1;
    end
end
pp=m/n    % 模拟值
```

模拟 10000 次，得到击中目标的频率为 pp =0.7263，接近理论值 0.72.

例 12.13　袋中有 7 白 3 红共 10 个球，三个人依次从袋中抽取一个球（无放回），问：每个人抽到红球的概率.

分析　由抽签的公平性，我们知道，每个人抽到红球的概率均为 0.3. 下面利用蒙特卡罗模拟来验证这个结论.

编写程序如下：

```
n=10000; b=10; rb=3;
x=[];
for i=1:n   %模拟 n 次
    br=b; y=[ones(1, rb), zeros(1, b-rb)];   %将红球标记为 1，白球标记为 0
    for j=1:3
        num=unidrnd(br, 1);
        x(i, j)=y(num);   %x(i, j)表示第 i 次实验中第 j 个人抽到红球的个数
        y(num)=[]; br=br-1;
    end
end
p=sum(x)/n    % 概率
```

模拟 10000 次，得到三个人各自抽到红球的概率为

```
p =      0. 3025      0. 3043      0. 2943
```

与理论值 0.3 很接近.

例 12.14（大巴停站）　大巴车在始发站共有 45 人，行经 20 个站到达终点站. 假设每位乘客在任何一站下车的可能性相同，且大巴车途中只下客不上客，求大巴车停车次数的数学期望.

分析　令 $\{X_i\}_{i=1}^{10}$ 表示大巴车行经第 i 站的停车次数. $X_i=1$ 说明第 i 站有人下车，否则 $X_i=0$，则大巴车停车总次数 $X=\sum_{i=1}^{20}X_i$. 由数学期望的线性特征，$E[X]=\sum_{i=1}^{20}P\{X_i=1\}$. 而

$$P\{X_i=1\}=1-P\{X_i=0\}=1-\left(\frac{19}{20}\right)^{45},$$

故大巴车平均停车 $E[X]=20*\left(1-\left(\frac{19}{20}\right)^{45}\right)$. 下面利用蒙特卡罗方法模拟求解.

编写程序如下：

```
n=10000; pe=45; s=20;
x=[];
tp=s*(1-(1-1/s)^pe)      % 理论值
for i=1:n
        s0=zeros(1, s);
        ss=unidrnd(20, 1, pe);    % 乘客下车位置
        s0(ss)=1; x(i)=sum(s0);
end
p=sum(x)/n   % 模拟值
```

程序运行一次结果为：

```
tp = 18. 0112, p = 18. 0162
```

我们看到，理论值与模拟值很接近.

例 12.15（醉汉随机游走）醉汉现处位置 $w_0(>0)$，家的位置为 $h(>w_0)$，酒吧位置为 0. 假设醉汉每一次向家或向酒吧移动一步，且向家移动一步的概率为 $p(0<p<1)$，到达酒吧或者家后均不再移动. 求醉汉回到家的概率.

分析 这是一个典型的随机游走问题. 这里不再给出它的具体解答，仅用蒙特卡罗方法模拟求解.

编写程序如下：

```
n=1000; b=0; h=20; w0=10; p=[0.53, 0.57, 0.6];
np=[]; mt=[];
for k=1:length(p)
    num = 0;   x=[];
    for i=1:n
        w = w0; t = 0;
        while w < h & w > b
            w = w+(2*binornd(1, p(k))-1);   % 醉汉位置
            t = t+1;   % 移动步数
        end
        if  w == h      % 到家
          num=num+1; x(num)=t;
        end
    end
    np(k)=num/n;    % 到家的平均次数
    mt(k)=sum(x)/num;   %到家的平均移动步数
end
np, mt
```

程序运行结果见表 12-4.

表 12-4 醉汉随机游走模拟结果

向家移动一步的概率 p	到家的概率	到家的平均移动步数
0.53	0.7480	87.4198
0.57	0.9430	63.7794
0.60	0.9830	48.8627

从表中看到，当向家移动一步的概率 p 增加时，醉汉最终到家的概率有显著提高，且平均移动步数显著下降. 特别地，当 $p=0.6$ 时，最终到家的概率 0.983 已经接近于1. 说明结果对概率 p 值异常敏感.

例 12.16（卡片收集） 零食包装袋中有一张印有图案的卡片，集全厂家的 6 种不同图案的卡片即可兑换相应的奖品. 现有某消费者一次性购买了 12 袋该零食，求能兑换奖品的概率.

分析 令数字 1～6 表示 6 种不同的图案. 要能兑换奖品，须收集全数字 1～6. 集全数字的概率取决于厂家投放数字 1～6 在市场中的比例. 假设数字 2～6 在市场中的比例相同，通过变化数字 1 在市场中的比例来观察该消费者兑换奖品的概率.

编写程序如下：

```
function shoujika
N = 50000; m = 12; n = 6; p = [];
ps= 0.15:-0.005:0.05;
for i=1:length(ps)
    p(i, :) = [ps(i), ones(1, n-1)*(1-ps(i))/(n-1)];
    % 数字 1 到 6 在市场中的比例
    pp = p(i, :); num = 0;    % 注意：pp 的排列不影响结果
    for k=1:N
        s=suijishu(m, pp); count=0;
        for j=1:length(pp)
            if isempty(find(s==j))
                break;
            else
                count=count+1;
            end
        end
        if count==n    % 收集全数字 1 到 6
            num=num+1;
        end
    end
    p_value(i) = num/N;
end
plot(ps, p_value)
xlabel('数字 1 在市场中的比列')
ylabel('兑奖概率')

function x=suijishu(m, p) % 产生 m 个分布律为 p 的随机数
cp= cumsum(p); x=[];
for i=1:m
    u = rand;       uu = find(cp-u>0);
    x(i) = uu(1);
end
```

程序运行结果见图 12-7.

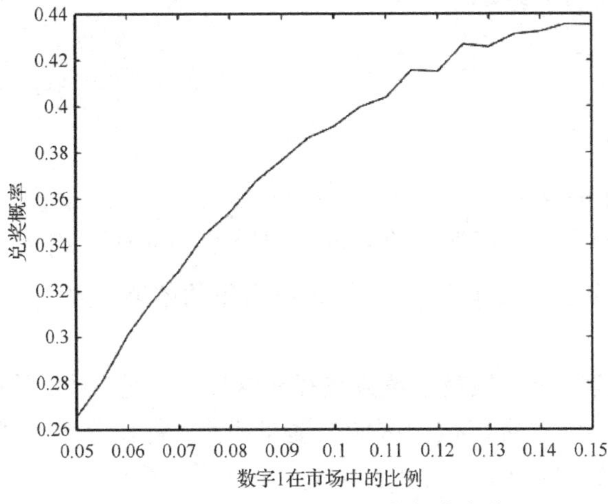

图 12-7　集全卡片 1 到 6 的概率变化

从图 12-7 可看到，当数字 1 在市场中的比例从 15%降到 5%时，消费者能兑换奖品的概率从44%左右降至26%左右. 这意味着，只要商家故意降低某张卡片在市场中的比例，就能极大地控制兑换奖品的概率.

12.2.2 蒙特卡罗方法在积分运算和优化问题中的应用

工程领域中常常遇到大量的积分运算和优化问题，难以找到问题的理论解. 采用数值解替代理论解是解决该类问题的主要方法. 在前面的章节中，我们已经学习了 MATLAB 数值积分求解命令 quad，这一小节我们学习用蒙特卡罗方法求积分的数值解.

首先，通过一个简单的积分运算来阐述蒙特卡罗方法求解定积分的基本步骤. 求一元积分，相当于求该被积函数曲线与横坐标所夹的区域 A 的面积. 先找到该区域的一个外接矩形 B，然后向矩形 B 内“随机”地投点 N 个，统计落入区域 A 的点数为 M. 根据蒙特卡罗方法的基本思想，则区域 A 的面积可近似为矩形 B 面积乘以 M/N.

例 12.17 计算定积分 $\int_0^1 \sqrt{1-x^3}\,dx$.

分析 求积分，等价于求区域 $A=\{(x,y)\,|\,0\leqslant x\leqslant 1, 0\leqslant y\leqslant \sqrt{1-x^3}\}$ 的面积. 区域 A 的一个外接矩形为 $B=\{(x,y)\,|\,0\leqslant x,y\leqslant 1\}$. 在矩形 B 内“随机”地投点 N 个，统计坐标满足 $y\leqslant\sqrt{1-x^3}$ 的点 (x,y) 的个数 M. 根据蒙特卡罗方法的基本思想，则区域 A 的面积（即定积分值）可近似为 M/N.

编写程序如下：

```
syms u;
v_int=double(int(sqrt(1-u^3), 0, 1))     %符号积分
v_quad=quad(@(s)sqrt(1-s.^3), 0, 1)   %数值积分
N=100000;   k=6; S=[];
for i=1:k   %模拟 6 次
     point=rand(2, N);
     x=point(1, :); y=point(2, :);
     M=sum(y<=sqrt(1-x.^3));
     S(i)=M/N;     % 蒙特卡罗模拟
end
S
```

程序运行结果为：

```
v_int = 0.8413, v_quad =0.8413,
S =     0.8412      0.8413      0.8407      0.8428      0.8426      0.8405.
```

可见，符号积分命令 int 和数值积分命令 quad 得出的结果一致，而用蒙特卡罗模拟得到的结果与理论值非常接近.

细心的读者可能发现，上述蒙特卡罗方法存在这样的不足：对反常积分而言，我们是找不到相应的外接矩形的. 为此，可在被积区域上随机投点，将积分看作随机变量函数的数学期望. 这样，依然可用蒙特卡罗方法进行积分运算. 下面用一个例子来说明.

例 12.18 计算定积分 $\int_0^1 \frac{1}{\sqrt{1-x^3}} dx$.

编写程序如下：

```
syms u;
v_int=double(int(1/sqrt(1-u^3), 0, 1))            %符号积分
v_quad=quad(@(s)1. /sqrt(1-s. ^3), 0, 1)        %数值积分
N=100000;   k=6; S=[];
for i=1:k   %模拟 6 次
     x=rand(1, N);
     v=1. /sqrt(1-x. ^3);
     S(i)=sum(v)/N;     % 蒙特卡罗模拟
end
 S
```

程序运行结果为：

```
v_int = 1.4022, v_quad =1.4022.
```

符号积分命令 int 和数值积分命令 quad 得出的结果一致. 分别取随机点 10 万个和 100 万个, 得到的蒙特卡罗模拟计算结果见表 12-5.

表 12-5 6 次蒙特卡罗模拟计算一元积分

随机点数	第一次	第二次	第三次	第四次	第五次	第六次
10 万个	1.3973	1.4032	1.4130	1.4028	1.4100	1.4071
100 万个	1.4027	1.4091	1.4056	1.4042	1.4039	1.4056

例 12.19 计算二重积分 $\iint_D \sqrt{x^2+y^2} dxdy$, 其中 $D=\{(x,y);|x|+|y|\leqslant 1\}$.

分析 D 的顶点为 $(-1,0),(0,-1),(1,0),(0,1)$, 被积函数在区域 D 内的最大值为 $\sqrt{2}$. 二重积分的几何意义为三维图形所围成的体积. 该三维图形位于立方体区域

$$\Omega=\{(x,y,z)\,|-1\leqslant x\leqslant 1,-1\leqslant y\leqslant 1,0\leqslant z\leqslant \sqrt{2}\}$$

内, 立方体区域的体积为 $4\sqrt{2}$. 我们也可用二重数值积分命令 quad2d 来计算, 只需将题目中的二重积分化为二次积分形式 $\int_{-1}^1 dx \int_{|x|-1}^{1-|x|} \sqrt{x^2+y^2} dy$.

编写程序如下：

```
fun=@(u, v)sqrt(u. ^2+v. ^2);
fu1=@(u)abs(u)-1; fu2=@(u)1-abs(u);
v_quad=quad2d(fun, -1, 1, fu1, fu2)   %数值积分
N=1000000;   k=6; S=[]; s=4*sqrt(2);   % 立方体积为 4*sqrt(2)
for i=1:k      %模拟 6 次
        data=rand(3, N);
        x=-1+2*data(1, :); y=-1+2*data(2, :); z=sqrt(2)*data(3, :);
        M=sum(abs(x)-1<=y&y<=1-abs(x)&z<=sqrt(x. ^2+y. ^2));
        S(i)=s*M/N;
```

```
end
S
```

程序运行结果为：

```
v_quad =      1.0821.
```

分别取随机点 10 万个和 100 万个，得到的蒙特卡罗模拟计算结果见表 12-6.

表 12-6　6 次蒙特卡罗模拟计算二重积分

随机点数	第一次	第二次	第三次	第四次	第五次	第六次
10 万个	1.0764	1.0846	1.0759	1.0814	1.0823	1.0845
100 万个	1.0813	1.0832	1.0832	1.0815	1.0809	1.0808

这里需要提醒的是，由于难以找到原函数，我们不能用符号积分命令 int 得到结果.

例 12.20　求圆锥体 $\Lambda=\{(x,y,z)\,|\,x^2+y^2\leqslant 1, 0\leqslant z\leqslant\sqrt{1-x^2-y^2}\}$ 的体积.

分析　圆锥体 Λ 位于立方体

$$\Omega=\{(x,y,z)\,|\,-1\leqslant x\leqslant 1,-1\leqslant y\leqslant 1,0\leqslant z\leqslant 1\}$$

内. 在立方体 Ω 内“随机”地投 N 个点，统计落入圆锥体 Λ 内点 (x,y,z) 的个数 M. 根据蒙特卡罗方法的基本思想，则圆锥体 Λ 的体积可近似为立方体 Ω 的体积乘以 M/N. 另外，圆锥体 Λ 的体积可由定积分表达为 $\iint\limits_D\sqrt{1-x^2-y^2}\,\mathrm{d}x\mathrm{d}y$，其中 $D=\{(x,y)\,|\,x^2+y^2\leqslant 1\}$.

编写程序如下：

```
r=0:0.05:1;
t=2*pi*(0:100)/100;
X=r'*cos(t); Y=r'*sin(t);
Z=sqrt(1+eps-X. ^2-Y. ^2); %加入 eps 是为了防止因计算机舍去误差而出现负数
mesh(X, Y, Z)    %圆锥体
syms u v;
f=sqrt(1-u^2-v^2);
fu=sqrt(1-u^2);
S1=int(f, v, -fu, fu);
S2=int(S1, u, -1, 1);    %符号积分
v_int=double(S2)
fun=@(u, v)sqrt(1-u. ^2-v. ^2);
fu1=@(u)-sqrt(1-u. ^2); fu2=@(u)sqrt(1-u. ^2);
v_quad=quad2d(fun, -1, 1, fu1, fu2)  %数值积分
N=1000000; k=6; S=[]; s=4;  % 立方体体积为 4
for i=1:k   %模拟 6 次
    data=rand(3, N);
    x=-1+2*data(1, :); y=-1+2*data(2, :); z=data(3, :);
    xy=x. ^2+y. ^2;
    M=sum(xy<=1&z<=sqrt(1-xy));
    S(i)=s*M/N;  %蒙特卡罗模拟结果
```

```
end
S
```

运行程序，绘出圆锥体Λ，如图 12-8 所示.

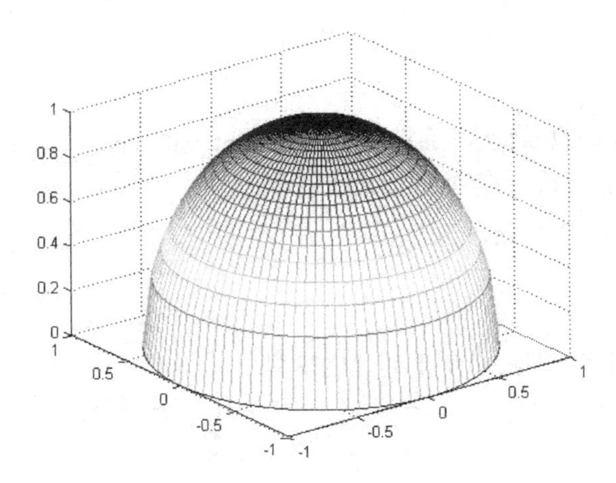

图 12-8　圆锥体 $\Lambda=\{(x,y,z)\mid x^2+y^2\leqslant 1, 0\leqslant z\leqslant\sqrt{1-x^2-y^2}\}$

符号积分命令 int 和数值积分命令 quad2d 得出的结果一致，

```
v_int = 2.0944, v_quad = 2.0944.
```

取随机点 100 万个得到蒙特卡罗模拟计算结果，如表 12-7 所示.

表 12-7　6 次蒙特卡罗模拟计算圆锥体体积

随机点数	第一次	第二次	第三次	第四次	第五次	第六次
100 万个	2.0949	2.0948	2.0966	2.0915	2.0923	2.0978

蒙特卡罗法在求解优化问题中也有广泛应用，比如考虑使用蒙特卡罗法求解如下非线性规划模型：

$$\min f(x)$$
$$\text{s.t.}\ \begin{cases} g_k(x)\leqslant 0, k=1,2,\cdots,m,\\ l_i\leqslant x_i\leqslant u_i, i=1,2,\cdots,n.\end{cases}$$

求解思路：在决策变量所处的区域内随机投点；判断这些点是否满足约束条件；若满足，则计算出该点的函数值并通过比较求解出满足约束条件的随机投点的最小值.

使用蒙特卡罗法求解上述非线性规划模型的算法如下.

1）输入参数：

（1）$l_i,u_i,i=1,2,\cdots,n$；

（2）计算（count）模拟的随机点个数.

2）输出参数：

（1）opt_val，最优目标函数值；

（2）opt_x，最优决策变量取值.

步骤：

（1）opt_val=inf; //inf 为一个很大的数

（2）for c =1 to count do

（3）for i =1 to n do

（4）　　$x_i = l_i + (u_i - l_i)$ *rand;

（5）　end for

（6）　　$x = [x_1, x_2, \cdots, x_n]$;

（7）　if　$g_k(x) \leqslant 0 (k = 1, 2, \cdots, m)$　and　$f(x)$<opt_val　then

（8）　　opt_val= $f(x)$;//存储近似最优值

（9）　　opt_x= x ; //存储决策

（10）　end if

（11）end for //c

例 12.21　请用蒙特卡罗法求解下列优化模型：

$$\min f(x_1, x_2, x_3) = 10(x_2 - x_1^2)^2 + (1 - x_2)^2 + (x_3 - 5)^2$$

$$\text{s.t.}\quad 1 \leqslant x_1^2 + x_2^2 \leqslant 8,$$

$$x_1 + x_2 + x_3 \leqslant 8,$$

$$0 \leqslant x_1 \leqslant 3,$$

$$0 \leqslant x_2 \leqslant 9,$$

$$0 \leqslant x_3 \leqslant 9.$$

（1）阐述蒙特卡罗法求解上述最优化模型原理；

（2）编写程序实现蒙特卡罗法求解上述最优化模型.

分析　实验原理：向最优化模型的可行域内随机投点，找出函数值最小的点. 一般投点越多，则所求近似解的函数值越接近最优解的函数值.

编写程序如下：

```
function testmain
goodvalue = inf;
N = 10000;
for i=1:N                          % 循环主体
    x(1) = 3*rand;    x(2) = 9*rand;
    x(3) = 9*rand;
    if  cons(x)<=0 & fun(x)<goodvalue
        goodx = x;
        goodvalue = fun(x)
    end
end
goodx, goodvalue
function r=fun(x)        % 计算目标函数值
r =10*(x(2)-x(1)^2)^2+(1-x(2))^2+. . .
   (x(3)-5)^2
function c=cons(x)       % 约束条件
c = zeros(1, 3);
t = x(1)^2+x(2)^2;
```

```
c(1) = 1-t;
c(2) = t-8;
c(3) = x(1)+x(2)+x(3)-8;
```

程序运行结果如下：

```
goodx =     0.9307    0.9188    5.0559
goodvalue =     0.0374
```

该最优化模型的近似最优解为$(0.9307,0.9188,5.0559)^T$，理论上本模型的最优解为$(1,1,5)^T$. 运行结果表明本例采用蒙特卡罗法求出的近似最优解与理论最优解非常接近.

12.2.3 蒙特卡罗方法在系统模拟中的应用

系统模拟是在整个系统运行过程中对系统的仿真. 在一定条件下，通过对系统进行多次模拟，能够获得系统中的部分参数，这是分析和研究复杂系统非常有效的方法. 按照系统动态变化的指标集不同，模拟分为离散系统模拟和连续系统模拟. 离散系统是指系统状态只在离散时间点列上变化状态，如排队系统；而连续系统的状态则随着时间连续变化，如粒子运动轨迹.

离散系统的模拟常用下次事件推进法，其过程是：首先设置初始时间（通常为 0 时刻）和初始化系统状态. 当第一个事件发生时，更新系统状态，产生下一个事件到来的时间并加入队列中，重复这一过程直到满足某个结束条件. 可以通过流程图 12-9 来了解下次事件推进法.

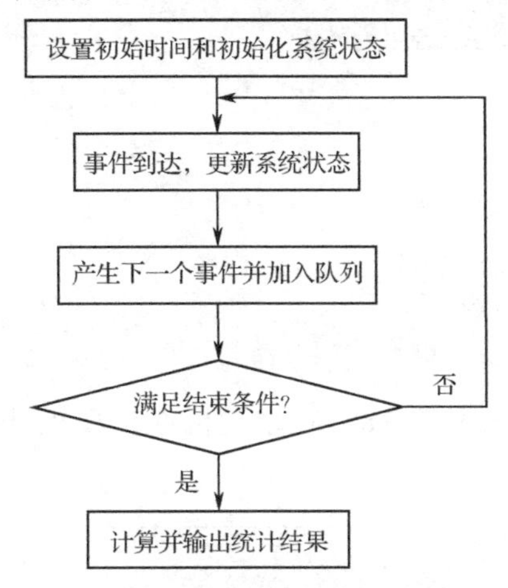

图 12-9 下次事件推进法的流程图

对连续系统的模拟，可对时间离散化处理来模拟系统的运行状态.

下面以乒乓球比赛和银行排队为例来讲解如何进行离散系统模拟.

例 12.22（乒乓球比赛） 甲、乙二人进行乒乓球比赛，假设甲每回合赢的概率为 60%，各回合比赛结果互不影响. 赢一回合者得一分，先拿到 11 分者为胜者. 问：

（1）甲为胜者的概率.

（2）试模拟比赛过程，统计甲为胜者的概率.

分析 根据概率论的基本知识，甲为胜者的概率为

$$p=\sum_{k=0}^{10} C_{10+k}^{k} 0.4^{k} 0.6^{11}$$

其中，通项 $C_{10+k}^{k} 0.4^{k} 0.6^{11}, k=0,1,\cdots,10$，表示甲经过 $11+k$ 个回合赢得比赛的概率，即甲赢得第 $11+k$ 个回合比赛，并且在前 $10+k$ 个回合中输掉了 k 个回合的概率. 由于计算上述级数稍显复杂，我们采用模拟比赛的方法来估计甲为胜者的概率. 其数学理论基础是大数定律.

参考程序如下：

```
clear, clc
p=0. 6; s=[];
k=1:11;    s = binopdf(10, 9+k, p)*p;
sum(s)    %甲为胜者的概率
N = 50000;
a_bifen = zeros(1, N);      % 向量 a_bifen 存储甲每局比赛结果
for k=1:N
    a=0; b=0;        % a:b 表示甲乙在每一局比赛中的即时比分
    while a<11 & b<11
        if rand<0. 6    % 表示甲每一回合赢的概率为 0.6
            a=a+1;
        else
            b=b+1;
        end
    end
    if a==11         % 一次模拟后，若甲为胜者
        a_bifen(k)=1;
    end
end
for k=1:N
    tongji_bifen(k)=sum(a_bifen(1:k))/k;
end
plot(10000:N, tongji_bifen(10000:N))
```

运行程序，得到甲获胜的概率为 0.8256. 取随机点 5 万个，用蒙特卡罗模拟得到甲获胜的概率，如图 12-10 所示.

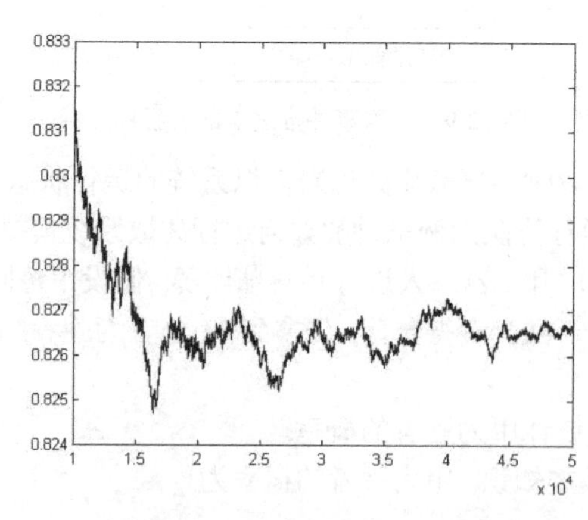

图 12-10　乒乓球比赛模拟结果

从图 12-10 中看到，随着模拟次数的增加，甲赢得比赛的统计概率值趋于 0.8256. 这正好验证了大数定律：频率趋近于概率.

例 12.23（乒乓球比赛）在乒乓球比赛规则中，有这样一条规则（轮换发球）：在每发球两次之后接发球方即成为发球方，依此类推. 若其中一人先拿到 11 分，而另一方得分不足 10 分，则比赛结束. 当比分打到 10 平时，实行轮换发球法，这时发球和接发球次序仍然不变，而且每人只轮发一分球，此时比赛直至一方领先对手两分结束. 由于发球方有更大机会赢得当回合比赛，因此，我们假设甲在自身发球回合中赢的概率为 0.6，在乙发球时赢的概率为 0.55. 试模拟甲为胜者的概率.

参考程序如下：

```
function pingpang_moni
clear, clc,
n=   50000;
a_bifen_panshu = zeros(4, n);   % 向量 a_bifen 存储甲每局比赛结果
for k=1:n
    a = 0; b = 0; % a:b 表示甲乙在每一局比赛中的即时比分
    count = 0;   % count 表示已进行到第几回合
    p1 = 0.6; p2 = 0.55;
    while a < 11 & b < 11
        count=count+1;
        fa_qiu=mod(count, 4);   % 假设甲先发球
        switch fa_qiu
            case {1, 2}       % 甲发球
                [a, b]=mo_ni(a, b, p1);
            case {0, 3}       % 乙发球
                [a, b]=mo_ni(a, b, p2);
        end
    end
    while 1
        if a-b>1     % 若甲为胜者
            a_bifen_panshu(1, k)=1;
            break
        elseif b-a>1    % 若乙为胜者
            break
        else
            count=count+1;       % 此时甲乙比分持平或者只相差 1 分
            fa_qiu=mod(count, 2);
            switch fa_qiu
                case {1}       % 甲发球
                    [a, b]=mo_ni(a, b, p1);
                case {0}             % 乙发球
                    [a, b]=mo_ni(a, b, p2);
            end
        end
```

```
        end
        a_bifen_panshu(2, k)=a;    % 每一局比赛后甲的最终得分
        a_bifen_panshu(3, k)=b;
        a_bifen_panshu(4, k)=count;   % 每一局比赛共打了 count 个回合
    end
    a_bifen = a_bifen_panshu(1, :);
    for i=1:n
        c(i)=sum(a_bifen(1:i))/i;
    end
    plot(10000:n, c(10000:n))

    function [a, b]=mo_ni(x, y, p)      % 模拟一个回合后的即时比分
    if rand < p
        a = x+1; b = y;
    else      a = x; b = y+1;
    end
```

取随机点 5 万个，用蒙特卡罗模拟得到甲获胜的概率如图 12-11 所示.

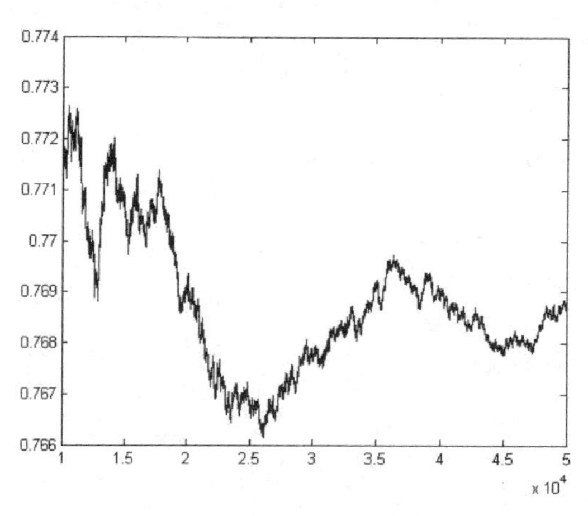

图 12-11　轮换发球情形下的乒乓球比赛模拟结果

与图 12-10 比较，我们看到，甲在轮换发球规则下获胜的概率变小了.

例 12.24 银行排队模型（单队列模型）　设银行一天营业时间是 480 分钟，自动取号机工作 450 分钟，即在下班前半小时不能取号. 顾客到达的时间间隔服从均值参数为 10（分钟）的指数分布，每位顾客在柜台的服务时间服从区间[5,15]（分钟）的均匀分布. 假设，当顾客到达银行取号时，若发现已有 5 人等待，则立即离开银行；但是柜台在叫号时，仍然会等待该顾客. 我们假设柜台等待该顾客的时间为 30 秒. 银行服务准则是：继续为在下班点仍在接受服务的顾客提供服务. 若在银行上班时，已有 3 位顾客在银行等待服务，求:银行一天的空闲时间、加班时间、顾客的平均等待时间、一天服务的顾客数.

分析　当顾客到达银行取号时，若发现前面有 5 人等待，根据题目假设，顾客会立即离开. 对接受柜台服务的顾客，其服务时间为一个均匀分布随机数；没有接受柜台服务的顾客，也分配一个虚拟“服务”时间 30 秒. 根据图 12-9，以顾客到达时间为事件推进，有如图 12-12 所示的流程图.

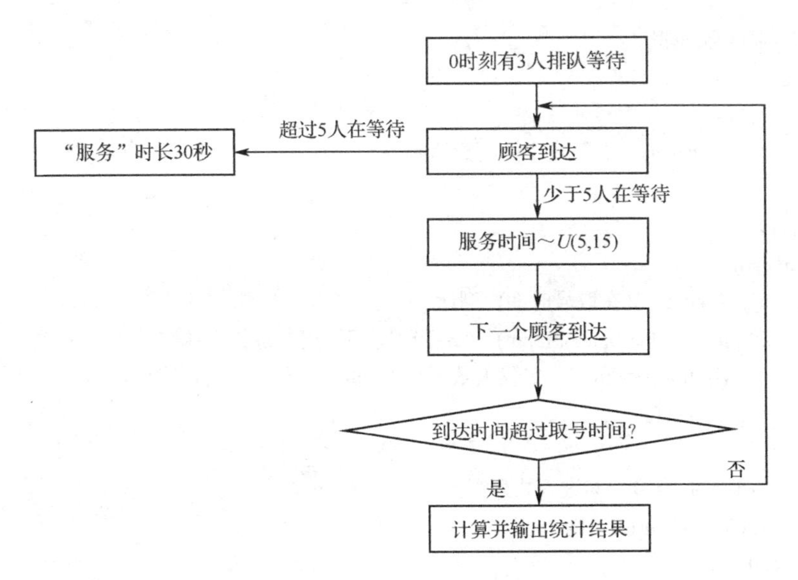

图 12-12　银行排队系统流程图

参考程序如下：

```
% a(i)--第 i 个人的到达时刻
% w(i)--第 i 个人的服务等待时长
% d(i)--第 i 个人的接受服务时长
% b(i)--第 i 个人的开始接受服务时刻
% e(i)--第 i 个人的服务结束时刻, e(i)=b(i)+d(i)
% 注意：e(i)是服务结束时刻，并不一定是顾客离开时刻
% end_t--取号时间
% wt--窗口服务时间
% va--银行空闲时间
% ja--银行加班时间
% p0--0 时刻已在银行等待服务的人数
% pa—因等候人数不少于 5 人而没有进入队列等待的人数
% dm--因顾客离开，系统叫号所用时间
%银行服务准则：继续为在下班点仍在接受服务的顾客提供服务
%假设取号时间小于窗口服务时间, wt>=end_t

function single_queue
clear, clc
p0 = 3; %0 时刻已在银行等待服务的人数
pm = 5; %当等候人数不少于 pm 人，顾客自动离开  p0<=pm
dm = 0.5; lam=10; u0=5; u1=15;
end_t = 450; wt = 480;
n = 2000;
num = zeros(1, n); pa = zeros(1, n);
ja    = zeros(1, n); va = zeros(1, n); mean_w = zeros(1, n);
```

```
for k=1:n   %第 k 次模拟
    if p0>0
            a(1)=0;
    else a(1)=exprnd(lam);   %第一个人的到达时刻
    end
    b(1)=a(1);
    i=1; pa(k)=0;
    while  a(i)<=end_t  %在取号时间内到达
        if i>pm+1 & kai(b, a(i), i, pm)  %判断是否不少于 pm 人在等待
            w(i)=0; d(i)=dm;  %等候人数不少于 pm 人，不进入队列等待
            pa(k)=pa(k)+1;
        else
          w(i)=b(i)-a(i);  %进入队列等待
          d(i)=unifrnd(u0, u1);
        end
        e(i)=b(i)+d(i);
        if i<p0    %为 0 时刻已在银行等待服务的人提供服务
            a(i+1)=0;
        else
          a(i+1)=a(i)+exprnd(lam);
        end
        b(i+1)=max(e(i), a(i+1));
        i=i+1;
    end
    num(k)=i-1;% num 表示工作时间内到达银行的人数，包含 0 时刻已在银行等待的人

    if num(k)==0 %工作时间段内没有顾客到银行
        ja(k)=0; va(k)=wt;
    else
        ja(k)=max(e(num(k))-wt, 0);
        va(k)=max(wt-e(num(k)), 0)+(e(num(k))-sum(d));
        mean_w(k)=sum(w)/(num(k)-pa(k));
    end
    clear a w b e d, %清空没有确定长度的数组，否则造成重复调用
end

mean_num=sum(num)/n; mean_pa=sum(pa)/n;%平均到达人数和平均离开人数
mean_ja=sum(ja)/n; mean_va=sum(va)/n;%银行平均加班时间和平均空闲时间
mm_w=sum(mean_w)/n;  %顾客平均等待时间
[mean_num, mean_pa, mean_ja, mean_va, mm_w]

function yn=kai(b, a, i, pm)  %判断是否立即离开
idx=length(find(b<=a));  %正在服务第 idx 位顾客
if idx>=i-pm  %排队等待顾客不满 pm 人
```

```
        yn=0;
    else
        yn=1;
    end
```

蒙特卡罗模拟 2000 次，得到的统计结果如表 12-8 所示.

表 12-8　银行排队模型的蒙特卡罗模拟结果

平均间隔时间λ	平均到达人数	平均离开人数	平均加班时间	平均空闲时间	顾客平均等待时间
$\lambda=10$	47.8915	6.2905	3.3766	64.5925	18.3176
$\lambda=9$	53.1115	10.1740	4.2532	49.2068	20.2103
$\lambda=8$	59.2665	15.4690	5.0542	39.4494	21.3823
$\lambda=7$	67.3505	23.3235	5.1458	32.8203	22.4842
$\lambda=6$	77.9870	33.9925	5.6339	27.9173	23.0588

从表 12-7 我们看到，随着到达顾客的平均间隔时间λ的减少，平均到达人数和平均离开人数显著增加；平均加班时间和顾客等待时间增加，但并不显著；而银行平均空闲时间显著减少.

例 12.25（银行排队模型，双队列模型） 在例 12.24 的基础上，假设银行有两个服务窗口，顾客准备接受服务时，系统分配空闲等待时间较长的窗口. 由于有两个服务窗口，我们假设当顾客到达银行时，若发现有不少于 10 人排队则离开. 其他假设不变.

编写程序如下：

```
% a(i)--第 i 个人的到达时刻
% w(i)--第 i 个人的服务等待时长
% d(i)--第 i 个人的接受服务时长
% b(i)--第 i 个人的开始接受服务时刻
% e(i)--第 i 个人的服务结束时刻, e(i)=b(i)+d(i)
% 注意：e(i)是服务结束时刻，并不一定是顾客离开时刻
% q1, q2 存储两个窗口各自顾客的服务结束时刻
% end_t--取号时间
% wt--窗口服务时间
% p0--0 时刻已在银行等待服务的人数
% pm--当等候人数不少于 pm 人时，顾客自动离开  p0<=pm
% mean_w--顾客平均等待时间
% va--银行空闲时间
% ja--银行加班时间
% pa--因等候人数不少于 pm 人自动离开的顾客数
% dm--因顾客离开，叫号停留时间
% 银行服务准则：继续为在下班点仍在接受服务的顾客提供服务
% 假设取号时间小于窗口服务时间, wt>=end_t

function double_queue
clear, clc
```

```
p0   = 3; % 0 时刻已在银行等待服务的人数
pm   = 10; dm = 0. 5; %  当等候人数不少于 pm 人时，顾客自动离开  p0<=pm
lam = 10; u0 = 5; u1 = 15; end_t = 450; wt = 480;
n    = 2000;
num = zeros(1, n); pa = zeros(1, n);
ja   = zeros(1, n); va = zeros(1, n); mean_w = zeros(1, n);

for k=1:n   %  第 k 次模拟
    if   p0>=3
            a = zeros(1, 3);   %  前 3 位顾客的到达时间
    elseif p0>=2
            a = [0, 0, exprnd(lam)];
    elseif p0>=1
            a = [0, cumsum(exprnd(lam, 1, 2))];
    else a = cumsum(exprnd(lam, 1, 3));
    end
    b=a(1:2); w=[0, 0]; d=unifrnd(u0, u1, 1, 2); e = b + d;
    %前 2 位顾客的服务开始时间，等待时长，服务时长和服务结束时间
    i1=1; i2=1;   %两个窗口各自的服务人数
    q1(i1)=e(1); q2(i2)=e(2);
    i=3; pa(k)=0;
    while   a(i) <= end_t
        b(i)=max(min(q1(i1), q2(i2)), a(i));
        if i>pm+1 & kai(b, a(i), i, pm)   %因等候人数不少于 pm 人，自动离开
            w(i)=0; d(i)=dm;
            pa(k)=pa(k)+1;
        else
            w(i)=b(i)-a(i);
            d(i)=unifrnd(u0, u1);
        end
        e(i)=b(i)+d(i);
        if q1(i1)<=q2(i2)    %窗口 1 空闲时间更长
            i1=i1+1; q1(i1)=e(i);
        else
            i2=i2+1; q2(i2)=e(i);
        end
        if i<p0    %继续为 0 时刻已在银行等待服务的人提供服务
            a(i+1)=0;
        else
            a(i+1)=a(i)+exprnd(lam);
        end
        i=i+1;
    end
    num(k)=i-1; %num 表示工作时间内到达银行的人数，包含 0 时刻已在银行等待的人

    if num(k)==0 %工作时间段内没有顾客到银行
```

```
            ja(k)=0; va(k)=wt;
        else
            ja(k)=(max(q1(i1)-wt, 0)+max(q2(i2)-wt, 0))/2;
            % 两个窗口的加班时长取平均
            va(k)=(max(wt, q1(i1))+max(wt, q2(i2))-sum(d))/2;
            mean_w(k)=sum(w)/(num(k)-pa(k));
        end
        clear a w b e d, % 清空没有确定长度的数组，否则造成重复调用
    end

    mean_num=sum(num)/n; mean_pa=sum(pa)/n;
    mean_ja=sum(ja)/n; mean_va=sum(va)/n;
    mm_w=sum(mean_w)/n;
    [mean_num, mean_pa, mean_ja, mean_va, mm_w]

    function yn=kai(b, a, i, pm)
    idx=length(find(b<=a));   % 正在服务第 idx 位顾客
    if idx>=i-pm   % 排队等待顾客不满 pm 人
        yn=0;
    else
        yn=1;
    end
```

蒙特卡罗模拟 2000 次，得到的统计计算结果如表 12-9 所示.

表 12-9　银行排队模型的蒙特卡罗模拟结果

平均间隔时间λ	平均到达人数	平均离开人数	平均加班时间	平均空闲时间	顾客平均等待时间
$\lambda=10$	48.0480	0	0.0014	239.7872	2.1788
$\lambda=8$	59.3160	0.0070	0.0465	183.4012	3.8173
$\lambda=6$	78.1250	0.7165	0.9657	93.9473	9.3150
$\lambda=5.8$	80.2695	1.0000	1.2836	84.4347	10.2903
$\lambda=5.5$	85.0300	1.9320	1.7411	65.8610	12.5387
$\lambda=5.3$	87.9575	3.1085	2.3265	57.2940	13.9835
$\lambda=5$	93.1185	5.5850	3.0418	44.0225	16.2199

从表 12-8 我们看到，随着到达顾客的平均间隔时间λ的减少，平均离开人数和平均加班时间从$\lambda=6$开始变化明显；银行平均空闲时间显著减少；顾客平均等待时间显著增加.

通过这些模拟，能够帮助银行优化资源，降低成本，提升服务质量.

12.3　实验探究

在 12.2 节中给出了蒙特卡罗方法在概率计算、积分和最优化问题及系统模拟中的一些应用. 接下来给出几个探究问题. 通过对这些问题的实践，可以拓展随机模拟方法解决实际问

题的范围.

问题 12.1（机床维修） 某车间有独立运转的机床 500 台，每台机床在一天内发生故障的概率为 1%，每台故障机床需要一名维修工人. 问：

（1）需要多少名维修工人，才能使得在一天内，故障机床不能被及时（当天）维修的概率低于 1%.

（2）如果每台故障机床的维修时间服从参数为 $p=0.9$ 的几何分布，即，故障机床需要 k 天才能修好的概率为 $(1-p)^{k-1}p, k=1,2,3,\cdots$. 假设修好后的机床当天不再发生故障，从第二天开始发生故障的概率依然是 1%，则在（1）问中工人数的条件下，30 天后，正常工作的机床数超过 490 台的概率.

（3）如果维修工人足够多，即所有故障机床都会及时维修，维修时长同（2）中的假设. 则在车间运转了相当长一段时间后，每天正常运转的平均机床数是多少. 每台正常运转的机床每天能带来 100 元的收益，支付给工人在故障维修期间 1000 元/（天・人），试模拟该车间一个月的平均净收益.

问题 12.2（保险公司破产） 设某保险公司初始注册资金为 2000 万元，每日的保费收入服从区间 $[10^5, 2\times10^5]$ 的均匀分布，公司每日的固定运营支出和索赔 X 服从帕累托分布，即 $P\{X>x\}=(5\times10^4/x)^2, x\geqslant 5\times10^4$. 问：

（1）该保险公司在一年内破产的概率.

（2）保险公司为规避巨额保单带来的风险，购买了停止损失再保险. 当索赔低于 50 万元时，由保险公司自行理赔，超过 50 万元的部分全部由再保险公司支付. 保险公司为再保险服务每天支付的保费为 $(1+\theta)\times E[\max(X-5\times10^5,0)]$，其中 θ 为再保险公司的风险负荷因子，这里取 $\theta=0.5$. 在此条件下，保险公司在一年内破产概率是多少.

（3）假设保险公司将盈余资金的 30%投资于无风险资产，利率为万分之一每日；将盈余资金的 20%投资于风险资产，每日利率服从正态分布 $N(1.5\times10^{-4}, 10^{-8})$，则保险公司在一年后的平均资产是多少.

问题 12.3（商场营业额） 假设某商场一天的男顾客数服从参数 $\lambda=100$ 的泊松分布，女顾客数服从参数 $\lambda=400$ 的泊松分布. 顾客进商场，可能消费，也可能不消费. 若为男顾客，消费的概率为 20%，消费额服从区间 $[200,400]$ 的均匀分布；若为女顾客，消费的概率为 40%，消费额服从区间 $[300,600]$ 的均匀分布. 商场有优惠活动，消费额满 300 减 30 元、满 500 减 60 元. 问：

（1）请模拟该商场一天的营业额.

（2）如果进入该商场的顾客时间间隔服从参数 $\lambda=1$（单位：分钟）的指数分布，进入的顾客分为 4 类：男性、女性、夫妇（男女朋友）、带孩子的夫妇，概率分别为 0.1、0.3、0.2、0.4，他（她）们各自消费的概率为 20%、40%、50%、80%，消费额均服从区间 $[200,800]$ 的均匀分布. 商场营业时间为 10:00—22:00，商场优惠活动同上，则该商场一天的平均营业额是多少.

12.4 习题

1. 试生成随机数 X，其分布律见表 12-10.

表 12-10　分布律

X	-5	-2	0	1	3	4
$P\{X=x_i\}$	0.2	0.1	0.15	0.2	0.15	0.2

2. 请编写程序模拟服从下列概率密度函数分布的随机变量.

（1）$f(x)=\begin{cases}2(x-1), & x\in[1,2],\\ 0, & 其他.\end{cases}$

（2）$f(x)=\dfrac{1}{\pi(1+x^2)}, x\in R.$

（3）$f(x)=\begin{cases}a+2(1-a)x, & x\in[0,1],\\ 0, & 其他,\end{cases}$ 其中，$a\in(0,1)$.

（4）$f(x)=\begin{cases}\dfrac{2x}{c}, & 0\leqslant x<c,\\ \dfrac{2(1-x)}{1-c}, & c\leqslant x\leqslant 1,\\ 0, & 其他,\end{cases}$ 其中，$c\in(0,1)$.

（5）$f(x)=\begin{cases}2\int_1^{\infty}s^{-2}\mathrm{e}^{-sx}\mathrm{d}s, & x>0,\\ 0, & 其他.\end{cases}$

（6）$f(x,y)=\begin{cases}2(x+y), & 0\leqslant x\leqslant y\leqslant 1,\\ 0, & 其他.\end{cases}$

3. 请用蒙特卡罗方法模拟求解：5 个球放入 3 个盒子，每个盒子均有球的概率.

4. 将一根长为 l 的木条折为 3 段，求能构成三角形的概率.

5. 一个班里有 $n(<365)$ 人，求至少有两名学生的生日在同一天的概率.

6. 某人处在迷宫的一个三岔口处，若选择 1 号线路，则花费 5 小时走出迷宫，若选择 2 号线路，则花费 3 小时回到三岔口，若选择 3 号线路，则花费 7 小时回到三岔口. 假设此人在三岔口随意选择一条线路，求此人走出迷宫所花费的平均时间.

7. 请用蒙特卡罗方法计算如下积分：

（1）$\int_1^2 x\ln x\mathrm{d}x$.

（2）$\int_0^1 \dfrac{\mathrm{e}^{-x}}{\sqrt{x}}\mathrm{d}x$.

（3）$\int_1^{\infty}\dfrac{\sin x}{x}\mathrm{d}x$.

（4）$\iint\limits_D x^2y^2\mathrm{d}x\mathrm{d}y$, 其中 D 为 $y=x^2$ 和 $x=y^2$ 所围区域.

（5）$\iiint\limits_D \sqrt{x^2+y^2+z^2}\mathrm{d}x\mathrm{d}y\mathrm{d}z$, 其中 D 是由 $z=\sqrt{1-x^2-y^2}$ 和 $z=0$ 所围成的区域.

8. 请用蒙特卡罗法求解下列优化模型：

$$\min f(x)=2(x_1-1)^2+3(x_2-4)^2+x_1x_2+(2x_3-5)^2,$$
$$\text{s.t.}\quad 3x_1+2x_2+6x_3\leqslant 20,$$
$$4x_1+5x_2+2x_3\leqslant 21,$$
$$0\leqslant x_1\leqslant 15,$$
$$0\leqslant x_2\leqslant 9,$$
$$0\leqslant x_3\leqslant 25\text{且}x_3\text{为整数}.$$

9. 设每次射击命中的概率为 p，连续两次射击命中后停止. 请模拟射击过程并求停止射击时的平均射击次数.

10. 已知某高速出口的车流量，请建立合适的数学模型，模拟该出口车流量并设计收费窗口数量，使得既节约成本，出口又畅通（即车主不用等得太久）.

11. 有一种产品安装有 4 只型号规格完全相同的电子管. 已知电子管寿命服从指数分布，平均寿命为 10000 小时. 当电子管损坏时有两种维修方案：一是每次更换损坏的那一只；二是当其中一只损坏时 4 只同时更换. 已知更换时间为换一只时需 1 小时，4 只同时换为 2 小时. 更换时机器因停止运转每小时的损失为 20 元，每只电子管价格 10 元. 试用模拟方法判断哪一个方案经济合理.

第 13 章　数据建模实验

数据分析是指用适当的统计分析方法对收集来的大量数据进行分析，提取有用信息和形成结论而对数据加以详细研究和概括总结的过程. 在当今的信息时代，我们很容易收集到各类数据. 在实际应用中，对感兴趣的数据进行建模并分析，可帮助人们做出判断，以便采取适当的举措.

本章主要介绍几类常用的数据建模方法，包括线性回归分析、聚类分析、分类及主成分分析方法. 将简要介绍各类方法的思想、建模步骤及实例应用. 实际问题中遇到的问题远比所给例子复杂，因为篇幅限制，望本章介绍的方法对学习数据处理起到抛砖引玉的作用.

13.1　线性回归分析

"回归"是由英国著名生物学家兼统计学家高尔顿在研究人类遗传问题时提出来的. 为了研究父代与子代的身高关系，高尔顿搜集了 1078 对父子身高数据（如图 13-1 所示）. 高尔顿发现下列规律：高个子的父亲有着较高身材的儿子，而矮个子父亲的儿子身材也比较矮；高个子父母的子女，其身高有低于其父母身高的趋势；而矮个子父母的子女，其身高有高于其父母的趋势. 即有"回归"到平均值的趋势，这就是统计学上最初出现"回归"时的含义.

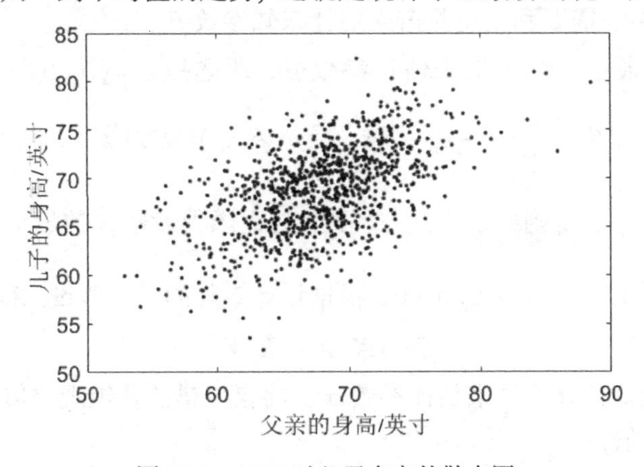

图 13-1　1078 对父子身高的散点图

在统计学中，回归分析（Regression Analysis）指的是确定两种或两种以上变量间相互依赖的定量关系的一种统计分析方法. 回归分析按照自变量的多少，可分为一元回归分析和多元回归分析；按照自变量和因变量之间的关系类型，可分为线性回归分析和非线性回归分析.

在大数据分析中，回归分析是一种预测性的建模技术，它研究的是因变量（目标）和自变量（预测器）之间的关系. 这种技术通常用于预测分析、时间序列模型及发现变量之间的因果关系. 例如，司机的鲁莽驾驶与道路交通事故数量之间的关系，最好的研究方法就是回归.

本节主要学习经典的多元线性回归方法.

13.1.1 多元线性回归模型

设 y 是一个可观测的随机变量，它受到 p 个因素 $x_1,x_2,\cdots,x_p$(根据具体情况，它们可以是非随机变量，但更多时候是随机变量，此时考虑的是给定 $x_1,x_2,\cdots,x_p$ 情况下，y 的条件分布)和随机因素 ε 的影响，y 与 $x_1,x_2,\cdots,x_p$ 有如下线性关系：

$$y=\beta_0+\beta_1x_1+\cdots+\beta_px_p+\varepsilon$$

式中，$\beta_0,\beta_1,\cdots,\beta_p$ 是 $p+1$ 个未知参数；ε 是不可测的随机误差，服从一定的分布．通常假设其服从均值为 0、方差为 σ^2 的分布．称 $E(y)=\beta_0+\beta_1x_1+\cdots+\beta_px_p$ 为理论回归方程.

对于一个实际问题，要建立多元回归方程，首先要估计未知参数 $\beta_0,\beta_1,\cdots,\beta_p$．实际分析中要进行 n 次独立观测，得到 n 组样本数据 $(x_{i1},x_{i2},\cdots,x_{ip};y_i),i=1,2,\cdots,n$，满足 $y_i=\beta_0+\beta_1x_{i1}+\cdots+\beta_px_{ip}+\varepsilon_i,i=1,2,\cdots,n$．式中，$\varepsilon_1,\varepsilon_2,\cdots,\varepsilon_n$ 相互独立且都服从 $N(0,\sigma^2)$．上式写成矩阵形式：

$$\boldsymbol{Y}=\boldsymbol{X}\beta+\varepsilon$$

式中，$\boldsymbol{Y}=(y_1,y_2,\cdots,y_n)^{\mathrm{T}}$；$\boldsymbol{\beta}=(\beta_0,\beta_1,\cdots,\beta_p)^{\mathrm{T}}$；$\boldsymbol{\varepsilon}=(\varepsilon_1,\varepsilon_2,\cdots,\varepsilon_n)^{\mathrm{T}}$，$\varepsilon\sim N_n(0,\sigma^2\boldsymbol{I}_n)$，$\boldsymbol{I}_n$ 为 n 阶单位矩阵.

$$\boldsymbol{X}=\begin{pmatrix}1 & x_{11} & x_{12} & \cdots & x_{1p}\\ 1 & x_{21} & x_{22} & \cdots & x_{2p}\\ \vdots & \vdots & \vdots & \ddots & \vdots\\ 1 & x_{n1} & x_{n2} & \cdots & x_{np}\end{pmatrix},$$

称为设计矩阵，并假设它是满秩矩阵，即 $\mathrm{rank}(\boldsymbol{X})=p+1$.

实际问题的处理中，需要利用观测值来估计未知参数 β 和 σ^2.

（1）首先，利用最小二乘方法来估计参数 β，即选择 $\beta=(\beta_0,\beta_1,\cdots,\beta_p)^{\mathrm{T}}$ 使残差平方和 $Q(\beta)=(Y-\boldsymbol{X}\beta)^{\mathrm{T}}(Y-\boldsymbol{X}\beta)=\sum\limits_{i=1}^{n}(y_i-\beta_0-\beta_1x_{i1}-\cdots-\beta_px_{ip})^2$ 达到最小．利用微积分的极值求法，令 $\dfrac{\partial Q(\beta)}{\partial\beta_i}=0,i=0,1,\cdots,p$，得到一个正规方程组，进而求得参数 β 的最小二乘估计 $\widehat{\beta}$．上述正规方程组可用矩阵表示为 $\boldsymbol{X}^{\mathrm{T}}(\boldsymbol{Y}-\boldsymbol{X}\hat{\beta})=0$．根据设计矩阵的满秩假设，解得

$$\hat{\beta}=(\boldsymbol{X}^{\mathrm{T}}\boldsymbol{X})^{-1}\boldsymbol{X}^{\mathrm{T}}\boldsymbol{Y}$$

（2）接下来，利用矩估计方法来估计参数 σ^2．将自变量的各组观测值代入回归方程，可得因变量的估计量(拟合值)为

$$\hat{\boldsymbol{Y}}=(\hat{y}_1,\hat{y}_2,\cdots,\hat{y}_n)^{\mathrm{T}}=\boldsymbol{X}\hat{\beta}$$

向量 $\boldsymbol{e}=\boldsymbol{Y}-\hat{\boldsymbol{Y}}=\boldsymbol{Y}-\boldsymbol{X}\hat{\beta}=[\boldsymbol{I}_n-\boldsymbol{X}(\boldsymbol{X}^{\mathrm{T}}\boldsymbol{X})^{-1}\boldsymbol{X}^{\mathrm{T}}]\boldsymbol{Y}=[\boldsymbol{I}_n-\boldsymbol{H}]\boldsymbol{Y}$，称为残差向量，其中 $\boldsymbol{H}=\boldsymbol{X}(\boldsymbol{X}^{\mathrm{T}}\boldsymbol{X})^{-1}\boldsymbol{X}^{\mathrm{T}}$ 为 n 阶对称幂等矩阵，$\boldsymbol{I}_n$ 为 n 阶单位阵.

称数 $\boldsymbol{e}^{\mathrm{T}}\boldsymbol{e}=\boldsymbol{Y}^{\mathrm{T}}[\boldsymbol{I}_n-\boldsymbol{H}]\boldsymbol{Y}$ 为残差平方和（Sum of Squared Errors, SSE），且 $E(\boldsymbol{e}^{\mathrm{T}}\boldsymbol{e})=\sigma^2(n-p-1)$，因此 $\hat{\sigma}^2=\dfrac{1}{n-p-1}\boldsymbol{e}^{\mathrm{T}}\boldsymbol{e}$ 为 σ^2 的一个无偏估计.

回归分析中除上述的参数估计外，还涉及回归方程和回归关系的显著性检验，以及回归诊断等问题．本节主要考虑参数估计问题，其他问题请自行参阅相关文献.

13.1.2 多元线性回归分析实验

regress 函数可以对实际数据构建多元线性回归模型.

调用格式：

```
[B, BINT, R, RINT, STATS] = regress(Y, X)
[B, BINT, R, RINT, STATS] = regress(Y, X, ALPHA)
```

其中, Y 为因变量的观测向量；X 为设计矩阵. B 为回归系数, 是向量；BINT 为回归系数的区间估计；R 为残差；RINT 为置信区；STATS 为用于检验回归模型的统计量, 有 4 个数值：判定系数 R^2、F 统计量观测值、检验的 p 值、误差方差的估计；ALPHA 为显著性水平.

例 13.1 某公司在各地区销售一种特殊的化妆品, 该公司观测了 15 个城市在某月对该化妆品的销售量(Y), 使用该化妆品的人数(x_1)和人均收入(x_2), 数据见表 13-1. 试建立 Y 与 x_1 和 x_2 的线性回归方程, 并预测当使用该化妆品人数为 203 人、人均收入在 3000 元时的销售量.

表 13-1 某地区一种特殊化妆品的销售数据

地　区	销　售　量	人数/千人	人均收入/元
1	162	274	2450
2	120	180	3250
3	223	375	3802
4	131	205	2838
5	67	86	2347
6	167	265	3782
7	81	98	3008
8	192	330	2450
9	116	195	2137
10	55	53	2560
11	252	430	4020
12	232	372	4427
13	144	236	2660
14	103	157	2088
15	212	370	2605

解 编写程序如下：

```
%首先将数据保存到文件 c13_eg1.txt
clear;clc;
load c13_eg1.txt
y=c13_eg1(:, 1);
x=[ones(length(y), 1) c13_eg1(:, [2 3])];
%计算多元线性回归模型的系数
[B, Bint]=regress(y, x)    %B=[3.9848       0.4968       0.0089]'
```

```
%下面进行预测
x0=[1 203 3000]';
yc=B'*x0;
%结果 131.5675
```

根据数据可以建立的回归模型为：$y = 3.9848 + 0.4968x_1 + 0.0089x_2$. 当使用该化妆品人数为 203 人、人均收入在 3000 元时，预测销售量为 131. 5675.

13.2 聚类分析

聚类分析算法（Cluster Analysis）是研究“物以类聚”的一种现代统计方法. 聚类分析方法近年来发展很快，并且在经济、管理、地质勘探、天气预报、生物分类、考古学、医学、心理学及制定国家标准和区域标准等许多方面的应用都卓有成效. 聚类分析属于无监督的统计学习的一种，是在没有训练目标的情况下将样本划分为若干类的方法. 通过聚类分析，使得同一个类中的对象有很大的相似性，而不同类的对象有很大的相异性.

两种常用的聚类算法：系统（谱系）聚类算法和动态聚类算法. 前者事先不确定分多少类，后者事先要确定分多少类.

系统聚类分析是将 n 个样本（或者指标）看成 n 类，一类包括一个样本（或者指标），然后将性质最接近的两类合并成一个新类，以此类推. 最终可以按照需要来决定分多少类、每类有多少样本（或者指标）.

动态聚类算法中主要介绍 K-means 聚类算法. K-means 聚类算法是聚类算法中最为简单、高效的，其核心思想：由用户指定 K 个初始中心（Initial Centroids），作为聚类的类别（Cluster），重复迭代直至算法收敛.

给定 R^m 空间中的两个点 $\boldsymbol{x} = (x_1, x_2, \cdots, x_m)^{\mathrm{T}}$ 和 $\boldsymbol{y} = (y_1, y_2, \cdots, y_m)^{\mathrm{T}}$，下面是一些常用的距离（相似度）.

（1）欧几里得距离：$d(\boldsymbol{x}, \boldsymbol{y}) = \sqrt{\sum_{i=1}^{m} (x_i - y_i)^2}$.

（2）马氏距离：$d(\boldsymbol{x}, \boldsymbol{y}) = \sqrt{(\boldsymbol{x} - \boldsymbol{y})^{\mathrm{T}} \boldsymbol{S}^{-1} (\boldsymbol{x} - \boldsymbol{y})}$. 其中 $\boldsymbol{S}$ 是 $\boldsymbol{x}$ 和 $\boldsymbol{y}$ 向量的协方差矩阵.

（3）切比雪夫距离：$d(\boldsymbol{x}, \boldsymbol{y}) = \max\limits_{1 \leqslant i \leqslant m} |x_i - y_i|$.

（4）曼哈顿距离：$d(\boldsymbol{x}, \boldsymbol{y}) = \sum_{i=1}^{m} |x_i - y_i|$.

（5）余弦相似度：$d(\boldsymbol{x}, \boldsymbol{y}) = \dfrac{\boldsymbol{x}^{\mathrm{T}} \boldsymbol{y}}{\|\boldsymbol{x}\|_2 \|\boldsymbol{y}\|_2}$.

在聚类分析中，除了需要定义点与点之间的距离，还需要定义类与类的距离. 常见的有单连接（Single Linkage）、全连接（Complete Linkage）和平均连接（Average Linkage）.

对于两个类 C_i 和 C_j，分别有 n_i 和 n_j 个点.

单连接：两个类之间的距离是最近点对之间的距离：

$$d_{\min}(C_i, C_j) = \min_{\boldsymbol{p} \in C_i, \boldsymbol{q} \in C_j} |\boldsymbol{p} - \boldsymbol{q}|.$$

全连接：两个类之间的距离是最远点对之间的距离：

$$d_{\max}(C_i,C_j)=\max_{p\in C_i,q\in C_j}|\boldsymbol{p}-\boldsymbol{q}|.$$

平均连接：两个类之间的距离是所有点之间距离的平均值：

$$d_{\text{avg}}(C_i,C_j)=\frac{1}{n_i n_j}\sum_{p\in C_i}\sum_{q\in C_j}|\boldsymbol{p}-\boldsymbol{q}|.$$

13.2.1 K-means 聚类算法

K-means 聚类算法的基本思想简单直观，以空间中 K 个点为中心进行聚类，对最靠近它们的对象进行归类. 通过迭代的方法，逐次更新各聚类中心的值，直至得到最好的聚类结果. 最终聚类结果具有以下性质：同一聚类中的对象相似度较高，而不同聚类中的对象相似度较小. 该算法的最大优势在于简洁和快速. 算法的关键在于初始中心和距离公式的选择.

在 K-means 聚类算法中，用中心或质心来表示 Cluster，且容易证明 K-means 算法收敛等同于所有中心不再发生变化. 基本的 K-means 聚类算法流程如下.

（1）选取 K 个初始中心（作为初始 Cluster）；

（2）repeat：

（3）对每个样本点，计算得到距其最近的中心，将其类别标为该中心所对应的 Cluster；

（4）重新计算 K 个 Cluster 对应的中心；

（5）until 中心不再发生变化.

对于欧氏空间的样本数据，以误差平方和（Sum of the Squared Error, SSE）为聚类的目标函数，同时也可以用来衡量不同聚类结果好坏的指标：

$$\text{SSE}=\sum_{i=1}^{k}\sum_{x\in C_i}\text{dist}(\boldsymbol{x},\boldsymbol{c}_i)$$

表示样本点 $\boldsymbol{x}$ 到 Cluster C_i 的质心 $\boldsymbol{c}_i$ 的距离平方和；最优的聚类结果应使得 SSE 达到最小值.

K-means 聚类算法是局部最优的，容易受到初始中心的影响；同时 K 值的选取也会直接影响聚类结果，最优聚类的 K 值应与样本数据本身的结构信息相吻合，而这种结构信息是很难掌握的，因此选取最优 K 值是非常困难的.

13.2.2 K-means 聚类分析实验

可用 kmeans 函数对数据进行 K-means 聚类.

调用格式：

```
[idx, c] = kmeans(data, K)
```

对数据 data（n*p 的矩阵）进行 K（为整数）类聚类，idx（n*1 的向量）为聚类的标签，c（K*p 的矩阵）为 K 个聚类的质心位置.

例 13.2 Iris 数据集. 该数据集是常用的分类实验数据集，由 Fisher 收集整理. 该数据记录了 150 个鸢尾花的花萼和花瓣特征，共包含 5 个变量：sepal.length（花萼长度）、sepal.width（花萼宽度）、petal.length（花瓣长度）、petal.width（花瓣宽度），这 4 个变量单位是 cm. 第 5 个变量是种类：iris setosa（山鸢尾）、iris versicolor（杂色鸢尾）、iris virginica（弗吉尼亚鸢尾）. 在此，使用前 4 个变量对样本进行聚类分析，并使用第 5 个变量评价聚类结果. 需要注意，很多聚类分析的实际数据并没有已知类别标签，此时对聚类结果的评价需要根据具体情况来实施.

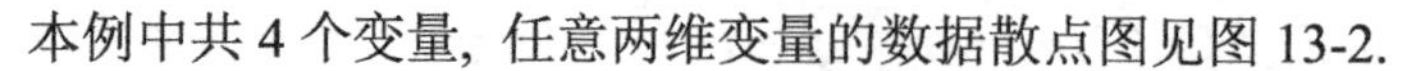

本例中共 4 个变量，任意两维变量的数据散点图见图 13-2.

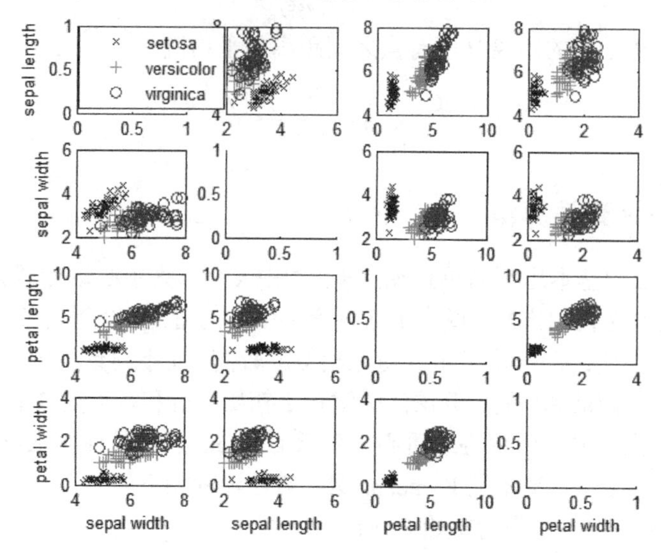

图 13-2　任意两维变量的数据散点图

从上述散点图中，我们发现数据大致分为三类，因此按三类聚类. 结果发现有 16 组数出现聚类错误. 因为 K-means 聚类算法要受到聚类中心和距离公式的影响，出现聚类错误是难免的.

解　编写程序如下：

```
% 原数据的平面散点图
figure;
subplot(4, 4, 1);
ylabel('sepal length')
subplot(4, 4, 2);
plot(x(xidx==1, 2), x(xidx==1, 1), 'bx', x(xidx==2, 2), x(xidx==2, 1), 'g+', x(xidx==3, 2), x(xidx==3, 1), 'ro');
legend('setosa', 'versicolor', 'virginica')
subplot(4, 4, 3);
plot(x(xidx==1, 3), x(xidx==1, 1), 'bx', x(xidx==2, 3), x(xidx==2, 1), 'g+', x(xidx==3, 3), x(xidx==3, 1), 'ro');
subplot(4, 4, 4);
plot(x(xidx==1, 4), x(xidx==1, 1), 'bx', x(xidx==2, 4), x(xidx==2, 1), 'g+', x(xidx==3, 4), x(xidx==3, 1), 'ro');
subplot(4, 4, 5);
plot(x(xidx==1, 1), x(xidx==1, 2), 'bx', x(xidx==2, 1), x(xidx==2, 2), 'g+', x(xidx==3, 1), x(xidx==3, 2), 'ro');
ylabel('sepal width');
subplot(4, 4, 6);
subplot(4, 4, 7);
plot(x(xidx==1, 3), x(xidx==1, 2), 'bx', x(xidx==2, 3), x(xidx==2, 2), 'g+', x(xidx==3, 3), x(xidx==3, 2), 'ro');
subplot(4, 4, 8);
plot(x(xidx==1, 4), x(xidx==1, 2), 'bx', x(xidx==2, 4), x(xidx==2, 2), 'g+', x(xidx==3, 4), x(xidx==3, 2), 'ro');
subplot(4, 4, 9);
plot(x(xidx==1, 1), x(xidx==1, 3), 'bx', x(xidx==2, 1), x(xidx==2, 3), 'g+', x(xidx==3, 1), x(xidx==3, 3), 'ro');
ylabel('petal length');
subplot(4, 4, 10);
```

```
    plot(x(xidx==1, 2), x(xidx==1, 3), 'bx', x(xidx==2, 2), x(xidx==2, 3), 'g+', x(xidx==3, 2), x(xidx==3, 3), 'ro');
    subplot(4, 4, 11);
    subplot(4, 4, 12);
    plot(x(xidx==1, 4), x(xidx==1, 3), 'bx', x(xidx==2, 4), x(xidx==2, 3), 'g+', x(xidx==3, 4), x(xidx==3, 3), 'ro');
    subplot(4, 4, 13);
    plot(x(xidx==1, 1), x(xidx==1, 4), 'bx', x(xidx==2, 1), x(xidx==2, 4), 'g+', x(xidx==3, 1), x(xidx==3, 4), 'ro');
    xlabel('sepal width'); ylabel('petal width');
    subplot(4, 4, 14);
    plot(x(xidx==1, 2), x(xidx==1, 4), 'bx', x(xidx==2, 2), x(xidx==2, 4), 'g+', x(xidx==3, 2), x(xidx==3, 4), 'ro');
xlabel('sepal length');
    subplot(4, 4, 15);
    plot(x(xidx==1, 3), x(xidx==1, 4), 'bx', x(xidx==2, 3), x(xidx==2, 4), 'g+', x(xidx==3, 3), x(xidx==3, 4), 'ro');
xlabel('petal length');
    subplot(4, 4, 16);
    xlabel('petal width');

    % 对数据进行聚类
    clear;clc;
    load iris.dat
    x=iris(:, [2:5]);
    xidx=iris(:, 6);
    %聚类数估计
    [m, n]=size(iris[:, 2:5]);
    for i=1:m
        line(1:n, dat(i, [2 1 3 4]));%原始数据按照平行坐标系展示，观察发现大致分为三类.
    end
    %下面进行聚类
    k=3;  %按三类聚类
    idx=kmeans(x, k);  %运行 3 次
    %下面计算分错类的个数
    r=length(find(idx~=xidx))
```

运行结果为：

```
r=16
```

运行结果表明用 K-means 聚类方法对 150 组鸢尾花数据进行聚类，只有 16 组数据分错类.

13.3　分类实验

分类是数据挖掘领域中最常用的方法之一. 分类的概念是在已有数据的基础上学会一个分类函数或构造出一个分类模型（即通常所说的分类器（Classifier)），该函数或模型能够把数据库中的数据记录映射到给定类别中的某一个，从而可以应用于数据预测. 本节主要关心的是分类如“有没有”等二值问题. 分类问题方法众多，这里主要介绍支持向量机（Support Vector

Machine, SVM）算法. SVM 算法在机器学习领域是一个有监督的学习模型，通常用来进行模式识别、分类及回归分析.

13.3.1 SVM 算法

本节简要介绍 SVM 算法的基本思想，其具体推算过程请查看相关文献. SVM 是通过支持向量运算的分类器. 其中“M”的意思是机器，可以理解为分类器. 什么是支持向量呢？在求解的过程中，会发现只根据部分数据就可以确定分类器，这些数据称为支持向量. 如图 13-3 所示，在一个二维环境中，其中点 R、S、G 点和其他靠近中间黑线的点可以看作支持向量，它们可以决定分类器，也就是黑线 $wx+b=0$ 的具体参数，其中分类器就是分类函数.

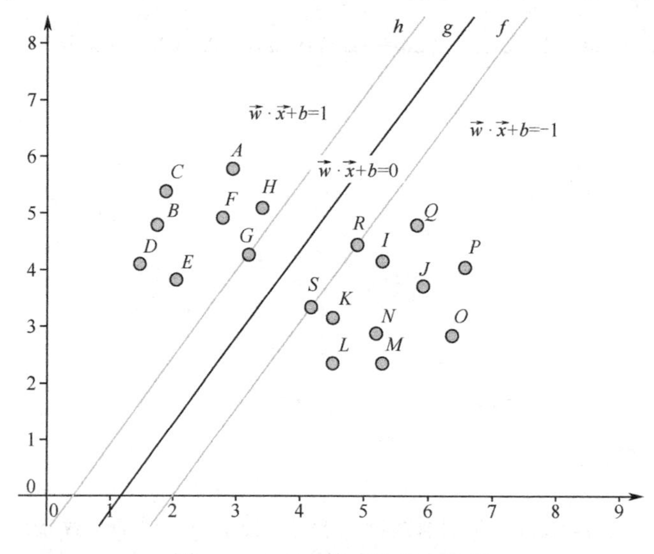

图 13-3 SVM 算法的基本思想

SVM 算法可用于线性和非线性分类. ①线性分类：在训练数据中，每个数据都有 n 个属性和一个二类类别标志，可以认为这些数据在一个 n 维空间里. 我们的目标是找到一个 $n-1$ 维的超平面（Hyperplane），这个超平面可以将数据分成两部分，每部分数据都属于同一个类别. 其实这样的超平面有很多，我们要找到一个最佳的. 因此，增加一个约束条件：这个超平面到每类中最近数据点的距离是最大的，也称为最大间隔超平面（Maximum-Margin Hyperplane）. 这个分类器也称为最大间隔分类器（Maximum-Margin Classifier）. SVM 是一个二类分类器. ②非线性分类：SVM 的一个优势是支持非线性分类. 它结合使用拉格朗日乘子法和 KKT 条件，以及核函数，可以产生非线性分类器.

本节主要学习线性分类.

13.3.2 SVM 算法实验

通过函数 svmtrain 和 svmclassify 可以实现对数据的分类.

调用格式：

```
struct = svmtrain(traindata, traingroup)
group = svmclassify(struct, testdata)
```

svmtrain 针对训练数据 traindata 及其相应分类标签 traingroup 给出分类器函数 struct. 用 svmclassify 对测试数据 testdata 利用当前所给分类器函数进行归类, 结果显示为 1 和−1 的向量.

例 13.3　下面给出 SVM 算法的一个典型例子.

实验是对 20 个（2 维数据）样本点进行训练, 得到分类器函数. 之后再选取 6 个数据进行测试. 测试结果表明, 分类器将测试数据成功分类.

解　编写程序如下：

```
clear, clc
%训练数据 20 x 2, 20 行代表 20 个训练样本点, 第一列为横坐标, 第二列为纵坐标
TrainData = [-3 0;4 0； 4 -2;3 -3;-3 -2;1 -4;-3 -4;0 1; -1 0;. . .
    2 2; 3 3; -2 -1;-4. 5 -4; 2 -1; 5 -4;-2 2;-2 -3; 0 2;1 -2;2 0];
%Group 20 x 1, 20 行代表训练数据对应点属于哪一类(1 类, -1 类)
Group = [1 -1 -1 -1 1 -1 1 1 1 -1 -1 1 1 -1 -1 1 1 1 -1 -1]';
TestData = [3 -1;3 1;-2 1;-1 -2;2 -3;-3 -3];          %测试数据

SVMStruct = svmtrain(TrainData, Group, 'Showplot', true);
% train, 并画图
Group = svmclassify(SVMStruct, TestData, 'Showplot', true);   % test
hold on;
plot(TestData(:, 1), TestData(:, 2), 'ro', 'MarkerSize', 12);     %mark
hold off
```

运行结果见图 13-4.

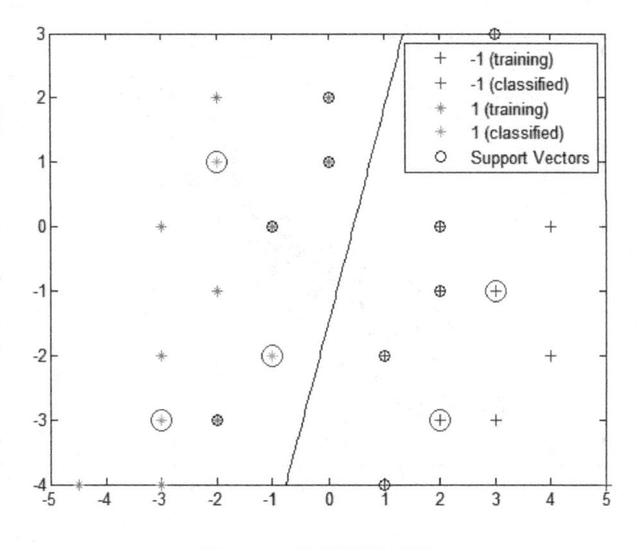

图 13-4　分类器的结果

13.4　主成分分析

在实际问题研究中, 多变量问题是经常会遇到的. 变量太多, 无疑会增加分析问题的难度与复杂性, 而且在许多实际问题中, 多个变量之间是具有一定相关关系的. 因此, 人们会很

自然地想到，能否在相关分析的基础上，用较少的新变量代替原来较多的旧变量，而且使这些较少的新变量尽可能多地保留原来变量所反映的信息？

例如，一个人的身材需要用好多项指标才能完整地描述，诸如身高、臂长、腿长、肩宽、胸围、腰围、臀围等，但人们购买衣服时一般只用长度和肥瘦两个指标就够了，这里长度和肥瘦就是描述人体形状的多项指标组合而成的两个综合指标.

主成分分析（Principal Component Analysis, PCA）中，设法将原来的指标重新组合成一组新的互相无关的几个综合指标，并用其来代替原来指标. 根据实际需要从中可取几个较少的综合指标，尽可能多地反映原来的指标的信息. 主成分分析是一种常用的借助于变量协方差矩阵对信息进行处理、压缩和抽取的有效方法，主要起着降维和简化数据结构的作用.

主成分分析的目的：①压缩变量个数，用较少的变量去解释原始数据中的大部分变量，剔除冗余变量；②消除原始变量间的共线性，克服由此造成的计算不稳定、矩阵病态等问题. 例如前述的多元回归模型中我们假定设计矩阵是满秩的，但实际问题中，变量间会有一定的相关性，即共线性. 这时就可以借助 PCA 方法来消除共线性.

13.4.1 主成分分析的基本原理

先假定只有 2 维，即只有两个变量，它们由横坐标和纵坐标所代表，因此每个观测值都有相对应于这两个坐标轴的两个坐标值，如果这些数据形成一个椭圆形状的点阵（这在变量的 2 维正态的假定下是可能的），那么这个椭圆有一个长轴和一个短轴（如图 13-5 所示）. 在短轴方向上，数据变化很少. 在极端的情况，短轴如果退化成一点，那只有在长轴的方向才能够解释这些点的变化了. 这样，由 2 维到 1 维的降维就自然完成了.

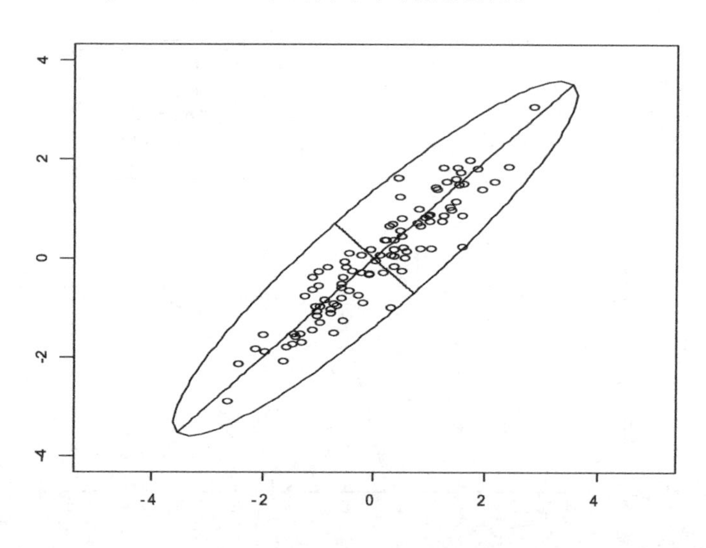

图 13-5 主成分分析方法的思想

当坐标轴和椭圆的长短轴平行时，代表长轴的变量就描述了数据的主要变化，而代表短轴的变量就描述了数据的次要变化. 但是，坐标轴通常并不和椭圆的长短轴平行. 因此，需要寻找椭圆的长短轴，并进行变换，使得新变量和椭圆的长短轴平行. 如果长轴变量代表了数据包含的大部分信息，就用该变量代替原先的两个变量（舍去次要的一维），降维就完成了. 椭圆（球）的长短轴相差得越大，降维就越有道理.

假定有 n 个样本，每个样本共有 p 个变量，构成一个 $n\times p$ 阶的数据矩阵

$$X=\begin{pmatrix} x_{11} & x_{12} & \cdots & x_{1p} \\ x_{21} & x_{22} & \cdots & x_{2p} \\ \vdots & \vdots & & \vdots \\ x_{n1} & x_{n2} & \cdots & x_{np} \end{pmatrix}.$$

当 p 较大时，在 p 维空间中考察问题比较麻烦. 为了克服这一困难，就需要进行降维处理，即用较少的几个综合指标代替原来较多的变量指标，而且使这些较少的综合指标既能尽量多地反映原来较多变量指标所反映的信息，同时它们之间又是彼此独立的.

记 $x_1,x_2,\cdots,x_p$ 为原变量指标，$z_1,z_2,\cdots,z_m$ $(m\leqslant p)$为新变量指标

$$\begin{cases} z_1=l_{11}x_1+l_{12}x_2+\cdots+l_{1p}x_p \\ z_2=l_{21}x_1+l_{22}x_2+\cdots+l_{2p}x_p \\ \cdots \\ z_m=l_{m1}x_1+l_{m2}x_2+\cdots+l_{mp}x_p \end{cases}$$

式中，$l_{i1}^2+l_{i2}^2+\cdots+l_{ip}^2=1,\quad i=1,2,\cdots,m$.

系数 l_{ij} 的确定原则：

（1）z_i 和 z_j $(i\neq j,i,j=1,2,\cdots,m)$相互无关；

（2）z_1 是 $x_1,x_2,\cdots,x_p$ 的一切线性组合中方差最大者，z_2 是与 z_1 不相关的 $x_1,x_2,\cdots,x_p$ 的所有线性组合中方差最大者，……，z_m 是与 $z_1,z_2,\cdots,z_{m-1}$ 都不相关的 $x_1,x_2,\cdots,x_p$ 的所有线性组合中方差最大者，则新变量指标 $z_1,z_2,\cdots,z_m$ 分别称为原变量指标 $x_1,x_2,\cdots,x_p$ 的第一、第二、……、第 m 主成分.

从以上的分析可以看出，主成分分析的实质就是确定原来变量 $x_j(j=1,2,\cdots,p)$ 在诸主成分 $z_i(i=1,2,\cdots,m)$ 上的载荷 $l_{ij}(i=1,2,\cdots,m;j=1,2,\cdots,p)$. 从数学上可以证明，它们分别是相关矩阵 m 个较大的特征值所对应的特征向量.

13.4.2 主成分分析的计算步骤

主成分分析的计算步骤如下.

（1）将原始数据标准化. 这里不妨设矩阵已标准化了.

（2）建立变量的相关系数阵：$\boldsymbol{R}=(r_{ij})_{p\times p}$.

$$r_{ij}=\frac{\sum_{k=1}^{n}(x_{ki}-\overline{x}_i)(x_{kj}-\overline{x}_j)}{\sqrt{\sum_{k=1}^{n}(x_{ki}-\overline{x}_i)^2\sum_{k=1}^{n}(x_{kj}-\overline{x}_j)^2}}.$$

（3）求 $\boldsymbol{R}$ 的特征根 $\lambda_1\geqslant\lambda_2\geqslant\cdots\geqslant\lambda_p>0$，以及相应的单位特征向量：

$$\boldsymbol{l}_1=(l_{11},l_{12},\cdots,l_{1p})^{\mathrm{T}},\boldsymbol{l}_2=(l_{21},l_{22},\cdots,l_{2p})^{\mathrm{T}},\cdots,\boldsymbol{l}_p=(l_{p1},l_{p2},\cdots,l_{pp})^{\mathrm{T}}.$$

（4）写出主成分

$$F_i=l_{i1}x_1+l_{i2}x_2+\cdots+l_{ip}x_p,i=1,2,\cdots,p.$$

（5）计算主成分贡献率 $\frac{\lambda_i}{\sum_{k=1}^{p}\lambda_k}(i=1,2,\cdots,p)$，以及累计贡献率 $\frac{\sum_{k=1}^{i}\lambda_k}{\sum_{k=1}^{p}\lambda_k}(i=1,2,\cdots,p)$.

一般取累计贡献率达 85%～95%的特征值 $\lambda_1,\lambda_2,\cdots,\lambda_m$ 所对应的第一、第二、……、第 m 主成分.

13.4.3 主成分分析实验

函数 princomp 可以对数据进行主成分分析.

调用格式：

```
pc = princomp(x)
[pc, score, latent, tsquare] = princomp(x)
```

根据数据矩阵 x 返回因子成分 pc、Z 分数 score，x 的协方差矩阵的特征值 latent 和 Hotelling's（霍特林）T^2 统计量 tsquare. Z 分数是通过将原始数据转换到因子成分空间中得到的数据. latent 向量的值为 score 的列的方差. Hotelling's T^2 为来自数据集合中心的每一个观测量的多变量距离的度量.

例 13.4 我们对江苏省 10 个城市的生态环境状况进行了调查，得到生态环境指标的值，见表 13-2. 现对生态环境水平进行分析和评价.

表 13-2 指标指数值

一级指标	结构				功能			协调度		生态环境水平排序
二级指标	人口结构 x_1	基础设施 x_2	地理结构 x_3	城市绿化 x_4	物质还原 x_5	资源配置 x_6	生产效率 x_7	城市文明 x_8	可持续性 x_9	
无锡	0.7883	0.7633	0.4745	0.8246	0.8791	0.9538	0.8785	0.6305	0.8928	5
常州	0.7391	0.7287	0.5126	0.7603	0.8736	0.9257	0.8542	0.6187	0.7831	7
镇江	0.8111	0.7629	0.881	0.6888	0.8183	0.9285	0.8537	0.6313	0.5608	10
张家港	0.6587	0.8552	0.8903	0.8977	0.9446	0.9434	0.9027	0.7415	0.8419	3
连云港	0.6543	0.7564	0.8288	0.7926	0.9202	0.9154	0.8729	0.6398	0.8464	6
扬州	0.8259	0.7455	0.785	0.7856	0.9263	0.8871	0.8485	0.6142	0.7616	8
泰州	0.8486	0.78	0.8032	0.6509	0.9185	0.9357	0.8473	0.5734	0.8234	9
徐州	0.6834	0.949	0.8862	0.8902	0.9505	0.876	0.9044	0.898	0.6384	2
南京	0.8495	0.8918	0.3987	0.6799	0.862	0.9579	0.8866	0.6186	0.9604	4
苏州	0.7846	0.8954	0.397	0.9877	0.8873	0.9741	0.9035	0.7382	0.8514	1

解 编写程序如下：

```
x= [0.7883 0.7391 0.8111 0.6587 0.6543 0.8259 0.8486 0.6834 0.8495 0.7846 0.7633 0.7287 0.7629 0.8552
0.7564 0.7455 0.7800 0.9490 0.8918 0.8954 0.4745 0.5126 0.8810 0.8903 0.8288 0.7850 0.8032 0.8862 0.3987 0.3970
0.8246 0.7603 0.6888 0.8977 0.7926 0.7856 0.6509 0.8902 0.6799 0.9877 0.8791 0.8736 0.8183 0.9446 0.9202 0.9263
0.9185 0.9505 0.8620 0.8873 0.9538 0.9257 0.9285 0.9434 0.9154 0.8871 0.9357 0.8760 0.9579 0.9741 0.8785 0.8542
```

```
0.8537 0.9027 0.8729 0.8485 0.8473 0.9044 0.8866 0.9035 0.6305 0.6187 0.6313 0.7415 0.6398 0.6142 0.5734 0.8980
0.6186 0.7382 0.8928 0.7831 0.5608 0.8419 0.8464 0.7616 0.8234 0.6384 0.9604 0.8514];
    x=x';
    stdr=std(x);  %求各变量标准差
    [n, m]=size(x);
    sddata=x./stdr(ones(n, 1), :);    %标准化变换
    % 上述过程可用 zscore
    [p, princ, eigenvalue]=princomp(sddata)  %调用主成分分析函数
    p3=p(:, 1:3)    % 输出前三个主成分系数
    sc=princ(:, 1:3) % 输出前三个主成分得分
    eigenvalue   % 输出特征根
    per=100*eigenvalue/sum(eigenvalue)  % 输出各个主成分贡献率
```

这样前三个主成分为：

$$z_1=-0.3677x_1+0.3702x_2+0.1364x_3+0.4048x_4+0.3355x_5-0.1318x_6+0.4236x_7+0.4815x_8-0.0643x_9$$

$$z_2=0.1442x_1+0.2313x_2-0.5299x_3+0.1812x_4-0.1601x_5+0.5273x_6+0.3116x_7+0.4815x_8+0.4589x_9$$

$$z_3=-0.3282x_1-0.3535x_2+0.0498x_3+0.0582x_4+0.5664x_5-0.0270x_6-0.0958x_7-0.2804x_8+0.5933x_9$$

第一主成分贡献率为43.12%，第二主成分贡献率为29.34%，第三主成分贡献率为11.97%，前三个主成分累计贡献率达 84.24%. 如果按 80%以上的信息量选取新因子，则可以选取前三个主成分.

第一主成分 z_1 包含的信息量最大，为 43.12%. 它的主要代表变量为 x_8（城市文明）、x_7（生产效率）、x_4（城市绿化），其权重系数分别为 0.4815、0.4236、0.4048，反映了这三个变量与生态环境水平密切相关. 第二主成分 z_2 包含的信息量次之，为 29.34%. 它的主要代表变量为 x_3（地理结构）、x_6（资源配置）、x_8（城市文明）、x_9（可持续性），其权重系数分别为 0.5299、0.5273、0.4815、0.4589. 第三主成分 z_3 包含的信息量为 11.97%，代表总量为 x_9（可持续性）、x_5（物质还原），权重系数分别为 0.5933、0.5664. 这些代表变量反映了各自对该主成分作用的大小，它们是生态环境系统中最重要的影响因素.

根据前三个主成分得分，用其贡献率加权，即得 10 个城市各自的总得分. 即：

$$\begin{aligned}F&=0.4312*\text{princ}(:,1)+0.2934*\text{princ}(:,2)+0.1177*\text{princ}(:,3)\\&=[0.0970,-0.6069,-1.5170,1.1801,0.0640,-0.8178,-0.9562,1.1383,0.1107,1.3077]'\end{aligned}$$

各城市的总得分排序结果，即生态环境水平排序结果，见表 13-2 的最后一列.

13.5 实验探究

问题 13.1 在多元线性回归模型中关于设计矩阵 $\boldsymbol{X}$ 有一个满秩的假设，请思考其相应的背景意义. 实际问题分析中能不能一定保证这个假设成立？如果不能，会有哪些可能的原因？如果实际问题中出现 $|\boldsymbol{X}^{\mathrm{T}}\boldsymbol{X}|=0$ 或 $|\boldsymbol{X}^{\mathrm{T}}\boldsymbol{X}|\approx 0$ 的情形，会对参数的估计造成什么样的影响？如何更好地给出这种情形下的参数估计？

提示：从线性代数相关理论出发考虑. 可以思考本章习题第 1 题中数据的 $\boldsymbol{X}^{\mathrm{T}}\boldsymbol{X}$（其中 $\boldsymbol{X}$ 指设计矩阵）的特征根的特点. 考虑借助主成分进行回归.

问题 13.2 Logistic 回归模型也是常见的分类模型. 下面就二分类的情形简述其模型.

设因变量 Y 是只取 0, 1 两个值的定性变量，考虑简单线性回归模型：

$$Y_i = \beta_0 + \beta_1 x_i + \varepsilon_i .$$

在这种 Y 只取 0, 1 两个值的情况下，因变量均值 $E(Y_i) = \beta_0 + \beta_1 x_i$ 有着特殊的意义，它是自变量水平为 x_i 时 $Y_i = 1$ 的概率. 所以因变量均值受到如下限制：$0 \leqslant E(Y_i) = \pi_i \leqslant 1$. 对一般的回归方程本身并不具有这种限制，线性回归方程 $y_i = \beta_0 + \beta_1 x_i$ 将会超出这个限制范围.

因变量本身只取 0, 1 两个离散值，不适合直接作为回归模型中的因变量. 这提示我们可以用等于 1 的比例代替 Y_i 作为因变量. 回归函数应该改用限制在[0, 1]区间内的连续曲线，而不能再沿用直线回归方程. 限制在[0, 1]区间内的连续曲线有很多. 例如所有连续型随机变量的分布函数都符合要求，我们常用的是 Logistic 函数与正态分布函数. Logistic 函数的形式为 $f(x) = \dfrac{1}{1+\mathrm{e}^{-x}} = \dfrac{\mathrm{e}^x}{1+\mathrm{e}^x}$，其函数图如图 13-6 所示.

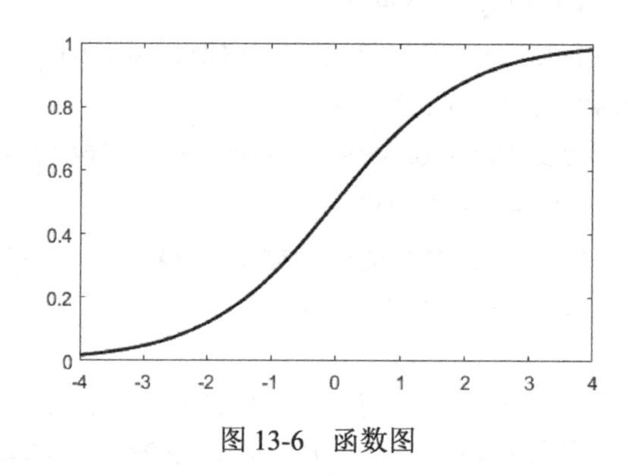

图 13-6　函数图

Logistic 回归方程为 $\pi_i = \dfrac{\exp(\beta_0 + \beta_1 x_i)}{1+\exp(\beta_0 + \beta_1 x_i)}$，即 $\ln \dfrac{\pi_i}{1-\pi_i} = \beta_0 + \beta_1 x_i$.

关于参数的估计，一般采用极大似然估计. 可以根据估计值来判断分类结果，例如可以定义 $\pi_i > 0.5$ 时判别为 $Y_i = 1$（第一类），否则为第二类.

上述模型的具体描述可以参看广义线性模型相关内容. 用这个模型对鸢尾花数据进行分类，并与 SVM 的分类结果进行比较. 可以使用 MATLAB 中的 fitglm 函数求解这类模型.

13.6 习题

1. 对我国 1978—2002 年的财政收入情况进行研究. 利用 1978—2000 年的数据建立多元线性回归模型，预测 2001 和 2002 年的财政收入结果，并与实际结果进行比较，如表 13-3 所示.

表 13-3　我国 1978—2002 年的财政收入情况

年份	财政收入 Y/亿元	第一产业增加值 X_1/亿元	第二产业增加值 X_2/亿元	第三产业增加值 X_3/亿元	就业人口数 X_4/万人	其他收入 X_5/亿元
1978	1132.26	1018.4	1745.2	860.5	40152	40.99

续表

年份	财政收入 Y/亿元	第一产业增加值 X_1/亿元	第二产业增加值 X_2/亿元	第三产业增加值 X_3/亿元	就业人口数 X_4/万人	其他收入 X_5/亿元
1979	1146.38	1258.9	1913.5	865.8	41024	113.53
1980	1159.93	1359.4	2192	966.4	42361	152.99
1981	1175.79	1545.6	2255.5	1061.3	43725	192.22
1982	1212.33	1761.6	2383	1150.1	45295	215.84
1983	1366.95	1960.8	2646.2	1327.5	46436	257.84
1984	1642.86	2295.5	3105.7	1769.8	48197	296.29
1985	2004.82	2541.6	3866.6	2556.2	49873	280.51
1986	2122.01	2763.9	4492.7	2945.6	51282	156.95
1987	2199.35	3204.3	5251.6	3506.6	52783	212.38
1988	2357.24	3831	6587.2	4510.1	54334	176.18
1989	2664.90	4228	7278	5403.2	55329	179.41
1990	2937.10	5017	7717.4	5813.5	64749	299.53
1991	3149.48	5228.6	9102.2	7227	65491	240.1
1992	3483.37	5800	11699.5	9138.6	66152	265.15
1993	4348.95	6882.1	16428.5	11323.8	66808	191.04
1994	5218.1	9457.2	22372.2	14930	67455	280.18
1995	6242.2	11993	28537.9	17947.2	68065	396.19
1996	7407.99	13844.2	33612.9	20427.5	68950	724.66
1997	8651.14	14211.2	37222.7	23028.7	69820	682.3
1998	9875.95	14552.4	38619.3	25173.5	70637	833.3
1999	11444.08	14472	40557.8	27037.7	71394	925.43
2000	13395.23	14628	44935.3	29904.6	72085	944.98
2001	16386.04	15411.8	48750	33153	73205	1218.1
2002	18903.64	16117.3	53540.7	35132.6	73740	1328.74

2. 表 13-4 是 16 种饮料的热量、咖啡因、钠及价格 4 个变量，试对这几类饮料进行聚类.

表 13-4 16 种饮料的热量、咖啡因、钠及价格

饮 料 编 号	热量/J	咖啡因/mg	钠/mg	价格/元
1	207.20	3.30	15.50	2.80
2	36.80	5.90	12.90	3.30
3	72.20	7.30	8.20	2.40
4	36.70	0.40	10.50	4.00
5	121.70	4.10	9.20	3.50
6	89.10	4.00	10.20	3.30
7	146.70	4.30	9.70	1.80

续表

饮料编号	热量/J	咖啡因/mg	钠/mg	价格/元
8	57.60	2.20	13.60	2.10
9	95.90	0.00	8.50	1.30
10	199.00	0.00	10.60	3.50
11	49.80	8.00	6.30	3.70
12	16.60	4.70	6.30	1.50
13	38.50	3.70	7.70	2.00
14	0.00	4.20	13.10	2.20
15	118.80	4.70	7.20	4.10
16	107.00	0.00	8.30	4.20

3. 蠓虫问题：两种蠓虫——Af 和 Apf, 其中一类是传粉益虫, 一类是传播传染性疾病的载体. 一般情况下根据它们触角长度和翼长加以区分. 假定已知类别的部分样本数据, 即 9 只 Af 蠓虫和 6 只 Apf 蠓虫的数据. 若给定 3 只蠓虫, 触角和翼长分别为(1.24, 1.8)，(1.27, 1.80)，(1.4, 2.04)，请判断属于哪一类. Af 蠓虫触角长度和翼长如表 13-5 所示, Apf 蠓虫触角长度和翼长如表 13-6 所示.

表 13-5　Af 蠓虫触角长度和翼长

触角长度/cm	1.24	1.36	1.38	1.38	1.38	1.4	1.48	1.54	1.56
翼长/cm	1.72	1.74	1.64	1.82	1.9	1.7	1.82	1.82	2.08

表 13-6　Apf 蠓虫触角长度和翼长

触角长度/cm	1.14	1.18	1.2	1.26	1.28	1.3
翼长/cm	1.78	1.96	1.86	2.0	2.0	1.96

4. 对经典的鸢尾花数据进行主成分分析.

5. 施肥效果分析（1992 年全国大学生数学模型联赛 A 题）.

某地区作物生长所需的营养素主要是氮（N）、磷（P）、钾（K）. 某作物研究所在某地区对土豆与生菜做了一定数量的实验, 实验数据如表 13-7 和表 13-8 所示, 其中 ha 表示公顷, t 表示吨, kg 表示千克. 当一个营养素的施肥量变化时, 总将另两个营养素的施肥量保持在第七个水平上, 如对土豆产量关于 N 的施肥量做实验时, P 与 K 的施肥量分别取为 196kg/ha 与 372kg/ha.

试分析施肥量与产量之间关系, 并对所得结果从应用价值与如何改进等方面做出估价.

表 13-7　土豆数据

N		P		K	
施肥量/（kg/ha）	产量/（t/ha）	施肥量/（kg/ha）	产量/（t/ha）	施肥量/（kg/ha）	产量/（t/ha）
0	15.18	0	33.46	0	18.98
34	21.36	24	32.47	47	27.35

续表

N		P		K	
施肥量/（kg/ha）	产量/（t/ha）	施肥量/（kg/ha）	产量/（t/ha）	施肥量/（kg/ha）	产量/（t/ha）
67	25.72	49	36.06	93	34.86
101	32.29	73	37.96	140	39.52
135	34.03	98	41.04	186	38.44
202	39.45	147	40.09	279	37.73
259	43.15	196	41.26	372	38.43
336	43.46	245	42.17	465	43.87
404	40.83	294	40.36	558	42.77
471	30.75	342	42.73	651	46.22

表 13-8 生菜数据

N		P		K	
施肥量/（kg/ha）	产量/（t/ha）	施肥量/（kg/ha）	产量/（t/ha）	施肥量/（kg/ha）	产量/（t/ha）
0	11.02	0	6.39	0	15.75
28	12.70	49	9.48	47	16.76
56	14.56	98	12.46	93	16.89
84	16.27	147	14.38	140	16.24
112	17.75	196	17.10	186	17.56
168	22.59	294	21.94	279	19.20
224	21.63	391	22.64	372	17.97
280	19.34	489	21.34	465	15.84
336	16.12	587	22.07	558	20.11
392	14.11	685	24.53	651	19.40

实验要求:

（1）建立模型描述土豆产量、生菜产量与几种施肥量的关系.

（2）从经济角度出发制定土豆产量、生菜产量的最佳施肥方案.

第 3 部分

数学建模基础与案例

第 14 章　数学建模基础

数学建模技术在科研、生产与生活中应用越来越广泛. 数学建模的价值越来越受到各行各业从业人员的重视. 数学实验的应用过程本身也需要数学建模方法. 因此, 学习数学实验技术有对数学建模知识的需求. 例如, 微积分实验、线性代数实验中大量的问题都与实际问题有关, 需要结合实际建立数学模型, 或者结合实际问题来理解相关模型和方法.

14.1　引言

数学模型可以简单地理解为对实际问题的抽象、简化后得到的数学结构. 在科学研究、工程应用中, 人们已经广泛使用数学建模方法对所研究问题进行分析、建模, 并取得了良好的效果.

这里引用参考文献中的数学模型的概念, 让读者对数学模型的概念形成更全面的认识. 数学模型是对于现实世界的一个特定对象, 为了一个特定目的, 根据特有的内在规律, 做出一些必要的简化假设, 运用适当的数学工具, 得到的一个数学结构.

14.1.1　数学建模过程

数学建模过程是对一个实际问题进行分析、建模、求解、应用的全过程. 其基本流程可用图 14-1 表示.

数学建模过程并不是一蹴而就的, 往往要在建模过程中发现问题、发现不足, 不断完善.

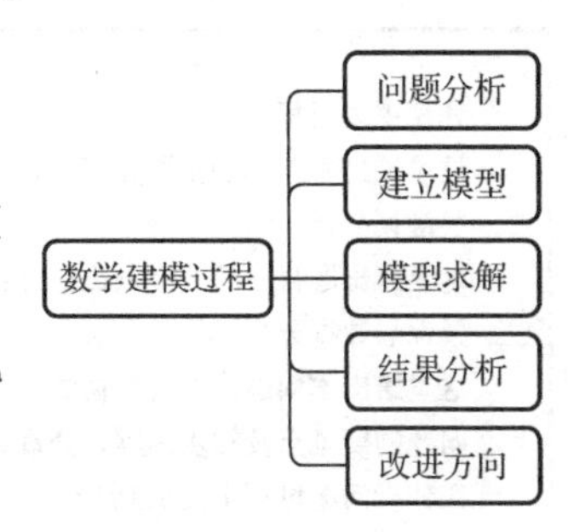

图 14-1　数学建模过程

14.1.2　数学建模的几个难点

数学建模是将实际问题转化为数学问题的方法. 如果对实际问题认识不够, 自然很难转化为恰当的数学模型. 同样, 如果建模者心中没有一些学习过、了解过的充足的“数学模型”案例、建模方法, 自然也无法完成“转化”工作. 下面作者结合自身的一点经验和体会, 总结数学建模过程的几个难点.

第 1 个难点是分析问题、认识问题. 在实际问题建模过程中, 应对问题进行充分的分析, 多次读题. 通过独立思考、查阅资料、讨论等方式, 深刻理解问题, 并逐步找到建模思路.

第 2 个难点是较难找到合适的建模方法. 对于有些类型的问题, 一般比较容易找到合适的建模方法进行抽象. 例如, 对于生产中的某些决策问题, 就比较容易想到用最优化模型进行建模. 对于高速公路出口的优化设计, 为了提高通行效率, 需要设计一些道路参数, 确定一些通行规则, 这个问题中, 较难用解析表达式去刻画决策对通行效率的影响, 因此, 一般会想到使用计算机模拟的方法进行系统模拟, 然后通过模拟得到的数据结果进行分析、优化.

有些问题的建模方法则不是那么明显, 甚至一个问题需要分解为若干个子问题（以及若干步骤）来解决. 每个子问题可能就涉及一个数学模型. 例如,“互联网+”时代的出租车资源的优化配置问题（2015 年全国大学生数学建模竞赛 B 题）.

14.1.3 数学建模的分析方法

要将实际问题抽象为数学建模, 需要一定的建模经验. 对于初学者来讲, 自然应该多见识实际问题的类型, 多认识一些数学模型, 再多参加一些建模实践工作. 许多数学建模初学者感觉到学习了数学建模基础知识后, 仍然难以完成实际问题的抽象建模. 提高数学建模实践能力, 需要积累一定的建模经验.

一种比较重要的建模思路是类比思维, 将实际问题与之前接触过的问题进行对比, 从中找到相似的问题, 再根据历史经验来建立模型.

还有一种建模策略, 通过采用“穷举法”策略来考虑问题的抽象, 将所学过的数学模型逐个与问题进行对比分析. 思考“这种方法可以用来抽象这个问题吗”, 以期找到合适的建模方法.

数学建模的分析结果应该通过文字进行记录, 以备后续建模工作展开. 这里把根据初步建模分析记录整理出的报告称为前期分析报告. 前期分析报告是解决问题的初始阶段对问题进行初步分析的总结, 主要包括整个问题的建模目标、关键词分析、条件与数据的分析、疑难点分析、建模方向.

下面给出前期分析报告的基本参考格式, 见表 14-1.

表 14-1 前期分析报告参考格式

××问题前期分析报告
一. 建模主要目标 这里给出本问题的主要建模目标. 二. 关键词分析 这里列出题目中的关键词进行分析. 三. 条件与数据分析 这里给出本问题条件与数据的逐条分析. 四. 问题的疑难点及初步理解、处理方法 在分析问题过程中, 可能遇到不少疑点、难点, 尽可能给出初步的解决思路. 五. 任务分解与建模方向 这里对问题进行整体设计, 整理出具体的建模任务, 并进行一定分解, 然后针对每个建模任务给出“建模思路”. 1. 任务 1（任务标题） 主要思路、方法、步骤. 2. 任务 2（任务标题） 主要思路、方法、步骤. …… 六. 后期工作

14.1.4 数学建模的一些基础知识

数学建模的主要数学基础课程为微积分、线性代数与空间解析几何、概率论、数理统计. 微积分课程内容主要围绕实数域内的一元函数、多元函数展开, 线性代数与空间解析几何的内容主要围绕向量、矩阵展开.

数学建模涉及的部分数学基础可以用表 14-2 来概括. 这些数学基础本身就是一些基本的数学模型. 如函数就是最常见的一类模型, 用于刻画变量之间关系.

表 14-2 数学建模涉及的部分数学基础一览表

序　号	数学基础	说　明
1	一元函数	$y=f(x)$，$x\in D$
2	多元函数	$y=f(x_1,x_2,\cdots,x_n)$，$(x_1,x_2,\cdots,x_n)\in D$
3	方程	二元方程 $F(x,y)=0$．
4	向量	如 $\boldsymbol{v}=(1\quad 5\quad 9\quad 6)$，$\boldsymbol{v}=(a_1\quad a_2\quad \cdots\quad a_n)$．
5	矩阵	如线性方程组 $\boldsymbol{Ax}=\boldsymbol{b}$ 的系数矩阵 $\boldsymbol{A}$
6	线性方程组	$\boldsymbol{Ax}=\boldsymbol{b}$
7	非线性方程	已知未知数 x 满足 $f(x)=0$，求该方程的解
8	非线性方程组	以二元方程组为例．如 $\begin{cases}F(x,y)=0\\G(x,y)=0\end{cases}$ 其中 $F(x,y)=0$ 和 $G(x,y)=0$ 分别表示两条曲线的方程．求曲线的交点坐标的问题转为非线性方程组问题
9	数列	如 $a_n=0.9a_{n-1}(n\geqslant 1),a_0=10$
10	导数	$y'(x)$．例如，某种变化率、切线斜率可以用导数刻画． 如直线运动的速度 $v(t)$ 为位移 $s(t)$ 对时间 t 求导：$v(t)=\dfrac{\mathrm{d}s(t)}{\mathrm{d}t}$
11	常微分方程	如人口增长模型中的马尔萨斯（Malthus）模型、逻辑斯迪克（Logistic）模型
12	定积分	如 $\int_{t_1}^{t_2}v(t)\mathrm{d}t$

研究变量间的关系是一类主要的建模问题．而变量之间的关系常以函数来刻画．

在分析实际问题时，我们应注意到有的量是变化的，有的量是不变的．甚至将一些短期变化不大的量看作一个常数，如养殖问题中饲料的价格．具体还需要结合实际处理．

变量间的关系很复杂，影响变量的因素有时不止一种，要找出影响一个变量变化的主要因素．

有时变量之间的关系非常复杂，很难给出解析式子，可以根据问题的需要选择其他方法．例如，当一些决策方案的优劣难以量化分析时，可以通过计算机模拟方法得到数据再进行分析、评价．

下面通过一些实例说明建模过程，并了解一些基础数学模型实例．

例 14.1　已知一个圆 $(x-6)^2+(y-2)^2=9$ 和圆外一点 $P(-2,5)$．过点 P 作圆的切线，求切线与圆的交点坐标．

解　设交点坐标为 $T\ (x_t,y_t)$，圆心记为 C，由已知 C 点坐标(6, 2)．根据圆的切线结论，可知连接圆心 C 与切点 T 的线段 CT 垂直于连接 P 与切点 T 的线段 PT，即 $CT\perp PT$．设线段 CT 的斜率为 k_1，设线段 PT 的斜率为 k_2，则 $k_1k_2=-1$．

又由于点 T 在圆上，因此可以将 T 的坐标满足的条件归结为两个非线性方程：

$$\begin{cases}(x_t-6)^2+(y_t-2)^2=9,\\ \dfrac{y_t-2}{x_t-6}\cdot\dfrac{y_t-5}{x_t-(-2)}=-1.\end{cases}$$

编写求解该非线性方程组的程序：

```
syms x y
```

```
s=solve((x-6)^2+(y-2)^2==9, (y-2)*(y-5)+(x-6)*(x+2)==0)
C=[6 2];  % 圆心坐标
P=[-2 5]; % 圆外一点 P 坐标
t=linspace(0, 2*pi, 50);
xx= C(1)+3*cos(t);
yy= C(2)+3*sin(t);
plot(xx, yy, 'b'), hold on
sx=[double(s.x) double(s.y)];%有 2 组解
%绘制线段 PT
plot([P(1) sx(1, 1)], [P(2) sx(1, 2)], '-ro')
plot([P(1) sx(2, 1)], [P(2) sx(2, 2)], '-ro')
%绘制线段 CT
plot([C(1) sx(1, 1)], [C(2) sx(1, 2)], '-r')
plot([C(1) sx(2, 1)], [C(2) sx(2, 2)], '-r')
axis equal
s.x
s.y
```

绘图结果见图 14-2.

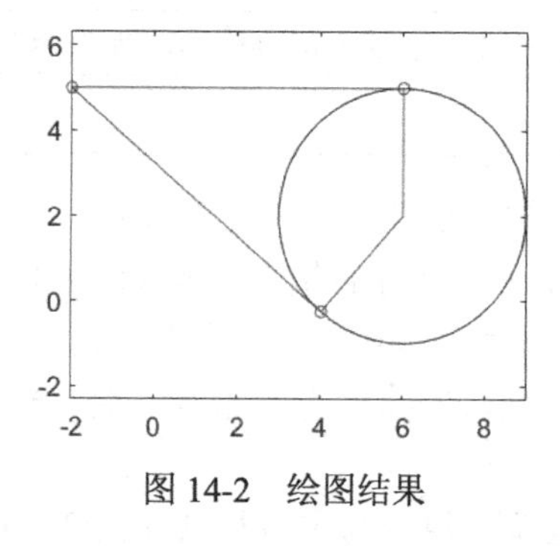

图 14-2　绘图结果

命令窗口运行结果为：

```
ans =
       6
 294/73
ans =
       5
 -19/73
```

运行结果表明找到了两个切点，这两个切点坐标分别为(6, 5)和(294/73, −19/73).

14.2　常见数学模型与数学方法

本节将把数学建模中较为常见的一些数学模型做一个简要的归纳. 这些模型大都在前面若干章节进行了介绍. 通过本节的整理，主要让初学数学建模者能够先学习并认识一些常见的数学模型.

要学习数学模型与数学方法，应有一定的高等数学知识. 通过数学建模案例的学习，逐步掌握基本的数学建模思维方法，逐步去体会问题与模型之间的关联性，总结一些建模思路.

下面给出几类常见的数学模型及其案例.

14.2.1　最优化模型

最优化问题是当前科技发展过程中遇到最多的一类数学问题. 例如，投资组合优化问题、生成方案优化问题、资源分配问题. 最优化问题是众多数学问题中较容易辨识的一类. 这类问题往往有比较明显的关键词，如“最大”“最小”“最满意”“最低”等.

在最优化模型实验一章，我们介绍了一元函数极值、线性规划模型、非线性规划模型方面的基础知识. 这些最优化模型的决策变量有的没有整数约束，有的有整数约束.

例 14.2　平板车装货问题.

1．问题提出

要把 7 种规格的包装箱装到两辆铁路平板车上去. 包装箱的宽和高都相同，但厚度（t，单位 cm）及质量（w，单位 kg）不同. 表 14-3 给出了它们的厚度、质量及数量.

表 14-3　包装箱基础数据

	C_1	C_2	C_3	C_4	C_5	C_6	C_7
厚度 t/cm	48.7	52.0	61.3	72.0	48.7	52.0	64.0
质量 w/kg	2000	3000	1000	500	4000	2000	1000
箱数/个	8	7	9	6	6	4	8

每辆平板车有 10.2m 长的地方可以用来装箱（像面包片那样），载重为 40t. 由于当地货运的限制，对三类包装箱（C_5、C_6、C_7）的总数有如下特殊约束：它们所占的空间（厚度）不得超过 302.7cm. 试把这些包装箱装到平板车上去，使浪费的空间最小（美国数学建模竞赛题目，1988 年 B 题，两辆铁路平板车的装货问题）.

2．问题分析

平板车装货要求浪费的空间最小，因此本问题可以抽象为一个最优化模型. 这是一个最优化问题. 先确定此最优化问题的三要素——目标、决策变量、约束条件.

平板车装箱的优化目标是运载的包装箱尽可能使得两辆平板车总装箱厚度之和最大. 分析数据可知，所有包装箱的总质量为 89t，而两辆车最多装载 80t，因此这些包装箱不可能全部装到这两辆平板车上.

由于题目中，装箱方法就像叠面包一样，应该以两辆平板车总装箱厚度之和尽可能大为目标. 本问题的决策就是确定各规格的包装箱分别在两辆平板车上的装箱数目. 主要约束有长度限制、载重限制、待运载箱子数限制.

3．符号说明

x_{ij}：表示第 i 辆平板车上包装箱 C_j 的个数($i=1,2$， $j=1,2,\cdots,7$).

t_j：表示包装箱 C_j 的厚度($j=1,2,\cdots,7$)(单位：m).

w_j：表示包装箱 C_j 的质量($j=1,2,\cdots,7$)(单位：t).

d_j：表示包装箱 C_j 的箱数($j=1,2,\cdots,7$)(单位：个).

4．模型建立

现分别给出平板车装载优化模型的约束条件和目标函数.

1）约束条件

（1）包装箱个数约束.

每种规格的箱子在每辆平板车上的数量不超过其现有数量：

$$0 \leqslant x_{ij} \leqslant d_j, i=1,2; j=1,2,\cdots,7.$$

每种规格的箱子放置在两辆平板车上的数量之和不超过其现有数量：

$$0 \leqslant x_{1j}+x_{2j} \leqslant d_j, j=1,2,\cdots,7.$$

（2）载重约束.

每辆平板车上所装箱子的总质量不超过 40t：

$$\sum_{j=1}^{7} w_j x_{ij} \leqslant 40, i=1,2.$$

（3）厚度约束.

每辆平板车上所装箱子的总厚度之和不超过 10.2m：

$$\sum_{j=1}^{7} t_j x_{ij} \leqslant 10.2, i=1,2.$$

（4）对 C_5、C_6、C_7 的特殊约束.

C_5、C_6 和 C_7 三种规格箱子在每辆平板车上的总厚度之和不超过 3.027m：

$$t_5 x_{i5}+t_6 x_{i6}+t_7 x_{i7} \leqslant 3.027, i=1,2.$$

2）目标函数

装箱的主要目标是使两辆车的总装箱厚度之和尽可能大. 总装箱厚度之和计算式子如下：

$$\sum_{i=1}^{2}\sum_{j=1}^{7} t_j x_{ij}$$

因此，原问题可以归结为如下的最优化数学模型:

$$\max \sum_{i=1}^{2}\sum_{j=1}^{7} t_j x_{ij} \ \boldsymbol{c}$$

$$\text{s.t.} \quad \begin{aligned} & 0 \leqslant x_{ij} \leqslant d_j,\ i=1,2; j=1,2,\cdots,7; \\ & 0 \leqslant x_{1j}+x_{2j} \leqslant d_j,\ j=1,2,\cdots,7; \\ & \sum_{j=1}^{7} w_j x_{ij} \leqslant 40, i=1,2; \\ & \sum_{j=1}^{7} t_j x_{ij} \leqslant 10.2, i=1,2; \\ & t_5 x_{i5}+t_6 x_{i6}+t_7 x_{i7} \leqslant 3.027, i=1,2. \end{aligned}$$

5．模型求解

MATLAB 最优化工具箱函数 initlinprog 可以求解混合线性整数规划. 本模型为纯整数线性规划.

编写求解程序如下:

```
%数据初始化, 统一单位
t = [48.7    52.0   61.3   72.0   48.7   52.0   64.0]/100;        % 单位：米
```

```
w = [2000    3000    1000    500    4000    2000    1000]/1000;  % 单位：吨
d = [8    7    9    6    6    4    8];              % 单位：个
A = zeros(13, 14); b= zeros(13, 1);
for i=1:7
      A(i, [1 7]+(i-1)) = [1 1];
end
b(1:7) = [d'];
A(8, 1:7)      = w;          b(8) = 40;          %载重约束 1
A(9, 8:14)     = w;          b(9) = 40;          %载重约束 2
A(10, 1:7)     = t;          b(10)= 10.2;        %厚度约束 1
A(11, 8:14) = t;             b(11)= 10.2;        %厚度约束 2
A(12, [5 6 7])    = t([5 6 7]);      b(12)= 3.027;          %C5, C6, C7 特殊约束
A(13, 7+[5 6 7])= t([5 6 7]);      b(13)= 3.027;

c = [t t];   %目标函数系数向量
lb=zeros(14, 1);    ub = [d'; d'] %决策变量边界约束
[x, fval, flag] = intlinprog(-c, 1:14, A, b, [], [], lb, ub)
```

运行结果为：

```
x =
      2.0000
      6.0000
      2.0000
      3.0000
           0
      4.0000
      1.0000
           0
      7.0000
           0
      5.0000
           0
      2.0000
      3.0000
fval =
    -20.4000
flag =
      1
```

运行结果表明，第 1 个平板车分别装第 1、2、3、4、6、7 种箱子 2 个、6 个、2 个、3 个、4 个、1 个. 第 2 个平板车分别装第 2、4、6、7 种箱子 7 个、5 个、2 个、3 个.

14.2.2　差分方程模型

差分方程模型是主要用来研究一些离散问题的数学模型. 例如，根据一个商场最近若干

月的销售量预测下一季度每月的销售量．下面给出差分方程的一般定义．

有一数列$\{a_n\}$，把数列中的a_n和前面的$a_i(i=0,1,2,3,\cdots,n-1)$关联起来的方程叫作差分方程（也叫递推关系）．数列中的一些已知数称为初始值．

通过差分方程的定义，可知差分方程是用来研究数列元素关系的数学模型．如果涉及多个相关联的数列，则可以考虑建立差分方程组模型．例如，两个厂家同类产品的销售量，一个区域内相关联的动物的数量变化规律．

例 14.2（汉诺塔问题） 设 A、B、C 是三个塔座．开始时，在塔座 A 上有一叠圆盘共 n 个，这些圆盘自下而上、由大到小地叠在一起，如图 14-3 所示．现在要求将塔座 A 上的这一叠圆盘移到塔座 B 上，并仍按同样顺序叠置．

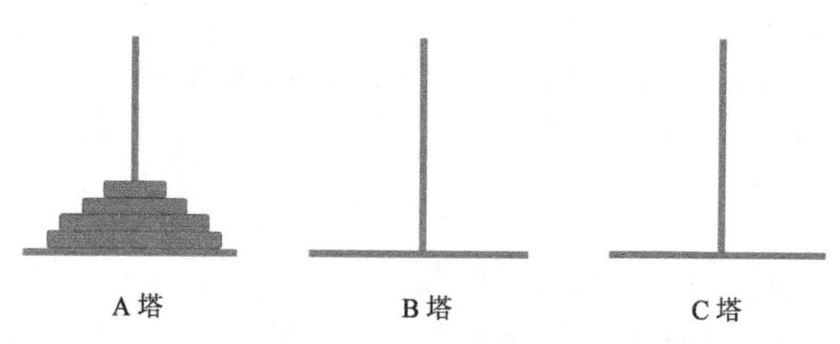

图 14-3　汉诺塔示意图

在移动圆盘时应遵守以下移动规则：

规则（1）：每次只能移动一个圆盘；

规则（2）：任何时刻都不允许将较大的圆盘压在较小的圆盘之上；

规则（3）：在满足移动规则（1）和（2）的前提下，可将圆盘移至 A, B, C 中任何一塔座上．

现研究如下问题：

（1）要移动多少次？

（2）具体怎么移动？

可以采用下面这种办法，分为三步：

（1）将 A 塔上最上层的$n-1$个圆盘按照规则移动到 C 塔上；

（2）将 A 塔上最后 1 个圆盘移动到 B 塔上；

（3）将 C 塔上的$n-1$个圆盘按照规则移动到 B 塔上．

若设移动n个圆盘的次数为a_n，则$a_n=a_{n-1}+1+a_{n-1}$，即$a_n=2a_{n-1}+1$．

由$a_1=1$，得到关于a_n的差分方程：

$$\begin{cases} a_n=2a_{n-1}+1, \\ a_1=1. \end{cases}$$

例 14.3（贷款买房问题） 有人准备贷款 26 万元买房子，月利率为 0.6%，需要 20 年还清．如果他每月的支付能力不超过 2000 元．帮他决策是否适合贷款买这套房子．

解　设a_n为第n月末应还款额($n=0,1,2,\cdots,240$)，设a_0为初始贷款额（单位：元），本问题$a_0=260000$．

设每月还款额为d元．第n月末欠款额为月底应还款额减去当月还款额d元：

$$a_{n+1}=a_n+0.006a_n-d.$$

结合实际情形，原问题可归结为如下两种情形进行判断：

（1）已知$a_0=260000$，找出d，使得$a_{240}=0$，如果$d\leqslant 2000$，则他适合贷款，否则不适合

贷款.

（2）代入$d = 2000$，计算a_{240}，如果$a_{240} > 0$，说明不适合贷款；否则适合贷款.

这里采用第 2 种方法进行判断. 编写程序如下:

```
a=zeros(1, 241);
a(1)=260000; d=2000;
for i=2:241
    a(i)=a(i-1)+0. 006*a(i-1)-d;
end
fprintf('第 240 月末应还款额:%. 6f', a(241))
h=plot(0:240, a)
set(h, 'linewidth', 2)
set(gcf, 'color', 'w')
set(gca, 'fontsize', 14)
```

运行结果如下：

```
第 240 月末应还款额：25144.570899
```

运行结果表明以每月支付 2000 元还款, 在 20 年末仍然还欠约 25144.57 元. 因此, 以每月支付 2000 元的情形, 是不适合贷款买这套房子的.

思考题　对于例 14.3 中的贷款买房问题, 如果每月还款额相同, 每月最少应还多少钱才能在 20 年末还清贷款.

14.2.3　微分模型

为了研究现实世界中事物的变化规律, 可以考虑用差分方程或差分方程组建模, 还可以将问题抽象为常微分模型或偏微分模型. 这些事物的主要特征用因变量表示, 因变量的自变量一般为时间变量, 如果自变量不止一个, 则为偏微分模型. 如果这些现实问题的变量本身不是连续变量, 则可以基于实际情况假设该变量为连续量, 如一个水库某类鱼的总数、一个国家的人口总数等.

比较典型的常微分模型有人口增长模型、捕食者与食饵模型、传染病模型等. 其中刻画人口增长的 Logistic 微分模型应用较广. 除用于刻画一个地区人口总数的变化规律之外, 还可以用于刻画单个种群在一个区域或环境下总体数量的变化规律.

在建立微分模型时, 可以根据当前问题与已有微分模型的相似性进行分析、建模. 当然, 还要结合事物发展的机理进行分析、建模, 切不可生搬硬套.

下面给出一些典型的常微分模型.

1．单物种群体增长模型

一个物种的变化仅考虑出生率b、死亡率d. 如果出生率、死亡率均为常数, 则$r = b - d$也是常数, 称r为该群体的自然增长率. 设该种群整体的数量为函数$N(t)$. 如果r为常数, 根据出生率、死亡率的含义可知单位时间的净增长率与总数的比值为常数r. 考察在时段$[t, t+\Delta t]$内种群数量的变化量, 即增量$\Delta N(t) = N(t+\Delta t) - N(t)$. 则有

$$\frac{N(t+\Delta t) - N(t)}{\Delta t} = rN(t).$$

对上述方程两边取自变量$\Delta t \to 0$的极限，则有

$$\frac{\mathrm{d}N}{\mathrm{d}t} = rN .$$

其通解为$N = C\mathrm{e}^{rt}$. 若已知初始时刻该种群总数为N_0，即$N(0) = N_0$，代入上述方程解得

$$N(t) = N_0\mathrm{e}^{rt} . \tag{14-1}$$

式（14-1）就属于马尔萨斯模型. 该模型在应用中多用于刻画事物短时间的变化规律. 对于$r > 0$的一般情形，当$t \to +\infty$时，$N(t) \to +\infty$. 这明显与现实不符.

因此考虑对模型进行改进，随着$N(t)$的增长，式（14-1）中的r不能视为常数，一般应该不断减小. 用关于$N(t)$的线性函数刻画r，并假定种群有个上限K，则式（14-1）改为

$$\begin{cases} \dfrac{\mathrm{d}N}{\mathrm{d}t} = r_0\left(1 - \dfrac{N}{K}\right)N, \\ N(0) = N_0. \end{cases} \tag{14-2}$$

模型中r_0为常数. 求解模型得

$$N(t) = \frac{K}{1 + \left(\dfrac{K}{N_0} - 1\right)\mathrm{e}^{-r_0 t}} . \tag{14-3}$$

由式（14-3）可知，当$t \to +\infty$时，$N(t) \to K$. 模型（14-3）就是 Logistic 模型，也称为自阻滞增长模型.

2. 捕食者与食饵模型

设食饵种群、捕食者种群在t时刻的数量分别为$N_1(t)$和$N_2(t)$. 假设二者均采用自阻滞增长模型，考虑双方的相互作用. 由于捕食者种群数量N_2越大，食饵增长越慢，所以食饵的变化率可用$r_1\left(1 - \dfrac{N_1}{K_1}\right)N_1 - b_1N_1N_2$刻画. 由于食饵种群对捕食种群有促进增长作用，所以捕食种群的变化率为$r_2\left(1 - \dfrac{N_2}{K_2}\right)N_2 + b_2N_1N_2$. 这里参数$r_1$，$r_2$，$b_1$，$b_2$均为正数，$K_1$，$K_2$分别为食饵种群总数和捕食者种群总数的上限. 因而捕食者种群、食饵种群的变化满足下列微分方程组：

$$\begin{cases} \dfrac{\mathrm{d}N_1}{\mathrm{d}t} = r_1\left(1 - \dfrac{N_1}{K_1}\right)N_1 - b_1N_1N_2, \\ \dfrac{\mathrm{d}N_2}{\mathrm{d}t} = r_2\left(1 - \dfrac{N_2}{K_2}\right)N_2 + b_2N_1N_2. \end{cases} \tag{14-4}$$

式（14-4）可化为

$$\begin{cases} \dfrac{\mathrm{d}N_1}{\mathrm{d}t} = \left(r_1 - \dfrac{r_1N_1}{K_1} - b_1N_2\right)N_1, \\ \dfrac{\mathrm{d}N_2}{\mathrm{d}t} = \left(r_2 - \dfrac{r_2N_2}{K_2} + b_2N_1\right)N_2. \end{cases}$$

令$\lambda_1 = \dfrac{r_1}{K_1}$，$\lambda_2 = \dfrac{r_2}{K_2}$. 则上式可改写为

$$\begin{cases}\dfrac{dN_1}{dt}=(r_1-\lambda_1 N_1-b_1 N_2)N_1,\\ \dfrac{dN_2}{dt}=(r_2-\lambda_2 N_2+b_2 N_1)N_2.\end{cases}$$

3. 两物种的竞争者模型

考虑在一个环境下两种相互竞争的种群总数 $N_1(t)$，$N_2(t)$ 变化规律. 首先，每种生物种群的生长都符合自阻滞增长规律，又同时受另外一个物种的增长影响.

先考虑第 1 种生物的增长规律. 如果不考虑竞争者的影响，则第 1 种生物种群总数变化规律可以用下列模型描述：

$$\frac{dN_1}{dt}=r_1\left(1-\frac{N_1}{K_1}\right)N_1.$$

其增长率为 $r_1\left(1-\dfrac{N_1}{K_1}\right)$. 另外一种生物种群总数越大，该增长率越小. 因此，考虑竞争者的影响，第 1 种生物种群总数的增长率为 $r_1\left(1-\dfrac{N_1}{K_1}\right)-b_1N_2$. 此处 b_1 为正数. 同理，可以得到第 2 个种群生物总数的增长率 $r_2\left(1-\dfrac{N_2}{K_2}\right)-b_2N_1$.

综上所述，两物种生物种群总数的变化规律可用下列微分方程组描述：

$$\begin{cases}\dfrac{dN_1}{dt}=\left[r_1\left(1-\dfrac{N_1}{K_1}\right)-b_1N_2\right]N_1,\\ \dfrac{dN_2}{dt}=\left[r_2\left(1-\dfrac{N_2}{K_2}\right)-b_2N_1\right]N_2.\end{cases}$$

类似捕食者与食饵模型，引入参数 $\lambda_1=\dfrac{r_1}{K_1}$，$\lambda_2=\dfrac{r_2}{K_2}$，则上式可改写为

$$\begin{cases}\dfrac{dN_1}{dt}=(r_1-\lambda_1 N_1-b_1 N_2)N_1,\\ \dfrac{dN_2}{dt}=(r_2-\lambda_2 N_2-b_2 N_1)N_2.\end{cases}$$

如果已知两个物种群体初始时的总数，不妨记 $N_1(0)=N_{1,0}$，$N_2(0)=N_{2,0}$，则得到两个物种竞争的完整数学模型：

$$\begin{cases}\dfrac{dN_1}{dt}=(r_1-\lambda_1 N_1-b_1 N_2)N_1, N_1(0)=N_{1,0},\\ \dfrac{dN_2}{dt}=(r_2-\lambda_2 N_2-b_2 N_1)N_2, N_2(0)=N_{2,0}.\end{cases}$$

14.2.4 插值方法与拟合方法

插值问题、拟合问题均在第 8 章做了介绍. 在数学建模应用中，要能够辨识插值问题、拟合问题. 这两个问题是完全不同的数学问题，可以通过二者的定义进行辨别.

例 14.4（海水温度问题） 有一处平静的海域，现已测得该海域内某处不同深度的水温如

表 14-4 所示.

表 14-4 海水温度与深度数据

深度/米	408	650	821	950	1161	1395	1597	1819
水温/℃	12.15	11.12	10.45	10.04	9.32	8.61	8.10	7.4

估算出海水深度在 1000～1800 米范围内，每 100 米各节点的温度.

解 在一处平静的海域内，海水温度主要与海水深度有关. 因此，可以建立以海水深度为自变量的海水温度函数.

符号说明：设 x 为海水深度（单位：米），t 为海水温度（单位：℃），且 $t=t(x)$.

由于不同深度的水温测量一般比较准确. 因此要估算出其他深度的温度，可将本问题归结为插值问题. 设已知 8 个深度的值为 $x_i\,(i=1,2,\cdots,8)$，对应的水温记为 $t_i\,(i=1,2,\cdots,8)$. 原问题归结为找出函数 $y=f(x)$，满足插值条件 $f(x_i)=t(x_i)\,(i=1,2,\cdots,8)$. 然后将待估算的海水深度代入函数 $y=f(x)$，计算出海水温度估计值. 在实际应用中不需要得到插值函数的表达式，计算出待估算节点的函数值即可.

这里利用 MATLAB 软件提供的插值函数 interp1 进行估算，使用样条插值方法估算. 在调用 interp1 时，第 4 个插值参数采用'spline'.

编写程序如下：

```
x=[408   650   821   950   1161   1395   1597   1819];
t=[12.15   11.12   10.45   10.04   9.32   8.61   8.10   7.4];
xx=408:5:1819; % 取细密的节点
tt = interp1(x, t, xx, 'spline');% 求出样条插值函数各节点函数值
t2 = 1000:100:1800;
sol= interp1(x, t, t2, 'spline'); %单独计算待求节点温度
fprintf('%7.2f', sol)
plot(x, t, 'o', xx, tt, '-', t2, sol, 'b. ')
```

运行程序，绘制的图形见图 14-4. 在命令窗口得到的运行结果如下：

```
9.88    9.53    9.19    8.88    8.60    8.34    8.09    7.81    7.47
```

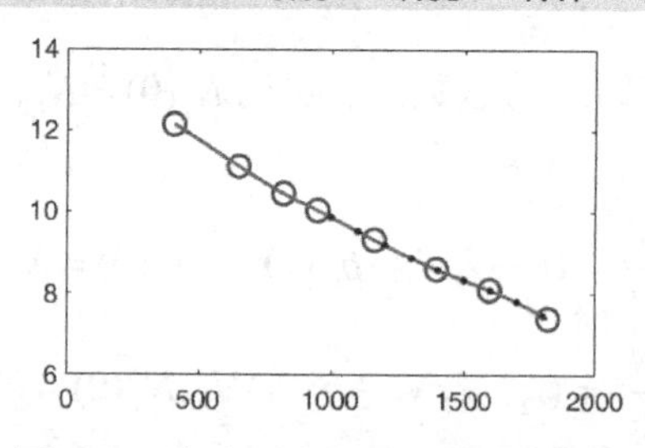

图 14-4 海水温度问题计算结果图示

该程序计算出的各节点温度见表 14-5.

表 14-5 海水温度估算结果

深度/米	1000	1100	1200	1300	1400	1500	1600	1700	1800
水温/℃	9.88	9.53	9.19	8.88	8.60	8.34	8.09	7.81	7.47

思考题：在某海域测得一个矩形区域内网格节点的水深数据 z（单位：米）. x 坐标范围为-300～260 米. y 坐标范围为-200～200 米. 测量数据见表 14-6. 已知某船的吃水深度为 8 米. 请给出该船航行建议，哪些地方要避免进入.

表 14-6 海水深度数据

y/x	-300	-220	-140	-60	20	100	180	260
200	-10.00	-9.97	-9.24	-5.93	-4.38	-7.79	-9.73	-9.99
120	-10.01	-10.16	-10.04	-6.07	-4.41	-7.14	-9.26	-9.95
40	-10.03	-10.72	-12.84	-10.00	-9.99	-7.47	-8.16	-9.83
-40	-10.03	-10.59	-11.51	-7.14	-9.13	-7.53	-8.12	-9.83
-120	-10.00	-10.02	-9.38	-9.19	-13.98	-11.47	-9.65	-9.95
-200	-10.00	-9.97	-10.00	-12.14	-14.96	-12.10	-10.16	-10.00

在一元函数拟合问题中，一般要根据已知数据的散点图选择拟合函数进行参数估计. 常见的一元拟合函数形式见表 14-7.

表 14-7 一元拟合函数一些常见形式

函　　数	函数表达式
多项式函数	$y=a+bx$ $y=a_0+a_1x+a_2x^2+\cdots+a_nx^n(n\geqslant 2)$
幂函数	$y=ax^b$
指数函数	$y=ae^{bx}$
对数函数	$y=a+b\ln x$
S 形函数	$y=\dfrac{1}{a+be^{-x}}$

S 形函数还有其他形式，如 $y=\dfrac{1}{a+be^{-rx}}$.

多项式函数可以采用 polyfit 函数进行拟合. 表 14-7 中其他非线性函数可以通过变量代换化为线性拟合问题，也可以使用 polyfit 函数求解.

MATLAB 提供了一个求解一般最小二乘拟合问题的函数 lsqcurvefit.

lsqcurvefit 函数用于求解最小二乘拟合问题.

lsqcurvefit 函数调用格式：

```
[x, resnorm, residual, exitflag]=lsqcurvefit(fun, x0, xdata, ydata, lb, ub, options)
```

fun 为拟合函数句柄或文件名，用于表示拟合函数值的计算. fun 的输入参数形式：fun(x, xdata)，其第 1 个输入参数为待估算参数（如果有 2 个及以上的参数，则 x 为一个向量），第 2 个参数为自变量观测值. xdata 为自变量观测数据，用矩阵存储，每行代表一个观察数据. ydata 为对应 xdata 的因变量观测数据，用列向量存储. x0 为待估算参数的初始值. lb 和 ub 用于指定待估算参数的边界. residual 为残差向量，其值等于 fun(x, xdata)-ydata. resnorm 为残差向量的平方和，即 resnorm=sum(residual. ^2).

利用 lsqcurvefit 函数求解下列模型：

$$\min_{x} f(x)=\sum_{i=1}^{m}[F(x,x_i)-y_i]^2$$

例 14.5 用电压$V=12\text{V}$的电池给一个电容器充电. 已知电容器上t时刻的电压$v(t)$近似满足式子

$$v(t)=V-(V-V_0)\mathrm{e}^{-\frac{t}{\tau}},$$

其中V_0是电容器的初始电压，τ是充电常数. 现通过实验得到关于t和v的数据，见表 14-8. 请根据观察数据确定V_0和τ.

表 14-8 观察数据

t/s	0.5	1.5	2.5	3.5	4.5	5.5	6.5	7.5	8.5
v/V	6.39	7.90	8.62	9.53	10.3	10.6	10.9	11.2	11.3

解 设$t_i\,(i=1,2,\cdots,9)$，用来表示 9 组时间观测数据；$v_i\,(i=1,2,\cdots,9)$用来表示 9 组电压观测数据. 为了估算V_0和τ，将本问题归结为如下的最小二乘拟合模型：

$$\min_{v_0,\tau} f(v_0,\tau)=\sum_{i=1}^{9}[v(t_i)-v_i]^2 .$$

本模型可用 lsqcurvefit 函数求解. 编写程序如下：

```
function testmain1
t=[0.5  1.5  2.5  3.5  4.5  5.5  6.5  7.5  8.5];
v=[6.39  7.90  8.62  9.53  10.3  10.6  10.9  11.2  11.3];

c0 = [3, 0.5];
[c, resnorm, residual, flag] = lsqcurvefit(@fun, c0, t, v);
c
y = fun(c, t);
% 绘制历史数据散布图，拟合函数曲线
tt=0.5:0.2:9; %节点取密集一些
vv=fun(c, tt); % 计算拟合函数值
h=plot(t, v, 'o', t, y, '*', tt, vv);
legend('历史数据', '拟合数据', '拟合函数曲线')
set(h, 'markersize', 12, 'linewidth', 2)
set(gca, 'fontsize', 14)
set(gcf, 'color', 'w')

function y = fun(c, t)% 计算拟合函数的函数值
% 输入参数:
% 第 1 个参数为待估计参数
% 第 2 个参数表示拟合函数的自变量，用于传入自变量的测试数据
% 输出参数：拟合函数的函数值
V=12;
y=V-(V-c(1))*exp(-t/c(2));
```

运行程序，绘制拟合效果图，如图 14-5 所示. 命令窗口显示结果为：

```
c =
    5.6041    3.6359
```

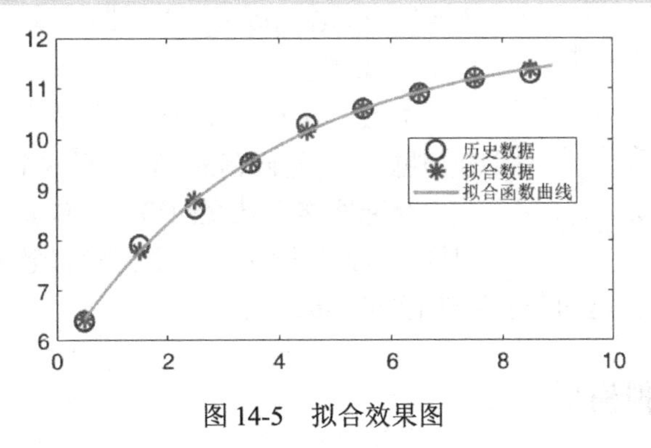

图 14-5　拟合效果图

通过程序估算出 $V_0 = 5.6041$，$\tau = 3.6359$.

14.2.5　回归分析模型

回归分析模型按是否线性和自变量的个数不同，一般分为一元线性回归分析模型、多元线性回归分析模型、一元非线性回归分析模型、多元非线性回归分析模型. 一元线性回归和多元线性回归分析的内容已经在第 13 章做了介绍. 回归分析属于数理统计的内容. 为了增强对统计方法的认识，可以加强统计方法的应用建模，参考数理统计教材回归分析方面的内容.

14.2.6　图论模型

图论是应用数学的一个重要分支. 图论主要用于研究事物之间的联系和规律. 通常，事物用点表示，称为顶点，联系用两点之间的线段表示，称为边. 基本的图模型由点集和边集组成，记为 $G=<V,E>$. $V=V(G)$ 是图模型的顶点组成的集合，$E=E(G)$ 是图模型的所有边组成的集合. 如果各条边都有方向，则该图为有向图. 如果各条边都没有标注方向，则该图为无向图. 如果有的边有方向，有的边没有方向，则该图为混合图.

哥尼斯堡的七桥问题就是一个图论问题. 18 世纪初，普鲁士的哥尼斯堡有一条河穿过，河上有两个小岛，有七座桥把两个岛与河岸联系起来. 有个人提出一个问题:一个步行者怎样才能不重复、不遗漏地一次走完七座桥，最后回到出发点.

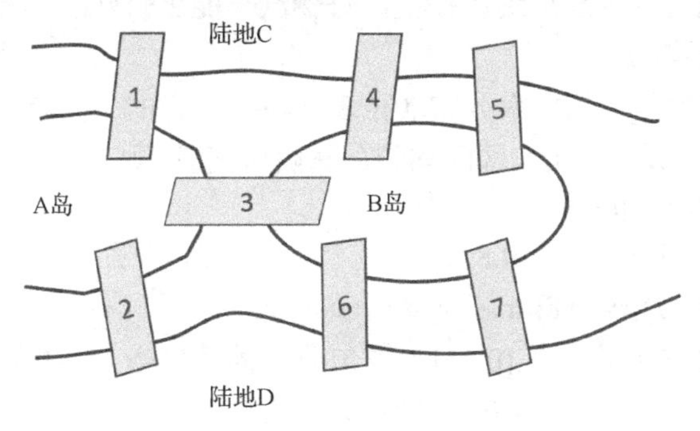

图 14-6　哥尼斯堡的七座桥

对这个问题进行抽象. 将七座桥依次编号为e_1，e_2，…，e_7的边, A 岛、B 岛、陆地 C、陆地 D 分别记为v_1，v_2，v_3，v_4 4 个顶点, 则哥尼斯堡的七座桥可以归结为图模型$G=<V,E>$，其中$V=\{v_1,v_2,v_3,v_4\}$，$E=\{e_1,e_2,e_3,e_4,e_5,e_6,e_7\}$．进而, 哥尼斯堡的七座桥可以用图 14-7 来表示.

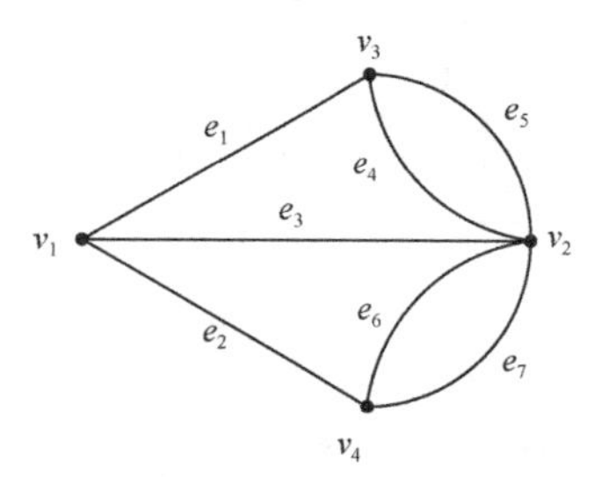

图 14-7　哥尼斯堡七座桥的图模型

大数学家欧拉把哥尼斯堡的七座桥问题转化成一个几何问题——一笔画问题. 他发现这个问题无解.

交通网络、社交网络、工作安排等都可以抽象为图论问题. 图论问题中的典型问题有最短路径问题、最小生成树问题. 求解最短路径问题的著名算法有 Dijkstra 算法.

14.2.7　随机模拟模型

不少实际问题的建模很难用变量间的数量关系进行刻画, 如一个路口交通信号灯的设计. 这类问题常常涉及随机因素, 需要建立数学模型, 然后设计模拟算法进行处理. 第 12 章已经讨论了蒙特卡罗方法及其应用. 这里我们再举一些例子.

例 14.6　某修理厂设有 3 个停车位置, 其中一个位置供正在修理的汽车停放. 现以一天为一个时段, 每天最多修好一辆车, 每天到达修理站的汽车数 Y 有如下概率分布, 如表 14-9 所示.

表 14-9　Y的概率分布

Y	0	1	2
概率	0.6	0.2	0.2

假定在一个时段内任何一辆待修理汽车能够修好的概率为 0.6, 本时段内未能完成修理的汽车与正在等待修理的汽车一起进入下一时段.

请找出每天晚上停车位停车数量的规律及汽车因车位不足而离开的情况.

解　本问题可采用随机模拟方法, 模拟较长时间内汽车的到达、修理、晚上停放情况等, 对模拟得到的数据进行分析. 例如, 以一天为一个时段, 通过循环模拟汽车修理厂每天的“运转”情况. 为了让本问题的模拟结果具有一定的代表性, 总的模拟时间应长一些, 如 1000 天以上.

本问题的主要随机因素有汽车到达数量、每辆汽车能否修好.

1．汽车到达数量建模

已知每天到达汽车数量Y的概率分布（见表 14-9）, 可知Y为离散型随机变量, 因此可以用均匀分布随机数模拟. 设t为[0, 1]区间均匀分布随机变量, 则有：

（1）$P\{Y=0\}=0.6=P\{t<0.6\}$；

（2）$P\{Y=1\}=0.2=P\{0.6\leqslant t<0.8\}$；

（3）$P\{Y=2\}=0.2=P\{t\geqslant 0.8\}$．

从而得到模拟Y的方法:产生在[0, 1]上均匀分布的随机数r_t．如果$0\leqslant r_t<0.6$，则认为当天到达的车辆数为 0；如果$0.6\leqslant r_t<0.8$，则认为当天到达的车辆数为 1；如果$0.8\leqslant r_t<1$，则认为当天到达的车辆数为 2.

2．模拟修理情况

已知一个时段内一辆汽车修好的概率为 0.6，模拟一辆车的修理情况：

设 $x \sim U(0,1)$，显然 $P\{x<0.6\}=0.6$.

从而得到模拟一辆车能否修好的方法：产生在[0, 1]上均匀分布的随机数 r_x . 如果 $0 \leqslant r_x < 0.6$，则认为这辆车当天修好了；否则认为该车当天未修好. 对每辆车能否修理好都这样模拟，从而可以统计出修好的汽车数量.

这里假设修理厂可以预知一辆车能否修好，并且新来修理的汽车可以等待当天可以修好的汽车.

设计修理厂问题模拟算法:

输入参数：n，模拟天数.

输出参数：v，每晚停车数量的频率；meanleft，平均每天流失顾客数.

（1）当前晚上车辆数 numstay=0//初始化

（2）left=0;//离开的车辆数

（3）for k=1:n

（4）　　模拟修好汽车数 repaired

（5）　　模拟汽车到达数量 numcome

（6）　　处理新来汽车去留等情况:

（7）　　if numstay-repaired+Y>3,

（8）　　　　left = left +numstay+Y-3

（9）　　　　numstay = 3

（10）　　else

（11）　　　　numstay=numstay-repaired+Y;

（12）　　endif

（13）　　v(numstay)=v(numstay)+1;

（14）end for

（15）v = v/n　　　　　　//统计处理:计算频率

（16）meanleft = left/n; //统计处理:计算平均每天流失顾客数

本模拟程序编写了一个主函数 carqueue. 另外，在函数 carqueue 中编写了两个子函数：

（1）getcome：模拟车辆到来情况，返回当天到来的车辆数目.

（2）getrepaired：模拟修理情况，返回修好的车辆数目.

整个模拟程序如下：

```
function carqueue %排队修理问题模拟
numdays = input('请输入模拟天数: ')
numstay = 0;%假定最初修理厂还没有待修理的汽车
LEN=4;%定义常量: 停留汽车数量有 4 种情况:0, 1, 2, 3 辆
matfrequence=zeros(1, LEN); %第 i 个元素表示当天末还有 i-1 辆车在没有修好的时段频数
left=0;   % 存储来到但没有停车位置而离开的车辆数
for days=1:numdays % 主循环, 模拟 numdays 个时段
    Y = getcome; %模拟到达汽车数量
    repaired = getrepaired(numstay);%除去当前修好汽车还剩余汽车数
    if numstay-repaired + Y >3
```

```
            left = left + (numstay-repaired + Y - 3);%统计离开的汽车数
            numstay = 3;                    %当晚停留汽车数
        else
            numstay = numstay- repaired + Y; %当晚停留汽车数
        end
        matfrequence(numstay+1) = matfrequence(numstay+1) + 1 ;
end
matfrequence, prob=matfrequence/numdays
fprintf('平均每天夜里停放在修理厂的车辆数 =%5. 2f\n', . . .
    sum(matfrequence/numdays. *[0:LEN-1]))
fprintf('平均每月因位置不足而离开修理厂车辆数=%5. 2f\n', . . .
    left/numdays*30)
left
function num=getcome%模拟车辆到来情况，返回当天到来的车辆数
t=rand;
if t>=0 & t<0.6,       num= 0;%当天到来车辆数为 0
elseif t>=0. 6 & t<0. 8,      num=1;%当天到来车辆数为 1
else      num=2;%当天到来车辆数为 2
end
function r=getrepaired(n) %模拟修理情况，返回修好的车辆数
% 输入参数:n   需要修理的车辆数目，输出参数:r   n 辆车中修好了 r 辆
r=0;
for i=1:n %模拟每辆车能否修好
    rx=rand;
    if rx<0.6% (0, 0.6) 认为能修好
        r=r+1;
    end
end
```

下面给出程序运行结果：

```
请输入模拟天数: 10000
matfrequence =
    2691     2501     2796     2012
prob =
    0.2691      0.2501      0.2796      0.2012
平均每天夜里停放在修理厂的车辆数=1.41
平均每月因位置不足而离开修理厂的车辆数=2.49
left =     829
```

模拟 10000 天的结果见表 14-10.

表 14-10　模拟 10000 天的结果

留夜的车辆数	0	1	2	3
频数	2691	2501	2796	2012
频率	0.2691	0.2501	0.2796	0.2012

最后得到平均每天夜里停放在修理厂的车辆数约为 1.41，平均每月约有 2.49 辆车因车位不足而离开.

思考题：该修理厂有无必要增加停车位置，并说明理由. 需要考虑一些经济因素等，如停车位的建设成本等.

14.3　习题

1. 已知椭球面方程：$\dfrac{x^2}{a^2}+\dfrac{y^2}{a^2}+\dfrac{z^2}{b^2}=1$. 设 $a=6000$，$b=5000$. 又已知该椭球面上两点 $P_1(2200, 3600,\ z_1)$，$P_2(2900, 3300,\ z_2)$. 请设计算法估算 P_1 和 P_2 两点在椭球面上的最短距离. 这里 z_1 和 z_2 均大于 0.

下列程序用于绘制椭球面及椭球面上两点 P_1 和 P_2.

```
close all
a=6000;
b=5000;
x=[2200 2900];
y=[3600 3300];
z=b*sqrt(1-(x. *x+y. *y)/(a*a)) %计算 P1, P2 的 z 坐标
[theta, alpha]=meshgrid(linspace(0, pi/2, 50), linspace(0, 2*pi, 50));
z=b*sin(theta);% 根据椭球面参数方程绘制半椭球面
x=a*cos(theta). *cos(alpha);
y=a*cos(theta). *sin(alpha);
mesh(x, y, z)
hold on
plot3(v1(1), v1(2), v1(3), 'r. ', 'markersize', 24)
plot3(v2(1), v2(2), v2(3), 'r. ', 'markersize', 24)
```

2. 现已观察得到某生物的增长情况，如表 14-11 所示. 请建立模型描述该生物数量的变化规律，并预测 $n=18, 19$ 时该生物的数量.

表 14-11　生物数量观测值

n	生物数量 p_n	n	生物数量 p_n
0	16	9	450
1	27	10	514
2	30	11	569
3	56	12	604
4	77	13	634
5	120	14	648
6	177	15	652
7	262	16	660
8	360	17	668

第 15 章　应用实验与数学建模案例

15.1　应用实验：Google 搜索引擎的秘密

15.1.1　问题背景

当使用 Google 搜索引擎时，如在搜索框输入“麻婆豆腐”后，搜索引擎会返回一系列网页链接. 找到约 15400000 条结果（用时 0.20 秒）. 那么，搜索引擎是如何在如此短的时间内，对海量的信息进行搜集和筛选，从而给用户提供最有用信息的？简单来说，Google 等搜索引擎必须做三件基本的事情：

（1）搜索并查找所有具有公共访问权限的网页.

（2）索引步骤（1）中的数据，以便能够有效地搜索相关的关键词或短语.

（3）对数据库中每个页面的重要性进行评级，以便当用户进行搜索并且找到数据库中包含所需信息的页面子集时，可以首先显示更重要的页面.

本节将重点讨论步骤（3），在相互关联的网页中，如何有意义地定义和量化任何给定页面的“重要性”？即自动判断网页重要性的 PageRank 算法.

简单地说，PageRank 是代表网络上某个页面重要性的一个数值. PageRank 值越高的网页，在结果中出现的位置越靠前. 最近几年许多学者专家研究 PageRank 排名技术，提出许多计算 PageRank 值的改进算法. 现有算法大多依据主题的相关性或页面的权威性来评价网页的重要性，比较常用的页面权威性计算方法有 PageRank 算法、HITS 算法、Kleinberg 算法、SALSA 算法等.

Google 假设浏览者浏览页面的过程与过去浏览过页面与否无关，仅依赖当前所在的页面，即一个简单的有限状态、离散时间的马氏过程. PageRank 的基本思想是越“重要”的网页，页面上的链接质量也越高，同时越容易被其他“重要”的网页链接. 即

（1）网页的重要度，随着指向该网页的链接的增加而提高；

（2）网页的重要度，平均分配给被其指向的网页.

基于上述两个基本假设，就可获得“最基本”的 PageRank 模型. 若 Google 资料库共有 N 个网页，定义一个 N 阶的邻接矩阵 $\boldsymbol{W}=(w_{ij})_{N\times N}$，其中，如果从网页 i 到网页 j 有超链接，则 $w_{ij}=1$，否则为 0. 记 N 个网页的 PageRank 值分别为 $x_i, i=1,2,\cdots,N$，网页 i 的链出数记为 $r_i, i=1,2,\cdots,N$，r_i 即矩阵 $\boldsymbol{W}$ 第 i 行所有元素的和. 我们用 x_k 来表示网络中第 k 页的重要性得分，x_k 是非负的，$x_j > x_k$ 表示第 j 页比 k 页更重要（因此 $x_j=0$ 表示第 j 页的重要性得分最低），Google 最初公开的计算公式为

$$x_i=\sum_{j=1}^{N} w_{ji}\frac{x_j}{r_j},\quad j=1,2,\cdots,N.$$

例如，第一个网页 x_1 有 3 个链接，分别指向 x_2、x_3、x_4；第二个网页 x_2 有两个链接，分

别指向x_3和x_4. 这 4 个网页的链接关系如图 15-1 所示.

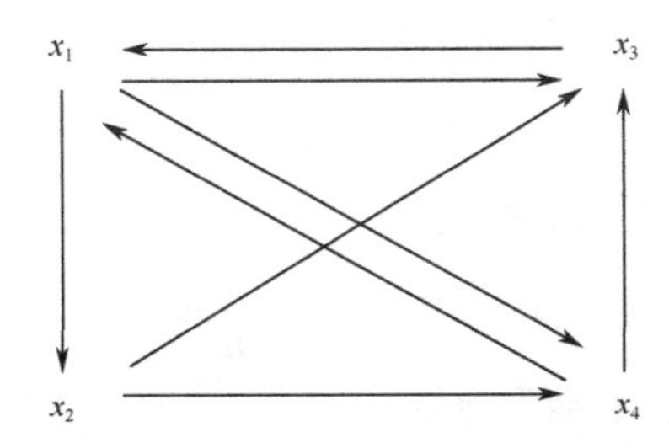

图 15-1　网页x_1，x_2，x_3，x_4之间的链接关系示意图

那么根据上述两个基本假设, 对于各网页的权重x_i即 PageRank 值, 可获得如下基本方程组:

$$\begin{cases} x_1 = x_3 + \dfrac{1}{2}x_4, \\ x_2 = \dfrac{1}{3}x_1, \\ x_3 = \dfrac{1}{3}x_1 + \dfrac{1}{2}x_2 + \dfrac{1}{2}x_4, \\ x_4 = \dfrac{1}{3}x_1 + \dfrac{1}{2}x_2. \end{cases}$$

写成矩阵形式, 即为

$$\begin{pmatrix} 0 & 0 & 1 & 1/2 \\ 1/3 & 0 & 0 & 0 \\ 1/3 & 1/2 & 0 & 1/2 \\ 1/3 & 1/2 & 0 & 0 \end{pmatrix}\begin{pmatrix} x_1 \\ x_2 \\ x_3 \\ x_4 \end{pmatrix} = \begin{pmatrix} x_1 \\ x_2 \\ x_3 \\ x_4 \end{pmatrix}.$$

根据非负矩阵的 Perron-Frobnius 定理, 再结合一些统计学的知识, 如 Markov 链的平稳分布$\boldsymbol{x}=[x_1,\cdots,x_N]^{\mathrm{T}}$, PageRank 的“基本”浏览模型就可以归结为：已知n阶非负方阵$\boldsymbol{A}$, 求非负向量$\boldsymbol{x}$, 使得

$$\boldsymbol{Ax}=\boldsymbol{x},\ \sum_{i=1}^{N} x_i = 1.$$

$\boldsymbol{x}$表示在极限状态（转移次数趋于无限）下各网页被访问的概率分布, Google 将它定义为各网页的 PageRank 值. 此处, n表示网页数量, $\boldsymbol{A}$表示n个网页间的链接关系, 所以也称$\boldsymbol{A}$为邻接矩阵, 待求的非负向量$\boldsymbol{x}$的n个分量分别表示n个网页的重要程度. 一旦求得$\boldsymbol{x}$, 则可对搜索结果进行有效排序. 例如, $n=3$表示有三个网页, 记为网页 1、网页 2 和网页 3, 如果计算得到非负向量$\boldsymbol{x}=(0.2, 0.3, 0.5)^{\mathrm{T}}$, 显然$\boldsymbol{x}$的第三个分量最大, 则返回的搜索结果中网页 3 排在前面, 而后依次是网页 2 和网页 1. 显然, PageRank 网页排序技术的核心就是求邻接矩阵$\boldsymbol{A}$对应于特征值 1 的非负特征向量.

但还要考虑到用户虽然在许多场合都顺着当前页面中的链接前进, 但时常又会跳跃到完全无关的页面. 经过统计, Google 采用 15%来表示“时常”, 即用户在 85%的情况下沿着链接前进, 但有 15%的情况下突然跳跃到无关的页面中去. 从而修正状态转移矩阵为

$$\boldsymbol{A}=\alpha\boldsymbol{P}+(1-\alpha)\frac{1}{n}\boldsymbol{ee}^{\mathrm{T}},$$

其中，$\alpha = 0.85$，称之阻尼因子（Damping Factor），$\boldsymbol{e}$ 为分量全为 1 的 n 维列向量.

15.1.2 问题分析

例 15.1 已知 $n = 6$，网页间的邻接矩阵

$$\boldsymbol{A} = \alpha \boldsymbol{P} + (1-\alpha)\frac{1}{n}\boldsymbol{e}\boldsymbol{e}^{\mathrm{T}},$$

其中 $\alpha = 0.85$, $\boldsymbol{e}$ 为分量全为 1 的 6 维列向量

$$\boldsymbol{P} = \begin{pmatrix} 0 & \frac{1}{2} & \frac{1}{2} & \frac{1}{2} & 0 & 0 \\ \frac{1}{2} & 0 & \frac{1}{2} & 0 & 0 & 0 \\ \frac{1}{2} & \frac{1}{2} & 0 & 0 & 0 & 0 \\ 0 & 0 & 0 & 0 & 0 & 0 \\ 0 & 0 & 0 & \frac{1}{2} & 0 & 1 \\ 0 & 0 & 0 & 0 & 1 & 0 \end{pmatrix}.$$

编程序确定是否存在 $\boldsymbol{A}$ 对应于特征值 1 的非负特征向量？如果存在，请编程求出.

编写实验程序：

```
P = [0 1/2 1/2 1/2 0 0; 1/2 0 1/2 0 0 0; 1/2 1/2 0 0 0 0; 0 0 0 0 0 0; 0 0 0 1/2 0 1; 0 0 0 0 1 0];
e = ones(6, 1);
A=0.85*P + 0. 15/6*e*e';
[R, L]=eig(A)
```

运行结果如下.

```
R =

    -0.4468    0.3651    -0.3536    -0.0000    0.8165    0.2212
    -0.4297    0.3651     0.3536    -0.0000   -0.4082   -0.7913
    -0.4297    0.3651     0.3536     0.0000   -0.4082    0.5701
    -0.0572    0.0000    -0.7071    -0.0000    0.0000    0.0000
    -0.4690   -0.5477     0.0000    -0.7071   -0.0000   -0.0000
    -0.4559   -0.5477     0.3536     0.7071    0.0000   -0.0000
L =

     1.0000         0         0         0         0         0
          0    0.8500         0         0         0         0
          0         0    0.0000         0         0         0
          0         0         0   -0.8500         0         0
          0         0         0         0   -0.4250         0
          0         0         0         0         0   -0.4250
```

从结果可看出，$\boldsymbol{A}$ 的特征值 1 所对应的特征向量即矩阵 $\boldsymbol{R}$ 的第一列. 特别地，由线性代数

知识可知，$\boldsymbol{R}$ 的第1列的-1倍仍为特征向量，且为非负向量，再将其标准化，即为所求各个网站的PageRank值.

拓展思考：

（1）对于我们的排序，期望特征值1所对应的特征子空间的维数等于1，以便存在一个唯一的特征向量 $\boldsymbol{x}$ 且 $\sum_i x_i = 1$，可以将其用于重要性得分. 在图15-1所示的网络中，这是正确的，根据Perron-Frobnius定理，对于强连接网络的特殊情况，始终是正确的（也就是说，可以通过有限步从任何页面转到任何其他页面）.

不幸的是，链接矩阵 $\boldsymbol{A}$ 并非总对所有网络都具有唯一的排序，如

$$\boldsymbol{A}=\begin{pmatrix} 0 & 1 & 0 & 0 & 0 \\ 1 & 0 & 0 & 0 & 0 \\ 0 & 0 & 0 & 1 & \frac{1}{2} \\ 0 & 0 & 1 & 0 & \frac{1}{2} \\ 0 & 0 & 0 & 0 & 0 \end{pmatrix}.$$

这里，我们发现特征值1所对应的特征子空间是二维的，一对可能的基向量是 $\boldsymbol{x}=\left[\frac{1}{2},\frac{1}{2},0,0,0\right]^{\mathrm{T}}$ 和 $\boldsymbol{y}=\left[0,0,\frac{1}{2},\frac{1}{2},0\right]^{\mathrm{T}}$. 但注意，这两个向量的任何线性组合都会产生另一个向量，如 $\frac{3}{4}\boldsymbol{x}+\frac{1}{4}\boldsymbol{y}=\left[\frac{3}{8},\frac{3}{8},\frac{1}{8},\frac{1}{8},0\right]^{\mathrm{T}}$，因此我们不清楚应该使用这些特征向量中的哪一个进行排序. 分析该网站的相关链接，并查找相关资料，思考如何解决该类问题？

提示：通过分析该网站的相关链接，发现其是由5个页面组成的网络，由两个断开链接的“子网” $\boldsymbol{W}_1$（第1和2页）和 $\boldsymbol{W}_2$（第3、4、5页）组成. 每个子网中皆存在一个特征值1所对应的“特征向量”. 问题转化为找到一个通用的参考框架来比较一个子网和另一个子网中的页面的得分问题.

（2）假设在图15-1所示的网络中拥有第3个网页的人，对使用Google早期的公式计算的重要性得分低于第1个网页的得分情况不满意. 为了提高第3个网页的得分，他们创建了第5个网页并链接到第3个网页，第3个网页链接到第5个网页，这会使第3个网页的得分高于第1个网页吗？

（3）在PageRank算法中，一个网页的级别（重要性）大致由下面两个因素决定：该网页的导入链接数量和这些导入链接的级别（重要性）. 请思考如何提高一个网站的“搜索排名”，这里面有没有作弊的可能?若有的话，请设计一个“标准”来避免这种作弊.

（4）对于修正状态转移矩阵

$$\boldsymbol{A}=\alpha\boldsymbol{P}+(1-\alpha)\frac{1}{n}\boldsymbol{e}\boldsymbol{e}^{\mathrm{T}}$$

其中 $\alpha=0.85$，称为阻尼因子，$\boldsymbol{e}$ 为分量全为1的 n 维列向量，根据Perron-Frobnius定理证明其特征值1所对应的特征子空间的维数等于1.

（5）Google要面对上百亿个网页，计算量特别大，尤其计算特征值 $\boldsymbol{A}\boldsymbol{x}=\boldsymbol{x}$ 对计算能力要求特别高，需要关注计算的复杂度，这里用到许多数值计算工具. 请进一步查找相关资料，对

于“大型”邻接矩阵，如何快速求解该类特征值问题.

提示：可关注幂算法（以及相关改进算法）的迭代过程.

15.2 应用实验：分形与不规则图形面积计算

此部分主要给出一个矩阵旋转变换与格林公式在实际应用中的例子，来展示Koch分形曲线在刻画不规则面积求解方面的应用.

15.2.1 问题背景

分形概念始现于数学家曼德勃罗 1967 年发表在美国《科学》杂志的一篇论文“英国海岸线有多长”. 它所刻画的自然事物不是光滑无瑕、平坦规整的，而是凸凹不平、粗糙丛杂、扭曲断裂、纠结环绕的几何形体. 分形几何学与计算机图形学相结合，为描述自然界普遍存在的景物提供了新的概念和方法. 在本节中，将使用 Koch 分形曲线对地图的边界线做近似替代.

翻开世界地图，我们会发现：除了少数几个国家的国境线由于历史原因近似直线外，其余国家的国境线都或多或少地具有不规则特征. 经典几何学所描绘的是由直线或曲线、平面或曲面、平直体或曲体所构成的各种具有光滑性（可微性），至少是分段分片光滑的几何形体，它们是现实世界中物体形状的高度抽象. 这类形体在自然界里只占一部分. 自然界里普遍存在的几何形体大多数是不规则的、不光滑的、不可微的，甚至是不连续的. 因此，经典几何学描述这些形体的能力有一定局限.

在不规则图形面积计算问题中，我们无法通过现有的公式直接计算出结果. 然而我们可以将曲线划分成多段直线，通过多边形面积的计算近似代替原图形面积，这就是微积分中“以直代曲”的思想. 而直接用多条线段的函数表达式计算面积，极为烦琐，因而我们采用格林公式

$$\iint_D\left(\frac{\partial Q}{\partial x}-\frac{\partial P}{\partial y}\right)\mathrm{d}x\mathrm{d}y=\oint_L P\mathrm{d}x+Q\mathrm{d}y,$$

通过点坐标，直接求出面积. 方法如下：取 $P=-y, Q=x$，则区域 D 的面积公式为

$$A=\frac{1}{2}\oint_L -y\mathrm{d}x+x\mathrm{d}y.$$

设 D 是平面多边形，顶点为

$$P_k(x_k,y_k),\ \ k=1,2,\cdots,n.$$

不妨设第 k 条边为

$$\begin{cases}x(t)=(1-t)x_k+tx_{k+1}\\ y(t)=(1-t)y_k+ty_{k+1}\end{cases},t\in(0,1).$$

则由曲线积分知识，不难得

$$\begin{aligned}\int_{L_k} y\mathrm{d}x&=\int_0^1[(1-t)y_k+ty_{k+1}](x_{k+1}-x_k)\mathrm{d}t\\&=\frac{1}{2}(x_{k+1}-x_k)(y_k+y_{k+1}),\end{aligned}$$

$$\int_{L_k} x\mathrm{d}y=\int_0^1[(1-t)x_k+tx_{k+1}](y_{k+1}-y_k)\mathrm{d}t\quad=\frac{1}{2}(y_{k+1}-y_k)(x_k+x_{k+1}),$$

从而

$$\int_{L_k} -y\mathrm{d}x + x\mathrm{d}y = x_k y_{k+1} - x_{k+1} y_k,\ k = 1,2,\cdots,n.$$

因此，该多边形 D 的面积计算公式为

$$A_n = \frac{1}{2}\sum_{k=1}^{n}\begin{vmatrix} x_k & y_k \\ x_{k+1} & y_{k+1} \end{vmatrix}.$$

这样，只要知道了多边形 D 的各顶点坐标，就可以计算出多边形的面积. 也就是说，只要将地图边界上取的点坐标代入，就可以大致估算出地图的面积.

15.2.2 问题分析

用计算机绘制 Koch 曲线的基本思想是采用递归调用的方法. 用生成元产生 Koch 曲线，算法的具体步骤：

（1）给出起点和终点的坐标、递归深度 n 及生成元的等分数 m；

（2）计算起点和终点间的距离 L 和生成元递归 n 次后的最小线元长度 $d = L/(mn)$；

（3）确定生成元的初始角度θ：起点与终点连接所成直线与 x 轴之间的夹角度数，设逆时针旋转时为正；

（4）执行递归程序，对生成元的部分进行递归，并绘出曲线.

在 Koch 曲线的具体生成过程中，原图形和生成元就可以决定曲线的形态. 原图形为一直线，生成元如图 15-2（a）所示，通过 5 次递归（$n = 5$）所生成的典型的 Koch 曲线分别如图 15-2（b）所示，其维数是：D=log4/log3=1.2618.Koch 曲线可以派生为各种形态，用不同的生成元可以得到不同类型的结构形态. 图 15-3（a）所示为等分数为 5 的生成元，通过 3 次递归（$n = 3$）所生成的 Koch 曲线如图 15-3（b）所示，其维数是 D=log7/log5=1.2091.

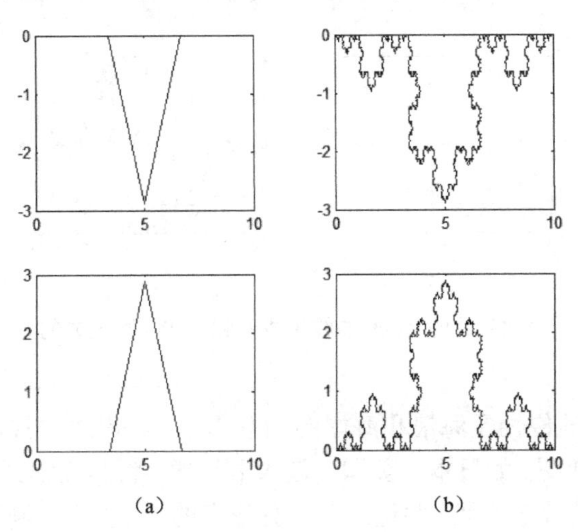

图 15-2 等分数为 3 的 Koch 曲线生成元和迭代 5 次生成的 Koch 曲线

基于以上原理，下面给出图 15-3（b）的具体 MATLAB 源程序：

```
clear
n=1; p=[0 0;10 0];
A=[cos(pi/3) -sin(pi/3);sin(pi/3) cos(pi/3)];
for k=1:5
      j=1;
```

```
        for i=1:n
        q1=p(i, :);
        q2=p(i+1, :);
        d=(q2-q1)/5;
        r(j, :)=q1;
        r(j+1, :)=q1+d;
        r(j+2, :)=q1+d+d*A';
        r(j+3, :)=q1+2*d;
        r(j+4, :)=q1+3*d;
        r(j+5, :)=q1+3*d+d*A;
        r(j+6, :)=q1+4*d;
        j=j+7;
    end
    n=7*n;p=[];
    p=[r;q2];
    end
    x=p(:, 1);y=p(:, 2);
    plot(x, y)
```

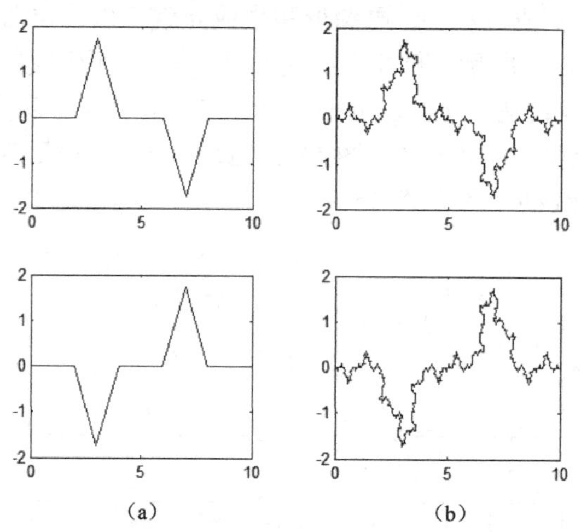

图 15-3　等分数为 5 的 Koch 曲线生成元和迭代 3 次生成的 Koch 曲线

拓展思考：

（1）由于受到海水的侵蚀及海浪和海岸的相互作用，海岸线常常是弯弯曲曲、不规则的曲线. 请选取一个岛国地图，如日本、英国、澳大利亚等，将其投影到坐标纸上，并利用前面所提到的 Koch 曲线对其分形近似，并记录每个分形点的“坐标”，利用格林公式计算分形曲线所围面积，并与实际面积进行比较，分析误差原因，探究改进措施.

（2）分形学不同于传统欧氏几何学. 在计算机虚拟现实（VR）领域中，往往可利用分形理论将自然界中的景观绘制出来. 如 L-系统用迭代的原理、抽象的规则可以很好地描述植物生长的规律；IFS 迭代函数系统可以用仿射变换生成自相似结构非常复杂的景物；分数布朗运动由于控制参数较少，因此适合模拟地貌这类直观看上去比较粗糙的景观；等等. 例如使用如下迭代函数系统程序 IFS 算法产生如图 15-4 所示的山.

```
a=[0.0800 -0.0310 0.0840 0.0306 5.1700 7.9700 0.0300
0.0801 0.0212 -0.0800 0.0212 6.6200 9.4000 0.0250
0.7500 0 0 0.5300 -0.3570 1.1060 0.2200
0.9430 0 0 0.4740 -1.9800 -0.6500 0.2450
-0.4020 0 0 0.4020 15.5130 4.5880 0.2100
0.2170 -0.0520 0.0750 0.1500 3.0000 5.7400 0.0700
0.2620 -0.1050 0.1140 0.2410 -0.0473 3.0450 0.1000
0.2200 0 0 0.4300 14.6000 4.2860 0.1000];
x0=1;
y0=1;
for i=1:5000
    r=rand;
    total=a(1, 7);
    k=1;
    while(total<r)
        k=k+1;
        total=total+a(k, 7);
    end
    x1=a(k, 1)*x0+a(k, 2)*y0+a(k, 5);
    y1=a(k, 3)*x0+a(k, 4)*y0+a(k, 6);
    x0=x1;
    y0=y1;
    plot(x1, y1, 'b. ')
    hold on
end
```

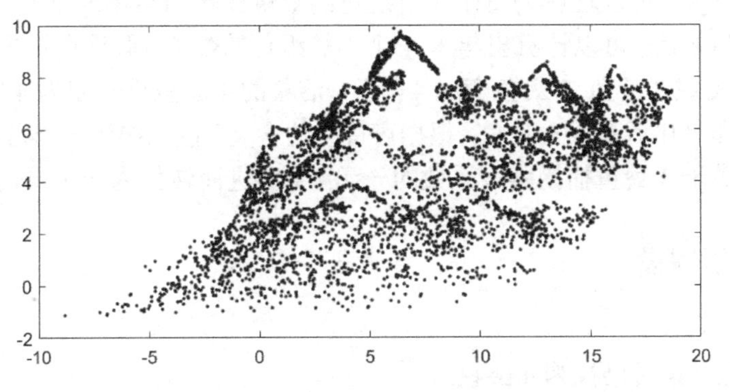

图 15-4　利用迭代函数系统 IFS 算法产生的虚拟山

请调研上述各种分形算法, 通过具体实验, 体会分形与自然界的关系.

15.3　最优捕鱼策略的优化设计

15.3.1　问题提出

为了保护人类赖以生存的自然环境, 可再生资源(如渔业、林业资源)的开发必须适度, 一种合理、简化的策略是, 在实现可持续收获的前提下, 追求最大产量或最佳效益.

考虑对某种鱼的最优捕捞策略：假设这种鱼分 4 个年龄组，称 1 龄鱼，…，4 龄鱼，各年龄组中每条鱼的平均质量（单位：g）分别为 5.07、11.55、17.86、22.99，各个年龄组的鱼的自然死亡率均为 0.8/年，这种鱼季节性集中产卵繁殖，平均每条 4 龄鱼的产卵量为 1.109×10^5 个，3 龄鱼的产卵量为这个数的一半，2 龄鱼和 1 龄鱼不产卵，产卵和孵化期为每年的最后 4 个月，卵孵化并成活为 1 龄鱼，成活率（1 龄鱼条数与产卵总量 n 之比）为

$$1.22\times10^{11}/(1.22\times10^{11}+n).$$

渔业管理部门规定，每年只允许在产卵孵化期前的 8 个月内进行捕捞作业. 如果每年投入的捕捞能力（如渔船数、下网次数等）固定不变，这时单位时间捕捞量将与各年龄组鱼群条数成正比，比例系数不妨称为捕捞强度系数. 通常使用 13mm 网眼的拉网，这种网只能捕 3 龄鱼和 4 龄鱼，其捕捞强度系数之比为 0.42 : 1. 渔业上称这种方式为固定努力捕捞.

（1）建立数学模型分析如何实现可持续捕获（即每年开始捕捞时渔场中各年龄组鱼群条数不变），并且在此前提下得到最大的年收获量（捕捞总质量）.

（2）渔业公司承包这种鱼的捕捞业务 5 年，合同要求 5 年后鱼群的生产能力不能受到太大破坏. 已知承包时各年龄组鱼群的数量分别为：$122(\times10^9)$, $29.7(\times10^9)$, $10.1(\times10^9)$, $3.29(\times10^9)$ 条，如果仍用固定努力捕捞方式，该公司应采取怎样的策略才能使总收获量最高（全国数学建模竞赛题目, 1996 年 A 题，最优捕鱼策略）.

15.3.2 问题分析

问题首先要研究该鱼类 4 个年龄组随时间变化的数学模型. 根据已知的死亡率、捕捞强度系数的含义可以建立一年内 4 个年龄组鱼的微分模型进行描述. 1 龄鱼、2 龄鱼只受自然死亡的影响, 3 龄鱼、4 龄鱼除受自然死亡影响外，还受到捕捞的影响.

对于可持续开发，可以理解为每个年龄组鱼的数量在年初与年末不变. 在建立 4 个年龄组一年的变化模型之后，可以计算出年末 4 个年龄组鱼的数量. 假设在年末结束时，1 龄鱼变成 2 龄鱼, 2 龄鱼变成 3 龄鱼, 3 龄鱼变成 4 龄鱼，活着的 4 龄鱼仍然视为 4 龄鱼，而 3 龄鱼、4 龄鱼在一年内产卵孵化后变成 1 龄鱼. 根据可持续的含义，可以得到一年总的捕捞量. 这个捕捞量可以刻画为关于 3 龄鱼捕捞强度系数的一元函数，进而转化为一个最优化模型.

15.3.3 模型假设

模型假设如下：

（1）4 龄鱼在一年后仍视为 4 龄鱼.

（2）死亡是连续过程，各年龄组鱼的自然死亡率均为 0.8/年（不是百分比）.

（3）3 龄鱼、4 龄鱼在一年的第 8 月末瞬间集中产卵，并在年底（下一年年初）时刻瞬间孵化为 1 龄鱼.

（4）捕捞是连续过程，捕捞在产卵孵化前 8 个月进行.

（5）3 龄鱼、4 龄鱼的捕捞强度系数之比为 0.42 : 1.

15.3.4 变量与符号说明

本问题的主要变量与符号见表 15-1.

表 15-1　变量与符号

变量与符号	说　明	单　位
t	时间	年
$N_{i,0}$	i 龄鱼年初的数量	条
r	自然死亡率	1/年
n	年产卵数量	个
E_3	3 龄鱼捕捞强度系数 E_3=0.42E_4	1/年
E_4	4 龄鱼捕捞强度系数	1/年
a_3	3 龄鱼每年产卵量	个/条
a_3	4 龄鱼每年产卵量	个/条

15.3.5　模型建立

1．1 龄鱼、2 龄鱼数量的变化模型

由于 1 龄鱼、2 龄鱼只受自然死亡的影响，且自然死亡率为常数，根据自然死亡率的含义可得

$$\frac{\mathrm{d}N_i}{\mathrm{d}t}=-rN_i, i=1,2,$$

解得 $N_i(t)=N_{i,0}\mathrm{e}^{-rt}\ (0\leqslant t\leqslant 1)$.

这个模型只考虑 1 年内鱼的变化规律. 下一年 1 龄鱼、2 龄鱼的数量仍然这样计算.

通过该模型可以计算出年末该龄鱼的数量，也就是下一个年龄组的鱼在年初的数量（4 龄鱼除外）.

因此, 2 龄鱼下一年年初数量为 1 年龄鱼在年末的数量，为 $N_1(1)=N_{1,0}\mathrm{e}^{-r}$.

3 龄鱼下一年年初数量为 2 年龄鱼在年末的数量，为 $N_2(1)=N_{2,0}\mathrm{e}^{-r}$.

2．3 龄鱼、4 龄鱼数量的变化模型

由于 3 龄鱼、4 龄鱼的生长受自然死亡、捕捞影响，且捕捞只发生在前 8 个月，因此分为两个时段建模.

1）前 8 个月 3 龄鱼、4 龄鱼数量的变化建模

在前 8 个月，由于捕捞与自然死亡的影响起作用，采用与 1 龄鱼、2 龄鱼类似的建模方法：

$$\frac{\mathrm{d}N_i(t)}{\mathrm{d}t}=-(r+E_i)N_i(t),\left(0\leqslant t\leqslant\frac{8}{12}=\frac{2}{3}\right),i=3,4,$$

得 $N_i(t)=N_{i,0}\mathrm{e}^{-(r+E_i)t}$，$N_{i,0}$ 为每年年初的 i 龄鱼总数.

记 N_{i8} 为第 8 个月末时的 i 龄鱼总数($i=3,4$). 代入 $t=\frac{2}{3}$，计算得该年第 8 个月末 i 龄鱼数量为

$$N_{i8}=N_{i,0}\mathrm{e}^{-(r+E_i)\frac{2}{3}}. \tag{15-1}$$

由此可得，任意时刻 t 的捕捞量变化率为 $E_iN_i(t)$，则年捕捞量为

$$\int_0^{\frac{2}{3}}E_iN_i(t)\mathrm{d}t=\frac{E_i}{E_i+r}N_{i,0}\left(1-\mathrm{e}^{-(E_i+r)\frac{2}{3}}\right). \tag{15-2}$$

2）后 4 个月 3 龄鱼、4 龄鱼数量的变化建模

在后 4 个月，只有自然死亡因素影响鱼群数量变化. 因而 3 龄鱼、4 龄鱼后 4 个月的变化规律可由下列微分方程刻画：

$$\frac{\mathrm{d}N_i}{\mathrm{d}t}=-rN_i,\left(0\leqslant t\leqslant\frac{4}{12}\right),i=3,4,$$

其中初始时刻为 8 月末. 自然得到后 4 个月初始时刻鱼群数量为 8 月末鱼群数量，则

$$N_i(0)=N_{i8},i=3,4.$$

解得

$$N_i(t)=N_{i8}\mathrm{e}^{-rt}, \tag{15-3}$$

年末存活数

$$N_i(T)\mathrm{e}^{-\frac{2}{3}(r+E_i)}\mathrm{e}^{-\frac{1}{3}r}=N_i(T)\mathrm{e}^{-(r+\frac{2}{3}E_i)}. \tag{15-4}$$

3．在可持续捕捞的情况下

将可持续看作每个年龄组鱼在年初的数量不变. 根据 4 个年龄组的变化模型可以建立 4 个年龄组鱼数量 $N_{i,0}$ 的等式：

$$\begin{cases}N_{1,0}=\dfrac{1.22\times10^{11}\cdot n}{1.22\times10^{11}+n},\\ N_{2,0}=\mathrm{e}^{-r}N_{1,0},\\ N_{3,0}=\mathrm{e}^{-r}N_{2,0},\\ N_{4,0}=N_{3,0}\mathrm{e}^{-(r+\frac{2}{3}E_3)}+N_{4,0}\mathrm{e}^{-\left(r+\frac{2}{3}E_4\right)}.\end{cases} \tag{15-5}$$

式中，$n=a_3N_3\mathrm{e}^{-\frac{2}{3}(E_3+r)}+a_4N_4\mathrm{e}^{-\frac{2}{3}(E_4+r)}$，由于 $E_3=0.42E_4$，解得 $N_{i,0}$ 为关于 E_4 的表达式.

设可持续捕捞时能获得的年收获量为 $F=F(E_4)$. 捕捞鱼的质量总和为

$$F(E_4)=17.86\frac{E_3}{E_3+r}N_3(1-\mathrm{e}^{-\frac{2}{3}(E_3+r)})+22.99\frac{E_4}{E_4+r}N_4(1-\mathrm{e}^{-\frac{2}{3}(E_4+r)}).$$

可持续捕捞时最高年收获量问题转化为如下的最优化模型：

$$\max F(E_4),$$

其中，$E_4\geqslant0$ 并且 E_4 的取值不能破坏生态平衡.

编写 MATLAB 程序绘制目前函数的图形（见图 15-5），并求解得到如下结果：最大捕鱼量为 3.8871×10^{11} g，对应的最优捕捞强度系数 $E_4=17.3629,E_3=7.292$.

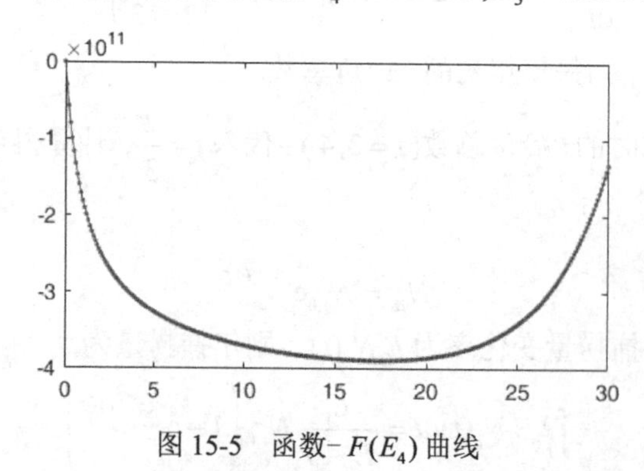

图 15-5　函数 $-F(E_4)$ 曲线

4．针对渔业公司的 5 年捕捞计划

利用已得到的迭代方程（15-5），在已知各年龄组鱼的初始值$(N_{1,0},N_{2,0},N_{3,0},N_{4,0})^{\mathrm{T}}$的前提下，可迭代地求出$(N_{1i},N_{2i},N_{3i},N_{4i})^{\mathrm{T}}$，即各年龄组鱼第$i$年的数量函数（自变量为$E_4$），其中$N_{ji}$为$j$龄鱼第$i$年年初的条数.

再根据式（15-2）可求出 5 年的捕捞总数$W_5(E_4)$，可得

$$W_5(E_4)=17.86\left(\sum_{i=0}^{4}N_{3i}\right)\frac{E_3}{E_3+r}(1-\mathrm{e}^{-\frac{2}{3}(E_3+r)})+22.99\left(\sum_{i=0}^{4}N_{4i}\right)\frac{E_4}{E_4+r}N_4(1-\mathrm{e}^{-\frac{2}{3}(E_4+r)}).$$

因此 5 年的最优捕鱼策略问题可转化为单变量非线性规划模型

$$\max W_5(E_4),$$

模型中E_4取值大于 0 且小于某值，使得$\max W_5(E_4)>0$.

对此，编写 MATLAB 程序求解模型，并绘制函数$W_5(E_4)$的曲线（见图 15-6）. 根据求解程序求得 5 年累计最大捕鱼总量为1.6055×10^{12}克，对应的$E_3=7.3824,E_4=17.5772$. 其中，第 1 年的捕鱼量为2.34398×10^{11}克，第 2 年的捕鱼量为2.14848×10^{11}克，第 3 年的捕鱼量为3.9617×10^{11}克，第 4 年的捕鱼量为3.77834×10^{11}克，第 5 年的捕鱼量为3.82221×10^{11}克.

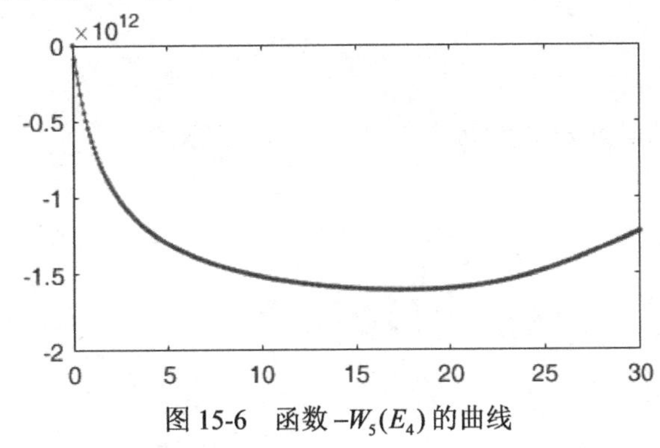

图 15-6　函数$-W_5(E_4)$的曲线

15.3.6　模型求解

模型求解中主要用到 MATLAB 的符号运算功能.

1．在可持续捕捞情况下的求解程序 solvefish1.m 及运行结果

编写脚本程序 solvefish1.m 如下：

```
%考虑可持续捕捞时能获得最高年收获量的模型求解
syms n N1 N2 N3 N4 E3 E4 a3 a4 r real
s = solve('n = a3*N3*exp(-(E3+r)*2/3) + a4*N4*exp(-(E4+r)*2/3)', ...
      'N1 = 1.22*10^11*n/(1.22*10^11+n)', ...
      'N2 = exp(-r)*N1', ...
      'N3 = exp(-r)*N2', ...
      'N4 = N3*exp(-(2*E3/3+r)) + N4*exp(-(E4*2/3+r))', ...
'a4=1.109*10^5', 'a3=a4/2', 'E3=0.42*E4', 'r=0.8', n, N1, N2, N3, N4, a3, a4, E3, r);
%求解各变量
I=1;
n= s.n(I)
```

```
N1 = s.N1(I)
N2 = s.N2(I)
N3 = s.N3(I)
N4 = s.N4(I)
a3 = s.a3(I)
a4 = s.a4(I)
E3 = s.E3(I)
r = s.r(I)
%构造目标函数的数学表达式, max f(x)化为    min - f(x)
funexp = -(17.86.*N3.*E3./(E3+r).*(1-exp(-(E3+r)*2/3)) +...
     22.99.*N4.*E4./(E4+r)*(1-exp(-(E4+r)*2/3)));
%生成目标函数的定义
fun1 = inline(char(funexp), 'E4');%定义 inline 函数, r 为输入参数

x=0:0.1:30;
for i=1:length(x)
     y(i) = fun1(x(i));
end

plot(x, y, '.-')%通过几次画图发现最优决策 E4 在 0 到 30 之间取到
[x, fval] =fminbnd(fun1, 0, 30)
```

运行结果为：

```
x =
   17.3629
fval =
  -3.8871e+011
```

2. 求解渔业公司 5 年最大捕捞量的程序 solvefish2.m 及运行结果

```
solvefish1
%对第 2 问的求解(只考虑每年捕捞强度系数不变的情况)
N = sym(zeros(4, 5));%N(i, j)表示 i 龄鱼在第 j 年年初的数量
N(1, 1)=122*10^9;
N(2, 1)=29.7*10^9;
N(3, 1)=10.1*10^9;
N(4, 1)=3.29*10^9;
for j=2:5, %
     n = a3*N(3, j-1)*exp(-(E3+r)*2/3) +...
          a4*N(4, j-1)*exp(-(E4+r)*2/3);
     N(1, j) = 1.22*10^11*n/(1.22*10^11+n);
     N(2, j) = exp(-r)*N(1, j-1);
     N(3, j) = exp(-r)*N(2, j-1);
     N(4, j) = N(3, j-1)*exp(-(E3*2/3+r)) +...
          N(4, j-1)*exp(-(E4*2/3+r));
end
```

```
funexp = sum(N(3, :)).*17.86.*E3./(E3+r).* . . .
    (1-exp(-(E3+r)*2/3))+   sum(N(4, :))*22.99.*E4./...
    (E4+r)*(1-exp(-(E4+r)*2/3));
funexp = -funexp;
fun1 = inline(char(funexp))
x=0:0.1:30;
for i=1:length(x)
   y(i) = fun1(x(i));
end
plot(x, y, '.-')%通过几次画图发现最优决策 E4 在 0 到 30 之间取到
[x, fval] =fminbnd(fun1, 0, 30)
for i=1:5
   curyear = N(3, i).*17.86.*E3./(E3+r).*...
       (1-exp(-(E3+r)*2/3))+ N(4, i)*22.99.*E4./...
       (E4+r)*(1-exp(-(E4+r)*2/3));
   fprintf('第%d 年的捕鱼量为%0.5g\n', ...
       i, subs(curyear, E4, x))
end
```

运行结果为：

```
x =
   17.5772
fval =
  -1.6055e+012

第 1 年的捕鱼量为 2.34398e+011
第 2 年的捕鱼量为 2.14848e+011
第 3 年的捕鱼量为 3.9617e+011
第 4 年的捕鱼量为 3.77834e+011
第 5 年的捕鱼量为 3.82221e+011
```

15.4　DVD 在线租赁问题的建模与求解

15.4.1　问题提出

随着信息时代的到来，网络成为人们生活中越来越不可或缺的元素之一. 许多网站利用其强大的资源和知名度，向其会员群提供日益专业化和便捷化的服务. 例如，音像制品的在线租赁就是一种可行的服务. 这项服务充分发挥了网络的诸多优势，包括传播范围广泛、直达核心消费群、互动性强、感官性强、成本相对低廉等，为顾客提供更为周到的服务.

考虑如下的在线 DVD 租赁问题. 顾客交纳一定数量的月费成为会员，订购 DVD 租赁服务. 会员对哪些 DVD 有兴趣，只要在线提交订单，网站就会通过快递的方式尽可能满足要求. 会员提交的订单包括多张DVD，这些DVD是基于其偏爱程度排序的. 网站会根据手头现有的 DVD 数量和会员的订单进行分发. 每个会员每个月租赁次数不得超过 2 次，每次获得 3 张

DVD. 会员看完 3 张 DVD 之后，只需要将 DVD 放进网站提供的信封里寄回（邮费由网站承担），就可以继续下次租赁. 请考虑以下问题:

（1）网站正准备购买一些新的 DVD，通过问卷调查 1000 个会员，得到了愿意观看这些 DVD 的人数（表 15-2 给出了其中 5 种 DVD 的数据）. 此外，历史数据显示，60%的会员每月租赁 DVD 两次，而另外的 40%只租一次. 假设网站现有 10 万个会员，对表 15-2 中的每种 DVD来说，应该至少准备多少张，才能保证希望看到该DVD的会员中至少 50%在一个月内能够看到该 DVD？如果要求保证在三个月内至少 95%的会员能够看到该 DVD 呢？

本问题电子表格文件中列出了网站上 100 种 DVD 的现有张数和当前需要处理的 1000 位会员的在线订单（该表部分数据格式示例见表 15-3），如何对这些 DVD 进行分配，才能使会员获得最大的满意度？请具体列出前 30 位会员（即 C0001～C0030）分别获得哪些 DVD.

（2）继续考虑表 15-3，并假设表 15-3 中 DVD 的现有数量全部为 0. 如果你是网站经营管理人员，你如何决定每种 DVD 的购买量，以及如何对这些 DVD 进行分配，才能使一个月内 95%的会员得到他想看的 DVD，并且满意度最大?

（3）如果你是网站经营管理人员，你觉得在 DVD 的需求预测、购买和分配中还有哪些重要问题值得研究？请明确提出你的问题，并尝试建立相应的数学模型.

表 15-2　对 1000 个会员调查的部分结果

DVD 名称	DVD1	DVD2	DVD3	DVD4	DVD5
愿意观看的人数	200	100	50	25	10

表 15-3　现有 DVD 张数和当前需要处理的会员的在线订单（表格格式示例）

DVD 编号		D001	D002	D003	D004	…
DVD 现有数量		10	40	15	20	…
会员在线订单	C0001	6	0	0	0	…
	C0002	0	0	0	0	…
	C0003	0	0	0	3	…
	C0004	0	0	0	0	…
	…	…	…	…	…	…

注意：D001～D100 表示 100 种 DVD, C0001～C1000 表示 1000 个会员，会员的在线订单用数字 1, 2, …表示，数字越小表示会员的偏爱程度越高，数字 0 表示对应的 DVD 当前不在会员的在线订单中.

注意：表 15-3 的数据位于文件 B2005Table2.xls 中，可从全国大学生数学建模竞赛官网下载（全国数学建模竞赛题目, 2005 年 B 题, DVD 在线租赁）.

本案例仅考虑问题（2）的分析与建模求解.

15.4.2　问题分析

本问题的主要任务是根据会员的在线订单和网站 DVD 现有数量进行分配. 要求每位会员获得的 DVD 不超过 3 张，且不超过 DVD 现有数量限制，以及使得分配后会员的总满意度最大.

订单信息由 1000 行 100 列的数组表示. 数组元素为 0 表示该会员没有选择该 DVD，如果不为 0，则表示会员将该 DVD 排在订单中的序号．每位会员最多选择 10 张 DVD．因此这个数组的元素为 0～10 的整数．

为了找到分配方案，可以以 DVD 分配的总满意度最大为目标，建立 DVD 分配的最优化模型．获取 DVD 分配方案的基本思路见图 15-7．

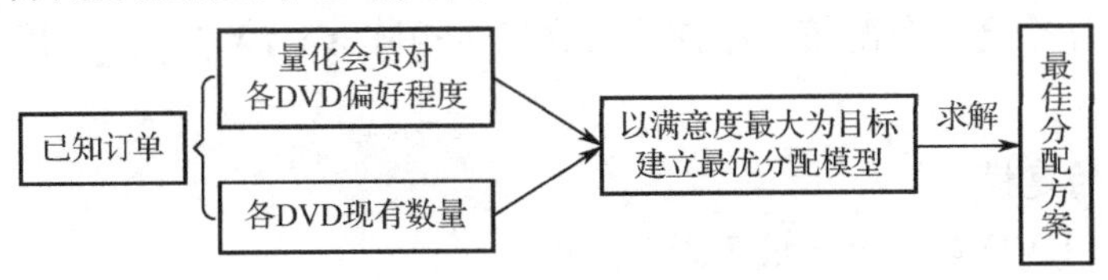

图 15-7　获取 DVD 分配方案的基本思路

15.4.3　模型假设

本模型做以下假设：

（1）每次分配方案为每位会员分配的 DVD 数量不超过 3 张；

（2）每次分配方案只使用当前网站现有的 DVD 资源．

15.4.4　变量与符号说明

本问题建模主要用到的变量与符号见表 15-4．

表 15-4　变量与符号说明

变　量	符 号 说 明	单　位
i	会员的编号，$i=1,2,\cdots,1000$	
j	DVD 的编号，$j=1,2,\cdots,100$	
l_{ij}	反序定义后的偏爱程度	
G_{ij}	第 i 个会员对收到的第 j 种 DVD 的满意度	
$\boldsymbol{X}$	DVD 分配方案的决策变量组成的矩阵	
d_j	第 j 种 DVD 的现有数量为 d_j	张

15.4.5　模型建立

1．偏爱程度建模

由于会员的满意度与偏爱程度在数量上成正比，可根据订单信息反映的偏爱程度定义满意度．

设第 i 个会员将第 j 种 DVD 排在第 l'_{ij} 位（$l'_{ij}\in\{0,1,2,\cdots,10\}$），则会员对其偏爱程度定义为 $11-l'_{ij}$（当 $l'_{ij}\neq 0$ 时）．

设 l_{ij} 为第 i 个会员对第 j 种 DVD 的偏爱程度，则

$$l_{ij}=\begin{cases}11-l'_{ij}, l'_{ij}\neq 0,\\ 0, l'_{ij}=0.\end{cases}$$

2．最优分配模型

现有当前需处理的 1000 位会员的在线订单以及网站的 100 种 DVD 的现有张数．需考虑

在现有每种 DVD 数量有限等约束条件下，网站进行一次 DVD 分配，使会员满意度最大，并得到分配方案.

1）分配问题的决策变量

首先，定义 0-1 决策变量 $X_{ij}: X_{ij}=1$ 表示网站给第 i 个会员分配 1 张第 j 种 DVD，$X_{ij}=0$ 表示网站没有给第 i 个会员分配第 j 种 DVD. 这里令矩阵 $\boldsymbol{X}=(X_{ij})_{1000\times 100}$，用来表示 DVD 租赁的分配决策矩阵.

2）约束条件的建模

（1）会员获取 DVD 数量不超过 3 张的约束.

如果给第 i 个会员邮寄 DVD，那么该会员得到的 DVD 数量不超过 3 张，于是有

$$\sum_{j=1}^{100} X_{ij} \leqslant 3, i=1,2,\cdots,1000.$$

（2）每种 DVD 数量有限的约束.

由于网站的每种 DVD 都有一定的数量限制，已知第 j 种 DVD 总量为 d_j.

因此，向所有会员所寄出的第 j 种 DVD 总量应不超过现有数量 d_j，即

$$\sum_{i=1}^{1000} X_{ij} \leqslant d_j, j=1,2,\cdots,100.$$

（3）只向会员分配其在线订单中的 DVD.

根据偏爱程度 l_{ij} 和分配决策变量 X_{ij} 的定义，可用下面表达式来描述这类约束条件:

$$X_{ij} \leqslant l_{ij}, \quad i=1,2,\cdots,1000; j=1,2,\cdots,100.$$

这里 l_{ij} 为第 i 个会员对第 j 种 DVD 的偏爱程度，前面已经给出其定义:

$$l_{ij}=\begin{cases}11-l'_{ij}, l'_{ij}\neq 0,\\ 0, l'_{ij}=0.\end{cases}$$

此处仅考虑某一次的分配，并且在制定了分配方案后，网站同时将 DVD 寄给所有会员，满意度就仅由对 DVD 偏爱程度的差异所决定. 因此，这里定义每个会员对各个 DVD 分配的满意度如下：

$$G_{ij}=X_{ij}\cdot l_{ij}.$$

由此可得一次分配后，会员总满意度表达式

$$G=\sum_{i=1}^{1000}\sum_{j=1}^{100} G_{ij}=\sum_{i=1}^{1000}\sum_{j=1}^{100} X_{ij}\cdot l_{ij}.$$

综上，将 DVD 分配问题化为下列整数规划模型（0-1 线性整数规划）:

$$\max G=\sum_{i=1}^{1000}\sum_{j=1}^{100} X_{ij}\cdot l_{ij},$$

$$\text{s.t.} \begin{cases}\sum_{j=1}^{100} X_{ij} \leqslant 3, i=1,2,\cdots,1000;\\ \sum_{i=1}^{1000} X_{ij} \leqslant d_j, j=1,2,\cdots,100;\\ X_{ij} \leqslant l_{ij}, \quad i=1,2,\cdots,1000; j=1,2,\cdots,100;\\ X_{ij}=0\text{或}1, i=1,2,\cdots,1000, j=1,2,\cdots,100.\end{cases}$$

15.4.6　模型求解

1．使用 MATLAB 最优化工具箱函数求解

需要求解一个 0-1 整数规划，可以编程调用 MATLAB 优化工具箱函数 intlinprog 求解. intlinprog 求解模型的决策变量应化为列向量存储. MATLAB 函数 reshape 可以对数组进行变形. 求解程序需要构造线性不等式约束的系数矩阵 $\boldsymbol{A}$ 和右端向量 $\boldsymbol{b}$.

本模型的线性不等式约束条件有 3 类：①每位会员分配所得不超过 3 张；②每种 DVD 分配出去的数量不超过网站 DVD 现有数量；③只有当会员选择了该种 DVD 时，才可以将该种 DVD 分配给会员.

编程准备：

将 B2005Table2.xls 的第 1 列订单现有数量的数据复制到新建的文本文件 dvdnum.txt 中. 将其中会员的 1000 行 100 列的订单数据复制到新建的文本文件 dingdan.txt 中，从而可在程序中使用 load 命令导入这些数据.

编写程序如下：

```
function dvdrent_intprog
load dingdan.txt
load dvdnum.txt
d = dvdnum;
L = dingdan;
idx = find(dingdan>=1);
L(idx)=11-L(idx); %偏爱程度矩阵
m = 1000; n = 100;
fcoef = -reshape(L, 1, m*n); %最优化模型决策变量 x(i, j)的系数--重置按列排的向量
Aeq = []; beq=[];
ncons=1000+100+10*10000;    % 不等式约束数量
nvar= 10*10000;   % 决策变量数量
A = sparse(1000+100, 10*10000, 10*ncons);
nc= 0;%约束计数器
for i=1:1000 % 第 1 类约束:每位会员不超过 3 张 DVD
     T = sparse(1000, 100, 10*ncons); %创建稀疏矩阵存储数据
     T(i, :)=1;% 约束每个决策变量 X(i, j)<=3
     nc = nc+1;
     A(nc, :)= reshape(T, 1, nvar);%化为 1 个向量--矩阵 A 的第 nc 行只有 1 个非零元 1
     b(nc, 1)=3; %不超过 3 张
end
for j=1:100 % 第 2 类约束: DVD 现有数量有限
     T = sparse(1000, 100, 10*ncons);
     T(:, j)=1; %矩阵 T 的第 j 列置为 1，表示为将第 j 种 DVD 分配出去的决策变量的系数
     % 求和第 j 种 DVD 现有数量
     nc = nc+1;
     A(nc, :) = reshape(T, 1, nvar);
     b(nc, 1) = d(j); % 第 j 种 DVD 现有数量
end
```

```
% 第 3 类约束: 约束 X(i, j)<=L(i, j), 注意当 L(i, j)=0 时, 该约束限定使 X(i, j)=0;
A = [A
     speye(nvar, nvar)]; %每个约束条件 X(i, j)<=L(i, j)中决策变量系数均为 1
     % 这部分约束的矩阵为 1 个对角阵
b=[b
     reshape(L, nvar, 1)]; %把矩阵 L 变形为 1 个列向量
if size(A, 1)~=size(b, 1)
     error('cons err')
end
% 调用整数规划函数求解 0-1 整数规划
[x, fval, flag]=intlinprog(fcoef, 1:100000, ...
A, b, Aeq, beq, zeros(nvar, 1), ones(nvar, 1));
fval, flag
```

运行结果如下：

```
fval =        -24746
flag =       1
```

结果中 flag=1 表示求出了最优解，最大满意度为 24746. 这里没有给出根据求出的决策变量 x 计算每位会员获得了哪些 DVD，将其作为思考题.

思考题 调用 MATLAB 优化工具箱函数 intlinprog 求解本模型的程序输出的向量 x 包含的 DVD 分配决策. 原模型存储的 DVD 分配的决策用矩阵 $\boldsymbol{X}$ 表示，这里的向量 x 则用于存储这个决策矩阵的数据. 请编写程序，根据 intlinprog 函数返回的结果变量 x 的值计算每位会员获得的 DVD 编号. 提示：根据 MATLAB 函数 reshape 的功能可知，可将矩阵 $\boldsymbol{X}$ 逐列拼接构成向量 x，也可以将向量 x 转换成矩阵存储.

2．设计贪心算法求解

考虑设计贪心算法求解本模型. 应根据人工进行 DVD 分配的策略来设计算法.

按照一般的经验进行决策:尽可能将订单信息矩阵中序号值小（0 除外）的那列数据对应的 DVD 先分配给相应的会员，以便得到较高的满意度;如果由于 DVD 数量有限而无法分配，则分配订单中序号值较大的 DVD 给相应会员.

根据前述建模过程可知，在分配 DVD 给会员之前，应满足的基本约束有 3 个:

（1）会员现今已分配得到的数量小于 3 张；

（2）将要分配出去的 DVD 还有剩余；

（3）一位会员获得的同种 DVD 数量不超过 1 张.

现根据上述较优的分配策略设计算法. 先考虑输入、输出设计. 本问题的输入为订单矩阵、各 DVD 现有数量. 输出结果应包括分配方案、分配方案的总满意度.

下面给出求解本问题模型的贪心算法.

算法 1（基于贪心策略的 DVD 分配算法）

输入：

dingdan　订单矩阵（1000 行 100 列矩阵）

dvdnum　 现有数量（向量, 1 行 100 列）

输出：

custdvd　　1000 行 3 列的矩阵

步骤：

1. manyidu=0;//分配方案的总满意度初始化
2. for s=1 to 10
3. 　for i= 1 to 1000 // 遍历每位会员
4. 　　　for j=1 to 100 // 访问订单矩阵的第 i 行
5. 　　　　　if D(i, j)==s 且第 i 位会员所得 DVD 张数不够 3 张，第 j 种 DVD 有剩余 then
6. 　　　　　　　把第 j 种 DVD 分配给第 i 位会员，更新总满意度，存储分配信息
7. 　　　　　endif
8. 　　　endfor
9. 　endfor
10. endfor

模型求解程序如下：

```
function dvdrent
load dingdan. txt
load dvdnum. txt
dvdid = 1:100;%DVD 编号
dvdhasalloc = zeros(size(dvdnum));%dvd 已经分配数量
custalloc=zeros(1000, 1);%会员已经获得的数量
custdvd =zeros(1000, 3);%会员分得的 DVD 编号
manyidu   = 0;
for i=1:10, %订单的排序号
    for ii=1:1000,
        if custalloc(ii)==3,
            continue;
        end
        idx = find(dingdan(ii, :)==i);%至多只有一个
        if isempty(idx),
            continue;
        end
        dingdan(ii, idx)= -1;%清除顺序标记
        if (custalloc(ii)<3) & dvdhasalloc(idx)<dvdnum(idx),
            custalloc(ii)   = custalloc(ii) + 1; %修改会员分配数
            custdvd(ii, custalloc(ii))=dvdid(idx);%存储会员分得的 DVD 编号
            dvdhasalloc(idx) = dvdhasalloc(idx) + 1;%修改现有 DVD 数量
            manyidu = manyidu + (11-i);
        end
    end
end
manyidu
custdvd(1:30, :)
```

运行结果为：

```
manyidu =
       23860
ans =
     8    82    98
     6    44     0
    80    50     4
     7    18    41
    66    68    11
    19    53    16
    81     8    26
    71     0     0
    53   100    78
    60    55    85
    59    63    19
    31     2     7
    96    78    21
    52    23    89
    13    85    66
    84    97    55
    67    47    51
    41    60    78
    84    86    66
    45    89    61
    53    45     2
    57    55    38
    95    29    81
    76    41    37
     9    69    81
    22    68    95
    58    22    50
     8    34     0
    55    30    44
    62    37    98
```

模型求解得到的分配方案的总满意度为 23860. 前 30 位会员获得 DVD 的编号见表 15-5.

表 15-5　前 30 位会员获得 DVD 的编号

会员	DVD1	DVD2	DVD3	会员	DVD1	DVD2	DVD3
1	8	82	98	5	66	68	11
2	6	44		6	19	53	16
3	80	50	4	7	81	8	26
4	7	18	41	8	71		

续表

会员	DVD1	DVD2	DVD3	会员	DVD1	DVD2	DVD3
9	53	100	78	20	45	89	61
10	60	55	85	21	53	45	2
11	59	63	19	22	57	55	38
12	31	2	7	23	95	29	81
13	96	78	21	24	76	41	37
14	52	23	89	25	9	69	81
15	13	85	66	26	22	68	95
16	84	97	55	27	58	22	50
17	67	47	51	28	8	34	
18	41	60	78	29	55	30	44
19	84	86	66	30	62	37	98

参 考 文 献

[1] 谭永基, 等. 数学模型[M]. 上海：复旦大学出版社, 2005.
[2] 姜启源, 谢金星, 叶俊. 数学模型（第 4 版）[M]. 北京：高等教育出版社, 2011.
[3] 徐全智, 杨晋浩. 数学建模[M]. 2 版. 北京：高等教育出版社, 2008.
[4] 电子科技大学数学科学学院. 数学实验方法[M]. 北京：中国铁道出版社, 2013.
[5] 赵静, 但琦, 严尚安, 等. 数学建模与数学实验（第 5 版）[M]. 北京：高等教育出版社, 2020.
[6] ARNOLD SCHONHAGE. Partial and total matrix multiplication[J]. SIAM J. Comput., 10(3):434-455, 1981.
[7] ALMAN Josh, WILLIAMS Virginia Vassilevska. A Refined Laser Method and Faster Matrix Multiplication, Proceedings of the 2021 ACM-SIAM Symposium on Discrete Algorithms, 2021: 522-539.
[8] ZHONG, SUN, GIACOMO, et al. Solving matrix equations in one step with cross-point resistive arrays [J]. Proceedings of the National Academy of Sciences of the United States of America, 2019, 116(10): 4123-4128.
[9] RICE A, TORRENCE E. Lewis Carroll's condensation method for evaluating determinants [J]. Math Horizons, 2006, 14(2):12-15.
[10] LEGGETT D, PERRY J, TORRENCE E. Computing determinants by double-crossing[J]. Coll. Math. J., 2011, 42(1):43-54.
[11] H B Li, H Li, T Z Huang. Chaos in Determinant Condensation Calculations, The College Mathematics Journal, 2021, 52(5): 345-354.
[12] RICE A, TORRENCE E. Shutting up like a telescope: Lewis Carroll's Curious condensation method for evaluating determinants[J]. Coll. Math. J. , 2007, 38(2):85-95.
[13] 钟尔杰, 黄廷祝, 等. 数值分析[M]. 北京：高等教育出版社, 2004.
[14] 胡运权, 等. 运筹学基础及应用[M]. 北京：高等教育出版社, 2014.
[15] 全国大学生数学建模竞赛组委会. 全国大学生数学建模竞赛优秀论文汇编（1992—2000）[M]. 北京：中国物价出版社. 2002.
[16] MOLER C. MATLAB 数值计算[M]. 张志涌, 等, 译. 北京：北京航空航天大学出版社, 2015.
[17] MOLER C. MATLAB 之父：编程实践[M]. 薛定宇, 译. 北京：北京航空航天大学出版社, 2018.
[18] SAUCER T. 数值分析[M]. 吴兆金, 等, 译. 北京：人民邮电出版社, 2010.
[19] 周品, 赵新芬. MATLAB 数学建模与仿真[M]. 北京：国防工业出版社, 2009.
[20] 丁恒飞, 等. MATLAB 与大学数学实验[M]. 北京：科学出版社, 2017.
[21] 郭科. 数学实验. 概率论与数理统计分册[M]. 北京：高等教育出版社, 2009.
[22] 蒲和平. 线性代数疑难问题选讲[M]. 北京：高等教育出版社, 2014.
[23] 吴喜之. 应用回归及分类[M]. 北京：中国人民大学出版社, 2016.
[24] 梅长林, 范金城. 数据分析方法[M]. 北京：高等教育出版社, 2018.
[25] 陈宝林. 最优化理论与算法[M]. 北京：科学出版社, 2005.
[26] ROGER FLETCHER. Practical Methods of Optimization[M]. Wiley, 2000.
[27] ANDRIES P. ENGELBRECHT. Computational Intelligence: An Introduction[M]. Wiley, 2007.